AF904414

作者近照　　　　摄于20240726

暨《月球上的炊烟》一书出版

虎雏下山投世间，十载战乱度童年，
炎黄子孙东方树，华夏儿女芙蓉篇。
勤学苦练耄耋岁，凌云之日把酒醉，
谁说垂暮万念空！大器晚成才是梦。
姜公八旬方得志，经传六韬天下知，
貌老珠黄何足奇！见多识广是真谛。
挥笔立著心舒展，光阴锁进字句间，
相濡以沫天伦乐，美满年华合家欢。
妪随晚霞太空游，世外桃源炊烟柳，
星外有星别样景，天上人间另类情。

作者简介

郁士贵　笔名昱天虹，出生于中国河北省秦皇岛市北戴河区海滨。生物物理化学博士。现定居瑞典。

早年在家乡的刘庄小学、北戴河中学和秦皇岛市一中完成小学、初、高中学业。于一九五九年考入北京外国语学院留苏预备部，一年后赴前苏联莫斯科大学生物土壤系、生物物理专业学习。一九六五年毕业后，分配到中国科学院上海植物生理研究所，从事植物光合作用机理的研究。

一九八七年三月，应瑞典隆德大学生物化学系主任、阿尔博特森教授的邀请，赴该校做访问学者。此后，留任该系，继续植物光合作用机理的研究，一直到退休。

在国内外杂志、书刊发表论文四十余篇。退休后酝酿此书的写作。

每年五月的最后一个星期五，是瑞典隆德大学博士加冕典礼日。届时，不管是哪年拿到博士学位的学生，只要还未受理加冕，均可报名参加庆典。隆德最大的教堂内 外，装饰一新。当礼炮连珠、响彻教堂周围的那一刻，庆典拉开序幕。每个与会博士，上台接受博士学位证书和博士戒。这张照片是郁士贵走上台时的情景。1994.5摄

加冕典礼结束后，全家在大学院内合影留念（左起：薛伟锋，薛中天，郁士贵，薛伟春）

伴随着礼炮的巨响每一位开始上台接受博士证书 。那天 ，薛伟春非常激动，跑到发射现场，为妈妈重金买下炮筒一枚。

隆德大学（Lund University）生化系是一个令人陶醉的科学研究团队。学术气氛浓厚，同事其乐融融：全系五六十人，十几个研究组，任何一项新技术，只要其中一位同事掌握在手，可以蔓延全系，一人有难，多方支援.....这正是科研成果层出不穷的基础。上图：原系主任，阿尔伯特森教授（Per-Åke Albertsson）八十大寿，他与士贵、爱娃（Eva Andreasson 左二）、阿格讷嫆(Agneta Persson) 合影留念；下左图：该系秘书，贝尔格特（Birgit Höglund） 与士贵情同姐妹、喜笑颜开的情景；下右图：朋友到家里做客，餐后闲谈，左起，中天、英姑（Ingun Sunden)、安娜（Anna Brodellius）和安德斯（Anders Sunden)。

郁士贵和薛中天参加诺贝尔奖九十周年授奖典礼那天，与研究组同事和家属在下榻的环球旅馆内合影留念。

去参加在澳大利亚布里斯班举行的国际光合作用会议的途中专选在新加坡逗留，体验这座世界著名的花园城市的魅力。在前往圣淘沙景区途经的公园里和中天合影留念。

会议期间，与光合作用领域享有盛名的专家安德森教授（Joan Anderson）(左3)相遇并讨论科研进展；后来又遇上了来自英国的阿伦教授（John Allen）（左 1）和 波兰的罗曼诺芙斯卡教授（Elzbieta Romanowska）（左2）。大家难得见面，谈笑风生，在告别宴会上合影留念。（ 中天摄于布里斯班，2001）

在芬兰的图尔库（Turku）举行的国际植物生理研究会议期间，东道主组织专业以外的娱乐活动，活跃气分。那天是一次野外郊游。在美丽的旷野中，欣赏音乐会，大家正在短暂休息，小乐队还在吹打弹唱。而那些“书呆子们”仍抓紧时间学术交流。看！一位女士正向阿尔伯特森教授请教问题，士贵偷空留影一张。

这幅摄影的珍贵之处在于，它将勃兰登堡门（Brandenburger Tor）尽收眼底。这座雄伟壮观的建筑，早已成为柏林乃至德国的标志，人们称它为“命运之门”。

一九九一年的夏天，士贵到美国南方的新奥尔良（New Orleans）开国际双水相大会，而中天也正巧去波士顿（Boston）参加分子生物学年会。俩人同行，从南到北，两个会的间隙安排了不少活动。其中，走访并参观白宫和国会大厦是计划中的重头戏。在白宫，他们细看了几乎所有对外开放的场所，包括瓷器室、图书室、国宴厅、红厅、蓝厅和绿厅等，印象深刻；而到了国会大厦，他们的兴趣确转到国会的两翼会议厅（参议院和众议院），还坐在席位上听了一会儿议员们讨论政事，颇有新鲜感。走出国会大厦，一眼可以看见巍峨挺拔的 新古典式建筑：白色大理石的三层大圆顶，圆顶之上立有一尊几米高的自由女神雕像。再环视那户外湖水，阳光斜照下，平静而光彩夺目。这般难忘的实景，太值得留念。（在士贵旁的是周宁宇博士）。

尼亚加拉瀑布是世界之最，从加拿大那边观赏更为绚烂壮观。在温哥华(Vancouver)开会后，与好友沈纬（左 2）一家尝试了在瀑布浪尖上游荡，颇有一番情趣。

士贵每次走访伦敦，总要抽空到白金汉宫周围走走。那里的皇家卫队，头戴大熊皮帽，身着威武警装，列队表演，实在精彩。2012年夏天，借观光伦敦奥运会之际，买了进白金汉宫的门票，果然名不虚传，宫内富丽堂皇，装饰细腻。难得一见的名人画展，价值连城的古董收藏……怎能不吸引来访者！特别是在陈列着历届国王戴过的王冠的展馆里，士贵只能踮起脚跟，穿过人群的夹缝，欣赏镶满宝石、五光十色的顶顶皇冠，心满意足地走出宫外，在园外留影。

一九八九年在意大利的罗马（Rome）举行的第十九届欧洲生物化学联合会（FEBS）盛况非凡，在会议中心大厅前留影。

在法国南方的蒙波利埃（Montpellier）开国际光合作用专业大会时，抽空观赏市内具有独特风格的建筑群。这是士贵的业余兴趣爱好之一。

罗马古城，名扬天下；旅游胜地，手屈一指。
我们曾于1989至2000年间，去意大利几次出差开专业会议，有幸顺访罗马。这张照片是在聖天使堡前摄。这是由史上哈德良皇帝建造的家族墓園，後在公元六世紀改建為教皇堡壘．宏伟壮观，是仅次于（罗马斗兽场 ）和（万神殿 ）的第三大观光景点。

一九九一年参加在日本名古屋(Nagoya) 召开的国际植物光合作用研究大会。 会后与波兰朋友一起专访那座历史悠久的名城- 京都(Kyoto)。这实在是一次不可多得的良机，因为从开会地点到那里，乘火车耗时仅约半个小时，何乐而不为！这是在伏見稻荷神社前留影。

第一次乘空中缆车观赏风景还是在温哥华郊外，下车后心旷神怡、激情满盈，坐在高地平坦处留影。

这是在悉尼歌剧院外较远的高坡上拍摄，隔帕拉玛河眺望对岸，貌似一艘巨型白色帆船，正以起航的驾势展现在悉尼海湾，那就是名传世间的悉尼歌剧院，我们曾经在一年前就订了座，听了一场音乐会，令人难忘。

一九八八年，在瑞典隆德大学工作的郁士贵，迎来了她在上海植物生理研究所时的俩位大姐、她的好友和同事：李有则研究员(左)和李淑俊研究员。能在斯德哥尔摩举行的国际光合作用会议期间欢聚一堂，诉说别情，感慨实不一般。

在澳洲开国际光合作用大会时，士贵幸会在莫斯科大学的同窗姐妹，唐崇钦研究员（右2）和匡廷云研究员(左1)。开会空暇，士贵邀请她俩在一家中餐聚会欢庆，摄下此照留念。士贵的丈夫（薛中天）应邀出席。

月球上的炊烟

昱天虹 著

天虹思远

月球上的炊烟/ 昱天虹著 - 瑞典：天虹思远媒体，

ISBN 9787510865626

月球上的炊烟

作者	昱天虹
出版发行	天虹思远媒体
地址	瑞典Rågslingan 37, Eslöv,Skåne
电话	+46 723102188
网址	shiguiyu@gmail.com
电子邮箱	zhongtian_xue@yahoo.com
开本	880毫米x1230毫米 32开
印张	9.75
字数	218千字
版次	第二版
书号	ISBN: 9787510865626

目录 content

序

二〇一六年十一月十四号，昱天虹的《月球上的炊烟》一书搁笔完稿。就在那天，“超级月亮”当空而挂。此刻月球离地球的距离为三十五万六千公里，比平常整整缩短三万公里之多，为最短距离，而上一次超级月亮的呈现已是六十八年前的事了。这不能不说是罕见的巧合。难道说是天公作美也前来向天虹祝贺？！昱天虹，这位一辈子从事生命科学研究、在国内外发表四十余篇论著的科学家，怎么又写起长篇小说来了？据我所知，这绝非她心血来潮一时冲动所为，这是她从萌生遐想，到形成完整构思、深思熟虑多年的精华所在。

宇宙浩瀚，星际无穷。地球作为人类祖祖辈辈生息的场所，至今已经历了四十六亿年的漫长岁月，它是人类社会高度文明的宝地，它造就了人类智慧和科学技术的高度发展。可是人们也注意到：这些年来，自然灾害情况严重，地震频繁发生，全球变暖，生态环境恶化，自然资源趋于过度消耗……这一切促使人们为未来着想，萌生出跨出地球登上别的星球，甚至定居在外星生活的梦想。20世纪开始，人类有过诸如登月的重大作为。21世纪以来，宇宙航行事业发展的势头更为迅猛，中国神舟号载人宇宙飞船多次成功地遨游太空，标志着中国已迈入世界宇航先进国家的行列和在航天领域的蓬勃发展。天虹联想起这些，常常激动不已，思绪万千。最终，她将自己思考的千头万绪集中到一个大命题，那就是 ：在月球上开辟人类第二家园。她提出这样的命题并非异想天开，自不量力，而是以她丰富的科研经验，扎实的科学知识和技能为基础的。《月球上的炊烟》一书是科幻与科普紧密结合的尝试。从书的名字一目了然，这是一本描述人们如何在月球上安家落户的故事。然而，它绝不是魔幻小说，只写作者的“天方夜谭”，而是基于世界范围内科学发展至今的辉煌成就，有根有据。更令人欢欣鼓舞的是她找到了一条能使人类在月球上生存的创新之路，相信在将来的某一天会梦想成真。

早在莫斯科大学留学时，她的研究课题叫光合作用机理，用一种简单的原核生物—兰细菌为材料。这种兰细菌竟然能通过自身的光合作用过程向外界放出氧气。毕业回国后她先后在中科院植生所和瑞典国隆德（LUND）大学进一步研究绿色植物的光合作用。植物在阳光和有水的条件下将太阳光能转变为化学能，合成了供人类需用的碳水化合物——粮食。她应用了光合作用的研究成果，在探索人类第二家园的大命题中发挥了得天独厚的作用。再则，昱天虹把月球作为首选目标不仅是利用了月球的两大有利条件：一是有丰富的核能资源，有望解决地球上的能源危机；二是月球与地球之间不可多得的近距离：记忆犹新，一九六九年美国发射的阿波罗11号总共只用了四天多就到达了。更为重要的是，针对月球没有像地球一样的人类惯于生存的大气层，她找到了克服这一似乎不可逾越的障碍的妙招：利用“细菌的威力”，包括兰细菌，还有嗜热菌、固碳菌、固氮共生菌等系列，营造月球的大气环境。回想地球初始形成的时候，也如同月球一样，因为没有稳定的大气层，太阳的辐射可以横冲直入，赤日炎炎，毫无生机。可是经过漫长的演化，奇迹发生了，那就是兰细菌的诞生。它们利用太阳能，不仅合成了供自身生长的养料，同时也释放出氧气供给地球，使需氧生物从此繁茂，使地球周围逐渐形成了当今稳定的大气层，气温也降下来，成为人类以至万物生长的热土。昱天虹满怀信心：大气层可以用我们手中掌握的妙方重新营造，只是不能坐等这样的自然演变，而应“一万年太久，只争朝夕”的精神去主动欢迎它的到来。她在书中通过主人公于立荣和旭骝春的研究团队，展示他们的睿智，创新设计出移居月球的宏伟蓝图，并历经艰难险阻，苦战过关，实现了宏伟目标。书中结构新颖，条理清晰，别具匠心。先是借助记者身份以第一人称自述，引出写作的初衷和书中的主人公；从第二章开始用第三人称叙述主人公和她的战友们的一连串故事；尾章又回到第一人称，概括了于、旭团队在航天事业中惊天动地的成果。最后，三言两语展示了波澜壮阔的未来。

当你闲情逸致，阅读本书时，在不知不觉中还能海边拾零，获得丰富有趣的科普知识：从北极神光的由来到月球引力、潮汐和生命起源的推测；由重组脱氧核糖核酸（DNA）到克隆产生新生命物种；从人体干细胞的奇异功能到延年益寿的秘诀等，你可以感受到环境在改变，生活在如此精彩的世界是有多么美好，是多么充满幸福和希望。

昱天虹在书中表达了美满的人生和励志的经历缺少不了友谊和爱情支撑的理念，描述了主人公和其他同事们的爱情故事，多姿多彩，有声有色，炽热如火，动人心弦。我是天虹的丈夫，能为她的书作序，感到无比的荣幸和发自内心的喜悦。自结婚到今，我俩不知不觉走过了近半个世纪的人生历程。在这些年里，我俩几乎一直在一起潜心致志地从事自己喜爱的科学事业。只有那次我在美国加州理工学院访问研究一年多的时间算是例外，彼此的思念那时只能用频频的书信来传送。后来她到瑞典隆德大学任职，我去了丹麦奥尔胡斯大学（Arhus）访问研究，虽说是两个国家，实则近在咫尺，像住在同一座城市。那些年科研进展顺畅，家庭生活祥和温馨。如今，我虽已退休，却仍在隆德大学的生物医学中心发挥着“余热”。我提笔拟写退休后的第三篇科学论文，为课题的新思路和新成果倍感欣慰。就在这些日子里，我的脑海里不时浮现她的形象。是她，给我营造了一个温馨的家，一个随和、松快、自由无束的环境，使我任何辛苦劳累都能担得起，任何不顺和困难都能过得去。经历了世事茫茫，春秋更换，我深深体验着“相濡以沫，白头偕老”这句格言的内涵。如果将这本书中成功的恋爱比作千万对比翼双飞的鸟儿，我俩应是其中的一对；如果将圆满的婚姻比作万紫千红的花的海洋，我俩应是其中鲜艳的一束；如果将幸福的家庭比作地球村的万家灯火，我俩组建的应是其中闪亮的一盏……如今，我俩那永不停息的思考又插上翅膀，飞向遥远的星空。地球以外的人类家园，崛起和兴旺，当是迟早发生的事。

薛中天

2025 年 1 月 8 号

Eslöv，Sweden

前　言

原始地球本来是狂风劲吹、烈日炎炎，紫外线光照横冲直入，杳无生气的星云堆积。而后，随着时空的变迁，它的体积膨胀，重力增升，逐渐形成现在规模的被称为世界的地球。

就在地球形成后，约莫又过了十一亿年，一桩惊心动魄的大事件发生了：地球迎来了称之为蓝细菌的诞生。这是一种单细胞的细菌，它有能力进行光合作用。通过光合作用过程，蓝细菌给地球大气层带来了氧气和臭氧层，使包括人类在内的需氧生物能在地球上生存、繁殖和延续千秋万代，臭氧层挡住了紫外线对地球上生物的损伤和危害。从此，地球成为人类繁荣昌盛的热土、栖息的家园。

众所周知，世界万物都要由新变旧、最终经受分崩解体的过程。这很像每个人要经历生老病死一样，无一例外。这是伴随着永不停息的时间流逝，历经千变万化所造就的结果。地球也正是如此，从它形成至今，已有四十六亿年的漫长岁月，可以说，它不再是年轻的地球，病痛缠身时有发生，一会儿地震，暴跳如雷；一会儿海啸，惊涛骇浪，使生活在它上面的我们遭灾遇难，无法逃离。至此，寻求除地球之外的第二家园的梦想油然而生。

茫茫宇宙，浩瀚无垠。在哪儿再建新家园？如何起步？这一系列思考，急待周密谋划落实。书中主人公的畅想从而萌生。

月球作为首选是有充分理由的：首先，它是地球唯一的卫星，是离我们生活的世界最近的星体，仅三十八万四千余公里。假如搭乘民航飞机抵达那里，也只花上个把月就够了，若与去火星花费的一年半载相比，要省时得多。这对于寻求第二家园的初期，可以想象，要搬迁、要建房、要兴业，万事皆在起步阶段，近距离的旅程，应该是得天独厚的优势。第二，月球的自然资源极其丰富，特别是核反应燃料的储备，举世瞩目。唯一缺欠的是大气层，没有像地球一样的大气环境。科学工作者们，根据“地球从无氧环境变为氧气含量稳定的大气层是蓝细菌的贡献”这一事实，制定了“以细菌为本，前沿科学技术为基石，联手国内外协力合作”的战略，终于在月球周围，成功地模拟了人们已适应的地球大气环境，并完善了月球磁场的不足。

全书共包含二十七个章节。第一章（序章）和最后一章（尾章）均以第一人称、由科技领域一名资深女记者身份自述 ；其他章节以第三人称，借助小标题，叙述之事一目了然。

第一章是以汶川大地震的话题，引申出本书写作的初衷，并牵出主人公于立荣和旭骝春。这对科学家伉俪带领着强悍的科研团队，几十年如一日，艰苦奋斗，无私奉献，与国内外同行默契协作，终于到达成功的彼岸，吹响了向月球移民的号角。

在最后一章中，女记者从童年起的成长过程中，拣出令她回味的点点滴滴说起，层层幽深。以俗称“工业的血液—石油”为话题，通俗易懂融会贯通，描述了自然资源在人民生活和国民经济中的重要地位。揭示了在世界范围内，由于争占自然资源引发的战乱此起彼伏，并语重心长地发出呼吁：“停止你争我夺，将为此消耗的巨额财富用于开发自然资源的宏图大业上。”“人间正道，当是走出地球，发现新天地，开发新能源。”文中列举了当今科学界屡见不鲜的诸多发明创造。为此，她发自肺腑地感叹并阐明了当今世界已具备在历史长河中绝无仅有的经济强势。

也是在这一章中，于立荣领导的研究所，宣布了两项发明：第一项是“宇宙第四速度”问世：太空航天机有了它，就意味着，装上了能脱离现今我们居住的太阳系，有能力畅游银河星系的翅膀；第二项是研制成功“太空旅行忍耐性的灵丹妙药”：人们有了它，不论老弱病患，都具备在太空旅行的可能性。

在书的尾声中，述说了航天事业的后继者们，享用着那两桩视为“宝贝”的科研成果，昂首阔步遨游太空，向新家园的既定目标挺进着。虽只三言两语，却意味深远。

在书的其他章节中，每个小标题对应一则故事，由时间线贯穿。阐述了波澜壮阔的科学生涯 ；人工光合作用模型的研制成功；诺贝尔科学大奖的来龙去脉 ；对导致气候变暖的温室效应的忧虑；跋山涉水踏足天下的旅程；对不平凡的事迹、不平凡人生的赞颂 ；体外干细胞促成延年益寿的惊喜 ；难以割舍的友谊亲情；以及多姿娇娆、炽热如火、动人心弦的爱情故事……

在流逝的岁月中，我深切地感受到天灾人祸给人们带来的深重苦难。每每想到这些，犹如重负缠身，我期待着有一天释怀解虑、一吐方休。终于到了从科研生涯中卸肩的时刻，退休带来了大好时机。我开始写下了我要说的话。

书中的科学预想，有根有据。或许，不必等上太多的时间，梦中的美景将呈现于世间。

三言两语迎再版

在我构思“月球上的炊烟”一書之前，我的脑海里，对月球将成为人类定居的第二个家園的遐想，就已坚信不疑。除了它是离我们最近的星体，方便开发；再就是对它了解得相对透彻，易于入手；还有一个更令人信服的根据：历史见证。远古时代，刚从太阳星云解体出炉的地球，炽热似火、爆燥如雷，杳无生息。原始大气由水蒸汽、氨、氢、甲烷、二氧化碳、硫化氢等组成，却不含有氧气。地球形成后又经过漫长岁月，一种能进行光合作用放氧的原核生物，兰细菌诞生了，改变了地球大气环境，使需氧生物得以生存和繁茂，发展昌盛至今，使人类赢得了惬意的大气环境，代代传承，延续生栖。换言之，借助兰细菌的帮助，原本人类无法生存的地球，变成当今生活的乐土。这就是“历史见证”。

历史见证了，从生态杳无的原始地球，演变到人类美好的家园，兰细菌光合放氧的功效，确实做出划时代的贡献。而今，我们只需沿用这条成功之路，营造月球大气层，事在必行，可望曙光。兰细菌的分布广泛，成活率高，在淡水、海水、土埌、岩石、樹干上都可生存，还能与多种群体共生等种种特性，如今，培养和获得大量兰细菌实属常规操作。

营造月球周围的大气环境，使它具备类似地球大气层的构造和组分，应是月球成为第二个人类栖息之地的关键。

我畅想那一天已不遥远，由人工智能操作，培养巨额数目的兰细菌，将其悬浮液，经由特殊设计、带有喷洒功能的无人机，鋪天盖地的分布在月球上，发挥其光合作用放氧功能，生长发育，沿着地球大气层形成的途径，大显神通。人类的另一片热土终将造就。

这就是作者的夙愿。

第一章　（序幕）初衷

这段时间，我因开个国际学术会议，正在瑞典隆德大学逗留。下榻在大学附近的奥林匹斯旅社。有一天，讨论会开到晚上十点，我上床睡觉时，已经快到后半夜了。我刚刚进入梦乡，突然电话铃响，此时的我脑子还处在沉迷深睡状态，以为是实验室拉响了警报，便立即招呼大家紧急离开实验室，疏散到外边空旷的地方，防火防毒气。这种情形在我读大学时偶有发生，过了几分钟，我才清醒过来，原来是床头柜上的电话机在响。我一边心里嘟囔，一边拿起听筒，传来的是女人急促的声音“姐，是我，冬梅。你听说了吗？昨天下午两点半，四川汶川发生八级大地震，电台已经报道了，上万人死亡。咱家耀耀和他的新娘前几天去了九寨沟旅行结婚，计划从那儿去大熊猫的家乡—汶川的卧龙参观。现在打不通他们的电话，都快急死我了！已经过去十九个小时了，你弟弟和我吃不下睡不着，不知如何是好。”听完电话里的来龙去脉，我完全清醒了，弟媳妇的儿子耀耀和新娘小芳去九寨沟度蜜月，有可能遭遇了地震。前些日子，耀耀亲口告诉过我，他俩选中了九寨沟风景区作为这次旅行的主要落脚点，因为它是闻名世界的旅游景点，“湖泊无数，白玉镶嵌，瀑布多姿，层层似梯”，他们向往已久。耀耀还兴味盎然地解释给我听，这句话中的“白玉”是指流水中富含的碳酸钙附着在湖泊中形状各异的障碍物上，洁白如玉；而“层层似梯” 是形容瀑布从高处下泄时，路径高低不平的丘陵陡坡，看上去像一阶一阶浮梯，十分壮观。他还告诉我，汶川县的卧龙乡是大熊猫的故乡，那里有一百多只大熊猫，还有金丝猴、羚羊等十几种国家一级野生重点保护动物，实在太吸引人了。他们夫妻俩打算在回程途中在那儿歇歇脚，待上一两天。昨天，我刚从电视新闻得悉汶川发生大地震的消息，还没得空仔细了解，弟媳妇的电话却使我顿时紧张起来。“冬梅，明天一早我就打听，一有消息就电话速告。你不必惊慌失措，但愿他俩现在还在九寨沟那边。如果是这样的话，危险就不那么大了，毕竟九寨沟是在阿坝州的北部，而汶川县位于东南部，两地有着相当远的距离；倘若他们已去了卧龙，那可就说不准了，我得赶紧跟踪有关新闻，冬梅呀，事已至此，急也无济于事……”就这样，我说了些能尽量安慰她的话，挂了电话。第二天，在开会之余我就开始为此事活动起来，除了问询我周围的熟人以外，还抓紧上网查询搜索资料。不查不知道，一查可惊坏了我：八级的汶川地震已造成了几万人死亡，震幅波及大半个亚洲，受影响的地区包括周围五十公里范围内的县城和两百公里范围的大中城市，直接经济损失达兆亿。不幸中的万幸，在九寨沟的游客都平安无事。到中午，那儿已无明显震感。我看到这条消息，如获至宝，立刻拨打电话，想将这些最新消息传达给冬梅和弟弟。接电话的仍是冬梅，她的声音听上去比上次平静多了，原来已接到耀耀的电话，吃了定心丸。很巧，正当耀耀和小芳打理行装准备前往汶川的那会儿，九寨沟发生了地震，他们感受到了地动山摇。冬梅告诉我，这一对年轻人决定去震区参加救援活动。那里现在已经是热火朝天，全国各地甚至国外都在关注汶川，有钱出钱，有力出力，人民解放军成团成师开进地震中心地段，映秀镇因为道路遭到破坏，战士们被空运到那儿，从天而降。总理率先赶到灾区现场指挥，虽然余震此起彼伏，但救援的军民万众一心，将置生死于度外，救死扶伤的可歌可泣事迹比比皆是。耀耀认为，对于在温室里长大成人的他们来说，这是锻炼钢铁意志的大好时机，嘱咐爸妈无需担心太多，他们决心已下“去定了！”听了冬梅这番话，我心里热乎乎的，那些先前储存在我脑子里的，人们与天灾斗争的壮烈场面，那些地震发生后，从废墟石堆里营救老人和孩子的情景，一股脑地翻腾出来，像幻灯片似的重现在脑海里。我很激动，为这一代年轻人能有这样的精神状态感到自豪和骄傲。夏耀耀，二十四岁，一个刚刚迈出校门的大学毕业生，他和千千万万个青年一样，是个平常人。然而，就是这样一个平常人，在关键时刻，却表现出非凡的不平常。后来我还听说，耀耀和小芳过了一个星期后才回到家，两个人的身上有大大小小的无数的青紫块。妈妈爸爸看到此情景，痛在心里。尤其是妈妈冬梅，眼泪汪汪却笑着为孩子消毒、擦洗。弟弟事后告诉我，在与耀耀和小芳重逢那时，真是心痛和高兴交织在一起，他们为有这样的孩子而感到无比欣慰。耀耀和小芳身上体现的那种精神，不就是我们祖祖辈辈推动历史车轮滚滚向前的动力所在？我们应以这样的精神面貌改造当今世界，走向未来。汶川大地震使我万分震惊和悲伤。据官方报道，这次地震夺走了六万九千二百余人的生命，近四万人受伤和失踪，造成直接经济损失达八千四百五十亿元，是新中国成立以来破坏力最大的一次地震。这使我对地震的历史产生强烈的求知欲望，总想抽空查它个水落石出。这是多年养成的职业习惯，但凡遇到重大事件，首先着手做的是调研，查历史看实况，然后再综合分析做出论断。于是，我开始关注近一个世纪以来，世界范围内地震发生的情况。统计结果表明，六点五级以上的有三十余次，一九七六年七月二十八日发生在唐山市的那次地震遇难人数最多，达二十四万两千余人；其次是在日本，一九二三年九月一日关东地区大地震，死亡和失踪的人数为十四万两千之多。以经济损失而论，汶川地震为破坏力之最。如果以十年为一个单位，将这个世纪分成十个段落，浓缩每十年中地震情况的所有可能收集到的数据，然后加以比较，不难看出，无论从地震的频率还是力度而言，近十年都明显高于前十年，更不要说近百年的平均值了。除了地震以外，统计下来，水灾、旱灾、台风、火山、海啸等自然灾难也有同样的趋势。过去几十年里，大约平均每月发生一次重灾，而近年里这个平均值变为半个月了。这是多么惊人的变化！ 我们面对如此严峻的状况，怎么能掉以轻心，高枕无忧呢！我不禁向自己发问：地球，这个我们祖祖辈辈赖以生存发展的家园是怎么了？谁都知道，世界上一切生命体都有个体的生老病死过程，谁也无法逃脱这一规律。当完成这一过程后，死亡后的生物仍不休闲下来，他们的残骸投向大自然永不停息的碳素循环，再次参与在分子水平上的生命合成过程。与生物相比，地球却只是一个无生命实体，与世界上万物一样，它必将要经受从形成发展到衰变的过程，就像我们周围的每件东西，无不从新变旧，从旧到损，最后支离破碎，参加到碳素大循环中。只是对于每个实体来说，经受这个衰变过程的时间长短不一，可以是秒、分、时，也可以是万、亿、兆年。一言以蔽之，无论是有生命还是无生命的，“变” 是它们的共性。只是由于人们对周围万物的变化敏感程度不同而已。近年来，我们称之为“世界”的庞然大物，它的变化加剧是人所共知的。“地球”— 这个我们每个人出生的地方，栖息的场所和世代相传的家园，追根究底，早在四十六亿多年前就已形成，原始的它只不过是由尘埃和气体混合在一起被称为星子的大大小小的颗粒组成。后来，在太阳引力作用下，在绕太阳运行过程中，星子间互相碰撞，大星子吞并小星子，使其体积和半径逐渐增长。随之而来的是自身引力增加，这使大星子有更大威力吞并它周围的小星子，变得越来越大。在互相碰撞过程中，黏合和捕获频有发生，经过漫长的岁月后，其质量和密度足够大以致成为近似圆形的巨实体。这就是那个刚刚出世的地球。由于它自身不发光又不能进行核聚变反应，只能在绕太阳运转过程中获取能量和阳光。这个实体有结构分明的分层构造：固态铁的核心，液态铁和镍的外核，硅酸盐的地幔和各类岩石薄壳包裹着的外层岩石圈。岩石圈是地球最表层，由地壳和部分地幔结合而成。由于它不是整体一块而是由六大板块拼成，这种板块结构不稳定，板块之间有着挤压、拉涨、摩擦等种类繁多的相互作用，这就是造成愈演愈烈的灾难的原因。雏形的地球上没有生命存在，大约又过了十亿年，单细胞原核生物才出现，这是最简单的生命体。这些最简单的原核生物不断繁殖和发育，改变着地球周围的大气层结构，特别是后来能够进行光合作用并放出氧气的兰绿藻的出现，为需氧生物的诞生创造了条件。这以后，又经过漫长的岁月，我们的祖辈才出现在这个世界上。此后，人类以自己无与伦比的智慧和非凡的创造力，使这个世界变得越来越光彩夺目和宏伟壮观，它成为我们世袭万代的美好家园。然而，地球毕竟走过了它漫长的岁月，经受着从新到旧的变迁，它结构中的各大层次都有着动荡的趋向，特别是外壳层，六大板块拼凑的牢固性早已动摇不定，即使板块间发生不那么严重的挤压和张拉，都会给生活在它上边的我们带来灾祸。这些年来，世界范围内的大小自然灾难屡见不鲜，不是这里水灾旱灾，就是那里地震海啸。更令人担忧的是，灾难的频繁程度和它的力度都愈演愈烈。谁能预料到，将来的情况如何呢？诚然，人类对地球资源无止境地开发索取和原生态的破坏肯定会导致令人不安的后果。从现在开始，世界各国，采取措施，爱护地球的一草一木，为使地球延缓衰老做出努力，这是举足轻重的战略措施。然而，延缓毕竟仅是使地球放慢衰老的脚步，随着时间的流逝，地球的衰老不可阻挡。况且，上述列举的那些自然灾难还只是由于地球表层几大板块相互作用引起的动荡所致，尚不知在它的内层结构或外部空间是否会发生任何不测。地球仅是太阳系的一颗行星，与地球均在太阳系的大行星就有八颗，至于小行星、大小卫星、矮行星、彗星和星际尘埃等更是个不可数的数字，它们之间的相互作用和严重撞击又是否会导致更加严重的恶果？我强烈意识到，当今这个五彩缤纷的世界，仅是祖辈创建和发展的第一个家园，为了千秋万代，寻求和开拓人类第二家园的重任势在必行。这是一项意义深远的宏图大业，是前无经验可循，完全崭新的构思。今天的世界已不再贫穷和落后，无论是物质财富还是精神财富，都已为开拓新家园打好了坚实的基础。 由汶川地震起因，我陷入无休止的思考，情不自禁地跟踪着在这块广阔的科学园地里发生的一举一动，憧憬着开拓除地球以外的人类第二家园蓝图的雏形和内容：应该选择哪个天体合适？从哪里入手起步？谁是绘制蓝图的总设计师？谁又是实践的先行者……直到有一天，我无边无际的遐想终于画上了句号。原来，早就有科学工作者为第二家园辛勤耕耘着。他们有远大理想，为实现研究目标锲而不舍地努力工作，他们默默无闻，从不计较金钱和地位，不惜奉献一切甚至生命。在这里，我很荣幸地告诉我们的读者，这本书的主人公就是这样一对伉俪科学家。于立荣和旭骝春，这对科学家伴侣以及与他俩并肩走过几十个春秋的科学精英们，为人类能有第二个美好家园，以科学为本，奋斗不息，终于使昔日视为仙女天堂的月球上空，飘起了缕缕炊烟。

这本书，我将讲述这一对伉俪的传奇故事。

于立荣出生在一个中医世家。父亲于东壁（字鸿书） 从祖父那里获得做中医师的良好教育。刚满二十岁时就在当地独立行医并开了一处药店，在镇上算是小有名气。从药店门前高挂的三块大匾足可见证，那匾上雕刻的金色大字是“妙手回春”“功同良相”和“和缓移风”。这是立荣的父亲治愈重病患者后，病人家属以匾为礼，表示对医生的感谢之情。据说挂匾的仪式相当隆重，不仅鞭炮连珠，锣鼓齐鸣，还将红绸带挂满药店的门楼和窗口，这是立荣父亲最感荣耀的时刻。他常告诫后代，救死扶伤是他终生的追求，他的子女必须以此为本。

于立荣的母亲赵新源，善良贤惠。她虽识字不多，但长期的熏陶，使她对中医中药的悟性很高。哪一味药有哪些性能，治什么病有效，她常能对答如流。她能有这样的本事，还有另外一个原因，那时的公爹传授医术给下一代，优先儿媳而不是女儿。因为儿媳是家族的永久成员，而女儿出嫁后另属别姓。为此，立荣的母亲常可得到旁听公爹给儿子们讲解医书和传授医学经验的机会。立荣童年的成长离不开母亲的启蒙和领路。她三四岁开始认字，能流畅地背诵《百家姓》和《三字经》；到五六岁时，妈妈教她一些中药知识，能背诵《汤头歌》《本草纲目》的一些章节。那时的小立荣，记忆超群，两个哥哥和一个姐姐常常不是她的对手，她为此深得双亲的宠爱。她在当地小学和中学完成学业后，通过了全国统考，被录取到苏联莫斯科大学土壤生物系就读，专业为生物物理，一学就是五年。在这期间，她第一次系统地了解到生命现象的真谛，萌发了对生命奥秘追根求源的欲望。她常常对植物光合作用的奥妙遐想联翩："绿色植物叶子里含的叶绿体细胞器，能将太阳光吸收，然后光能在那里会转换成化学能储存到植物果实中，提供给我们吃穿用，这是多么伟大而神奇的功能！要是我们能模仿这个过程，体外人工模拟，那么，太阳光能的利用不就简而易行且源源不断！如果植物的光合作用过程能提高它对太阳光吸收的效率，那么，农业增产不就指日可待了……"后来，当她升到高年级，随着自身知识的增加，她意识到，早先自己的想法很是幼稚，对于植物光合作用的认识相当肤浅。其实，植物光合作用过程的重要性，早已引起科学工作者的注意，对于这一过程的研究已延续二百多年了。尽管如此，起始至今，仍有许多在机理方面的重大难题未解。世界上不少科学家正为揭示这些秘密做着不懈的努力。立荣这才明白了，自己原初的想法确实有些天方夜谭了。

那年，于立荣大学毕业了，刚通过论文答辩就迫不及待回国，投入科研工作中。她被分配到中国科学院上海生理生化研究所，从事她所喜欢的植物光合作用机理的研究。她聪智好学，思路活跃，在基础研究的同时，注意考虑实际应用的可能性。她看好植物富含的多种色素具有的光学特性，渴望在激光调控上得以应用。根据对植物叶绿素及其衍生物的了解，她确定这些能从植物体身上获取具有色彩各异的物质，在合适的条件下可能自己发射称为激光的单色光。为了验证她的这些想法，她与同事们走访调研，寻求合作伙伴。在与光机所的合作研究中，获得了用叶绿素及它的衍生物，将红宝石激光器的输出功率提高近千倍的成果；更为激动人心的是，她把叶绿素结构稍加修饰，在合适的泵浦下，制作出叶绿素的激光器，它可以在近红外波段发射出激光。初步的尝试和可喜的成绩使于立荣信心十足。她开始构思，如何能巩固和扩展这些成果。她想，叶绿素来源于植物叶片，廉价并易于获得，这是应用的优势；叶绿素可以做成多种衍生物，在它们的结构中，发射光的分子集团各异，有可能成为具有不同波长的激光物质，覆盖从可见光区到红外光区的波段范围。至此，有望做成频率可调的一系列激光器件，在工农业和国防各领域应该有广泛的应用前景。皇天不负有心人，在征战宇宙的进程中，在通往月球的路途中，立荣将超大功率的连锁激光系列应用在激光诱导的核聚变这一大项目中，使它发挥了超常的威力。

在光合作用基础理论研究方面，于立荣将她的精力集中在光反应和放氧原理的探索上。从那时候起，她着手全面模拟光合作用过程的课题，与杭州大学的光电学专家陈则根教授，成功地用内、外电场，模拟植物光合作用放氧和光合磷酸化部分光反应，获得了成功。后来，她得到在瑞典南方的隆德大学生化系进修的机会。在著名的科学家阿尔伯特教授领导的实验室，继续光合作用过程的模拟研究。阿尔伯特是创建双水相分离技术的奠基人，这项技术的神奇和独到之处在于，生物体在细胞和分子水平上分离后的微细结构， 其功能保持自然的原样而不被干扰和破坏。两年的进修，学习和实践，使立荣深深领悟了，双水相分离生物体的微小区域，是她多年欲求而未得到的技术，对模拟研究具有得天独厚的应用前景。她决心与阿尔伯特教授建立长期合作的伙伴关系，联合申请科研基金，为光合作用过程的人工模拟开创新路。当来自瑞典和中国的两笔数目不菲的科研基金到位以后，于立荣得以在隆德大学和北京植物生态研究所各组建了一个小规模实验室。在隆德，近水楼台先得月，利用阿尔伯特的分离技术，将菠菜所含的能独立进行光合作用的叶绿体膜片（称为类囊体）分离成各种尺寸的区域，根据模拟的需要，拆拆合合，可以充分理解这类生物膜各部位所执行的光合功能。然后，对每个区域的机理，在分子水平上进行分析以及相关基因的鉴定；在北京，利用基因合成和重组的生物工程技术，再造光合作用过程中的几个必需的蛋白色素复合体，包括锰蛋白复合体在内，再将它们整合在一起，鉴定光合功能水平，以此达到人工光合作用全过程的模拟目的。 这就是后来“于氏模型”诞生的基础。

旭骝春，于立荣的丈夫，出生书香门第。父亲，旭圭方，是一位德高望重的知识分子。早年毕业于南京金陵大学园艺系，一生从事教育事业，桃李满天下。母亲，吴惠琴，在当地一所中学施教，是音乐教师。她吹得一口漂亮的口琴，方圆三五十里内的人，提起吴老师，无人不晓。骝春的家乡位于太湖旁边还不到百户人家的一个村落。山清水秀，幽静美丽。就在这里，他的父母自由恋爱结成连理。这在当时很为少见，为此曾惹起闲言碎语和议论风波。然而，这对青梅竹马证明了他们的姻缘是多么美满。

旭骝春在五个兄弟姐妹中排行老二。在这个双亲均以育人为职的家庭中，没有棍棒和强权，孩子们是在父母的言传身教的影响下长大成人。他从幼童时候起，禀性淘气，天真活泼，酷爱各类小动物，对花草树木也很上心。升入初中后，他的个头突然窜上去，成为高个子男生。他的爱好也发生了截然不同的变化。他酷爱体育，还被选上参加体育培训班，投掷和体操是他的强项，曾荣获全县手榴弹投掷冠军，这项纪录曾在县里保持多年。与此同时，他的各科学习成绩也名列全班之首，以此得到免试升入高中的殊荣。

旭骝春的大学五年是在上海复旦大学渡过的，所读的专业叫分子遗传学，这是他多年的愿望："能录取到这个专业深造，探索生命的奥秘和生命起源，是多么幸运啊！"他学习刻苦，满腔热情，很快成为全班的学习尖子，还被同学推选为班长。大学生活，对于每个青年学生来说，是黄金年华，是为一生事业打根基的时刻，对于骝春也是一样。在这五年的岁月中，他终生难忘的是遇到了他的恩师申成荣教授。旭骝春的年级论文，大学毕业论文和博士论文，均在申教授指导下完成。申教授学识渊博，口才出众，他讲课时细致入微，让听众入神。学生们爱听他讲的课，只要该是他的大课，教室外等待开门的学生总是挤满成患。申教授每年为学生论文作指导，名额极为有限，少时仅有一名，至多二到三名。能获得这样机会的学生，要通过他的严格考核。据说，由申教授作三期论文指导，最后成为他的博士毕业生的学生，仅有一位。那就是旭骝春。回忆这段经历时，骝春总是从第一次与教授长谈说起，那是在大学二年级期终考试的口试考场上，他抽签抽到的考题是"三羧酸循环"，他当即用图解将这一循环的各个步骤作了准确的回答。通常，把签上的题目回答圆满后就可通过口试，可申教授并未就此给分数让他通过，只是随口说，签上的题目是老师和学生对话的引子，需要问的还在后面。当时，骝春有些紧张，尽力克制自己，嘴上还是脱口而出，“教授请问，我很高兴回答您的任何问题。”于是，长达近两小时的一问一答就这样延续开来。教授的第一个问题，是关于创建一个具有独特遗传特性的某个生物体，应该如何入手。骝春听后，心神镇静了很多，这正好问到了他知识优势的范畴，因为感兴趣，他课外阅读了很多有关资料。申教授的话音刚落，他就流畅地作了回答：首先要获得带有预想的遗传信息的基因（ＤＮＡ）片段，通常称之为目的基因，通过化学合成，或者从生物体分离的技术得到这段基因，然后将它接连到能够自身复制的载体分子上，获得重组基因（ＤＮＡ）分子；第三步是要将重组基因（ＤＮＡ）分子转移到它能生存和繁殖的场所，即为宿主细胞，在那儿让它扩增；最后，从其中筛选出带有重组基因片段的纯系，称为克隆。教授插话告诉他，他说的这些可归于基因工程。明年上半年，他就要给他们上这门课，那时会详细讲到每个步骤的操作技术，还会有实验课穿插在理论课中。接着这个话题，教授又问他，是否想过基因工程的实际应用。旭骝春有些腼腆地告诉教授，自己在阅读有关这方面文章时，常常情不自禁地联想翩翩，可能都是些空想罢了。教授面带微笑很好奇地追问“空想”二字的含意，这位即将升为大三学生的他，这才又大胆地夸夸其谈下去。谈得兴致勃勃，几乎忘记了他是在考场上与一位德高望重的教授考官对话。他说到基因工程如何前景可观，在工农医各领域如何大有作为。为了使自己的谈吐不显得空洞，他举例加以说明，诸如用新基因以毒攻毒抑制致病基因，治疗不治之症；研制出能增加植物光能利用效率的基因组，将它引进农作物中去，增加光合作用光量子产量； 在科学研究不同领域，构建定向的生物模型，等等。为了达到这些预定的目的，建议加强基础理论研究，特别是各种基因组的序列分析。旭骝春讲得滔滔不绝，看上去，申教授对他的长篇大论没有厌烦的表情，还不时插话补充。他问骝春的最后一个问题："谁将'基因'一词引进中国的？"骝春当时停顿了一会儿，脑子里没有现成的答案，他得猜猜看。片刻以后，他回答说，是谈家祯，谈校长。申教授点点头告诉他，谈校长早年从师于世界级遗传学大师摩尔根，摩尔根是遗传学第三定律的揭秘者，是他确立了遗传单位在染色体上的连锁和交叉交换反应。说完这段话，申教授这才想起看自己的手表，又向旭骝春要了计分册，在上面写了个五分。还对他说，欢迎他以后参加教研室每周一次的学习交流。骝春当时揣测，这也许是申教授对他的第一次全面考核吧。当他走出考场时，守在门口的几个同班学友都急不可待地迎上去，问他发生了什么，怎么占用了这么长时间，他两手捧着通红的面颊，微笑着说了句："烤煳了"。

旭骝春在申成荣教授的指导下，出色地完成了题为《固氮基因遗传图谱和功能的初探》的博士论文，被分配到中国科学院上海植物生理生化研究所，继续从事与分子生物学有关的课题研究。就在那儿，他遇上了终身伴侣于立荣。改革开放后，他是首批赴美做访问研究的学者，先后在纽约州的罗斯威尔派克医学中心、加州理工学院等单位进修和合作研究。他在美国的最后一站是闻名于世的马诺维茨实验室，他在那儿逗留了足足两年，率先将合成基因的途径通向工农医各个领域。旭骝春对这个实验室的兴趣浓厚，夜以继日地投入工作，终于掌握了这套错综复杂的技术流程。就是这套技术，使他后来与于立荣联手构建了植物光合作用过程中负责放氧功能的锰蛋白复合体模型，并将这一成果整合到能进行人工光合作用全过程的“于氏模型” 中。于立荣和旭骝春，凭借缘分走到一起，相濡以沫，献身科学，一起走过了半个世纪的人生历程。他们在科学上的成就令人惊叹。

于立荣和旭骝春，一个是河北省秦皇岛市人，大学教育在莫斯科大学完成 ；而另一个是江苏省无锡市人，就读的学校是上海复旦大学。巧合的是，毕业后，他们俩不但分配到同一个单位，还在同一个研究室做着同一个研究课题。更巧的是，当他俩刚刚迈进科学院的大门时，正赶上知识分子下乡锻炼的热潮，两个人又被分配到上海郊区的同一个县里的同一个大队体验生活。不可不谓是天赐良缘。我曾听不少人说过，恋爱结婚就像一起化学反应，两个人好比化学反应前的两剂成分，遇到合适的温度，压强和湿度，化学反应就会发生，两个人这才熔融成为一体。我琢磨着首要的条件应该是这对男女必须得有机会接触，再加上那三个条件，才能引起反应的发生和继续。于立荣和旭骝春，从毕业后分配到同一个单位，到一起下乡锻炼，越走越近。“碰撞”的机率无疑变得越来越高。那段时间，规定下乡的职员每个月都能享受三四天的休假，可以回上海家里休整。于立荣和旭骝春总是约好同来同往，他们在乡下锻炼的基地是崇明岛上的棉场大队。为了回到上海，从他们住地赶到码头，需要一个多小时，花费差不多的时间从码头轮渡到上海吴淞口。这样，路上足足费时三个小时，回程也是如此。对于互相有着好感的一对男女青年来说，真是求之不得的聊天机会。他们总是有说不完的话，有时讨论科研上的问题，有时评论时事和新闻，有时也会天南海北无所不及。旭骝春告诉于立荣，他初中以前好动淘气，说的第一桩事就是斗蟋蟀。为了寻找蟋蟀，他整天翻墙爬树，总算抓到十七八只，他兴致勃勃拿到镇上，挤进水泄不通的人群中，在大人腿的夹缝里窜来窜去。可惜的是，他的蟋蟀，经不起一斗，都以失败逃离斗场，这使小骝春十分伤心。后来，他父亲的一个山东籍弟子，从家乡探亲回校，带给他一只叫黑玲的蟋蟀，黑玲在一次角斗中，以十战十胜的优秀成绩，成为蟋蟀之王，博得“黑头将军”的美名。小骝春也因此在大人眼里不再是纨绔之童，承认他确实也是斗蟋蟀活动的一名大员了。除了斗蟋蟀，在梅子成熟的季节，他会到郊区摘梅子，有时带回家满满一口袋，说是妈妈爱吃。他还经常下河摘菱角、挖藕头。因为这样的事，他常常身上弄得很脏，甚至感染生小疮。他身上多处坑坑洼洼的小麻点，就是那时候留下来的。说着，他卷起裤子，让于立荣看腿上的几处疤。有时，于立荣也讲起她小时候的趣事：在八岁之前，她成了家里最受宠的人。那时候的她，上有两个哥哥和一个姐姐，哥哥们忙于钻研医书，像张仲景的《伤寒论》和李时珍的《本草纲目》，都是他们必须熟读之书。每天除了读医书，还要帮助父亲打理药店的生意。姐姐是长女，学针线活儿和料理家务是她的“天职”。小立荣没有压在肩上的“任务”，人又十分乖巧和聪颖，深得双亲的疼爱。有一年七月大暑天，太阳已偏西，大家围坐吃着中饭，可是两个哥哥仍在药房，手上捧着书，脚下还踏着碾药的磙子，满身大汗。因为还没接到父亲让停下来的“命令”，仍在苦干。调皮的小立荣看到此情景，眉头一皱，计上心来：她对父亲说，听到药房里有老鼠活动的声音。父亲信以为真，放下筷子就随立荣去药房查看，她将父亲领到两个哥哥那儿，让他听，然后故作镇静地说：“呃！原来这声音是从两个哥哥肚子里发出的咕噜声啊。”父亲听后哭笑不得，明白小立荣的意思，就让哥哥们停下活儿去吃饭。事后，两个哥哥夸她机灵，还常常求她帮些他们难于向父亲启齿，而她却轻而易举能办到的小忙……。刚入小学那年，家里添丁一口，那真像年画上走下凡间的胖娃娃，俊俏而可爱。立荣当上了姐姐，一瞬间，她也成了家中的大人，整天为照管小妹妹欢天喜地地忙个不停。就这样，两个人聊着各式各样的话题，各自的故事，说的人说得认真，听的人听得投入，常常忘掉下船和上岸的时间，有好几次，船上服务人员来招呼，才算没有误事。

在乡下劳动锻炼体验生活结束后，于立荣和旭骝春回到研究所，精神饱满地投入科研中去。说起来奇怪，两个人在他们所从事的研究课题的设想上，总是不谋而合，尽管他们的所学不甚相同。课题研究的总目标是探索绿色植物是怎么将太阳光的能量转换为化学能，最终将能量储存在粮食和其他产品中的过程。他们的研究成果不外乎应用于两个目的，其一是通过提高植物吸收太阳光能的效率增加农业产量；其二是模仿植物光合作用过程，将来人为操作这一过程。这两位年青学者正全身心地投入其中。此后，他们申请到巨额的基金，建立了由于立荣和旭骝春牵头的人工光合作用重点实验室，以于立荣所熟知的兰细菌做耙子。这类细菌结构简单，是首次向地球大气层提供氧气的原核生物体。由于兰细菌的诞生，使包括人类在内的需氧生物得以成活和发展。

它们提供氧气的方式是通过自身的光合作用过程。于立荣实验室将兰细菌整合到各类其他细菌有机体上，包括特种类别的嗜热菌、固氮菌、嗜寒菌和噬菌体等。兰细菌与这些细菌共生后，获得双重功能，不但能在太阳光照射下放出氧气，又能有耐热、固定碳元素、耐寒等特性。利用噬菌体这类微小病毒，还可以将需要的特殊信息带进细菌中为我所用。这些具有双重功能的细菌，后来是重建月球大气层强有力的帮手。于立荣常对她的同事说，细菌的威力无穷，在征服月球的进程中，细菌是我们唯一强劲的武器。与此同时，旭骝春在分子生物学领域的强势，使他对基因工程的一整套前沿技术游刃有余。他采用了人工合成基因的手段，一直到克隆基因的表达等步骤，成功地把人工光合作用过程的主要部件—放氧蛋白复合体、二氧化碳固定所需酶系统等组装到模型中，后来成为“于氏模型”支撑结构和功能的主要部分。

从人工光合作用过程的“于氏模型”问世，到营造月球大气层，使这个距离地球三十八万公里的地球卫星成为人类第二家园的梦想成真。于立荣和旭骝春，花了整整半个世纪。

就在迈进研究所大门的第五个年头，于立荣和旭骝春结了婚。他们感情世界的又一次升华。于立荣，这个之前还是一位恪守贞操的青年女性，当她依偎在自己心爱的男人怀抱里，回味着每一次在他们之间发生的瞬间，那种甜和美交织在一起，难以平息；为人之夫的旭骝春，每天都是笑容可掬，这无疑是出自他内心的喜悦和真情。后来，他们有了两个男孩，老大取名为旭昊，老二旭阳，四口之家，享受着天伦之乐。

我常听说，一对青年男女，在结婚典礼上互相许诺：“不管穷和富，健康和生病，都将成为你终身伴侣。”我觉着，这段誓言的重头在于“终身”。两个人成为伴侣并不难，在现今社会更不难。结婚后三五个月，一年半载，就离异各奔东西的大有人在。要做到终身伴侣，两个人志同道合和情投意合是根本。这八个字又相辅相成，志不同道不合，何以能情投意合？而情不投意不合，怎能志道 一致？于立荣和旭骝春正是这样的一对。他俩的共同志向是献身科学事业，为人类开拓第二家园，在各自岗位上发挥着聪明才智，携手将人生的航船驰向成功的彼岸。

不知过了多少个春秋，那是一个艳阳天，锣鼓声、音乐声、人群的喧闹声交织在一起，各色彩旗迎风招展，鞭炮声、爆竹声、礼炮声，响彻云霄。现场云集了许多人，他们当中有各级领导；有慷慨解囊资助这项耗费巨大的各财团老板；有为此辛勤奉献的科技骨干；还有各报社记者和相关的亲朋好友等。他们正急切地期待着首批一百人队伍移居月球启航的那一激动时刻，在拥挤的人群中，有一对耄耋之年的伴侣，坐在人群的前排椅子上，满面笑容，阳光不时斜射到他俩深刻着抬头纹的宽宽额头和饱经风霜的面颊上，他们的面色显得红润而光亮。登机启航前，队伍中的每一位队员都走向两位老人，握手告别，双方在说些什么，我们不得而知。欢迎的人群一直目送着载人航天飞机离开地球，消失在人们的视野中。

我一直很好奇，在告别的一瞬间，他们到底说了什么。后来我终于如愿以偿，打听到了究竟。原来，他们已约定在月球上重逢的日程表。

第二章　记者招待会

那是两千年伊始的春天，和暖的阳光普照大地，唤醒了万物的勃勃生机：禾苗争相破土，嫩芽挂满树梢，一望无际的草原，开始脱去身上的冬装，换上淡绿色的春衫；柳絮漫天飞舞，似乎在迎接着北归的大雁。就连蓓蕾待放的郁金香，在这一年的立春时节，也显得格外绚丽，多姿娇娆。

鸟语花香的大自然，带给中国科学院光合与航天研究所的是满园春色。全所上上下下，无论是谁，个个满面微笑，都在紧锣密鼓地准备着该所主办召开的大型记者招待会。所长于立荣研究员，副所长兼首席科学家旭骝春以及各室组负责人，裘文英、滕小刚、石磊等，携全所员工，全力以赴地投入筹划中。他们各尽其职，为自己承担的那部分任务忙碌着。在这次记者招待会上，他们将向世人宣告，植物光合作用的过程模拟成功。这项科研成果，影响深远，意义非凡 ：它标志着，人类成功开拓了用人工掌握和控制途径进行过去只有植物能够进行的光合作用的过程。简言之，利用阳光和水，加上这个研究所多年研制成功的多个光合作用模拟组件，在合适的条件下，就可以获得人们生活的必需品:碳水化合物和它的最终产品粮棉油。更令人欣慰的是，人工模拟的效率与植物体内进行的这一过程，具有可比性。这次招待会结束后，于立荣和她的同事们，已做出详细规划，打算将模拟光合作用过程推向社会。这其中的含意重大，谋略深远：其一是走出实验室发展规模效应，粮食生产工厂化；与此同时，为营造月球大气层，发挥不可替代的功效。

招待会当天，于立荣很早就起床。下午三点，她将是这次不同寻常的会议的主讲人。届时，她将亲自宣布举世瞩目的科学成果：那个叫做植物光合作用过程的人工模型，已在她的实验室构建成功。与此同时，她将一一回答各方人士所提出的问题。说实话，她太激动了，这是她和丈夫一生的目标，是她追求的梦想，这里边凝聚着她年复一年长达将近半个世纪的滴滴汗水。

昨夜，她几乎一夜未眠，虽然按时就寝，可在床上辗转反侧，那几十年的初梦一幕幕重演了：记得那是在大学读三年级后半学期的时候，按校方规定，三年级结业后，每个学生必须选好自己的年级论文题目和指导老师。立荣就读的是生物物理专业，这是一门新兴的边缘学科，其中包括生物电学、生物光学、微细结构等分科。早在高中毕业那会儿，她想报考北京农业大学。那是由于她亲眼所见家乡那年农业遭灾，颗粒难收的情景。后来，教导主任找她谈话并通知她，基于她高中优秀的学习成绩，已为她填写“留苏预备部”为第一志愿。可立荣没有淡漠对农业的关注。第二志愿填写的仍是北农大，后来的几个志愿才是清华电机系等当时热门专业。此刻，她又面临年级论文课题的选择时刻，她多么希望与以前的初衷有所挂钩！令她高兴的是，她如愿以偿了！莫斯科大学生物物理教研室的一位植物光合作用专家里特温教授，接受了她，并决定，不仅指导她的年级论文，还将作为立荣毕业论文的指导老师。自那时起，于立荣与植物光合作用结下不解之缘。

青少年的立荣在五星红旗下长大成人。那时候，常听老师语重心长地教导学生，能上学的机会来之不易，要好好珍惜。老师的话她铭记在心并付之行动。在北京外语学院学俄语的那年，她有幸参加了新中国成立十周年的国庆大典。那是一次全国上下万众一心，各行各业十年腾飞的展示。还处在想入非非年龄段的她，为新中国如此快速的繁荣昌盛感到自豪。

完成了五年留苏生活后，于立荣终于回到了她梦寐以求为之报效的热土。祖国对待她的孩子是那么亲昵，那么无微不至。七名莫大生物物理专业的学子，由国务院分配到单位，发挥着自己的专长。于立荣被分到中国科学院上海生理生化研究所。那里聚集着中国顶尖的植物光合作用研究专家，实验室装备齐全、技术先进，有望成为世界一流的光合作用研究单位。立荣得到通知后，马不停蹄地从北京赶往上海报到。到该所的第二天，她就遇到研究所负责人戴所长，他曾是一位战功累累的英雄好汉：在解放战争期间，由于打仗勇敢又善于谋略，从一个战士步步高升为大校军官；新中国成立后，转业到该所做领导。那天，他一连串问了许多有关植物光合作用的问题。令立荣至今记忆犹新的是，戴所长想象力惊人 ：“如果人的皮肤上都涂上植物用来吸收太阳光的各种色素，那多解决问题！打仗行军时就不用背着沉甸甸的干粮袋了。士兵通过光合作用获得碳水化合物，既减轻了负担又能利用太阳光能养活自己。你是专家，你说这法子行不行？……”看着戴所长那颇带诙谐而又认真追问的神情，立荣毫不迟疑地做了简单易懂的回答。在言谈话语中，面对一位外行的领导，她很理解对方，并耐心地解释和阐述了植物光合作用过程的真谛。最后，她充满信心地告诉戴所长，光合作用机理的深入研究，会给人们铺平通向人工模拟这一过程的道路。总会有一天，人们会用人工方法模仿植物光合作用过程，将太阳光能利用工厂化，生产人类所需。

在生理生化研究所，于立荣一干就是二十年，无论在机理的研究，实际的应用以及人工模拟植物光合作用方面，都有了长足的进展。到了二十世纪末叶，中国又迎来了科学的春天，发展科学和教育事业受到前所未有的重视。在改革开放政策的鼓舞下，不少科学工作者走出国门，面向世界。在这样的形势下，于立荣得到出国的机会，应瑞典国皇家科学院院士阿尔伯特教授的邀请，来到位于该国南方的隆德大学生化系做访问学者。这次机会对立荣今天的成功真是太重要了。正是这次机缘，使她迎来又一个二十年的稳定的科学研究环境：一个她可专心致志地攻克的光合作用研究课题；一个装备先进的实验室，特别是有阿尔伯特教授组建的实力雄厚、人才云集的研究团队的支持，她如鱼得水，大显身手。就在这期间，模仿植物光合作用过程的模型诞生、发展、完善，终于大功初告。

正当她的科研工作进展热火朝天时，一个从天而降的巨大推动力，使她更加夜以继日地疯狂工作，那是《科学》杂志报道了月球上有大量冰的储备这一惊人发现。立荣为此激动不已。她意识到，她的模型有望为月球开发研究做出贡献。冰就是水源，而水是植物光合作用过程的初始原材料。光合模型的初衷就是利用植物光合作用原理，将水分解为人类赖以生存的氧气和固定二氧化碳的还原力。从那时候起，她更加精神抖擞，信心百倍地朝着心中的大目标，踏实工作。

瑞典国不大，人口一千零六十万，国土仅是中国的二十一分之一。然而，由于人们受益于免费教育，再加上政府鼓励再受教育的政策，凡是闲散人口，包括失业者在内，不满意自己现在的工作而想转行的人，以及在职职工等，均可免费获得进入成人学校的机会，失业者还同时享受生活补助金的待遇。至此，人们的文化素养一般较高，对科学研究普遍重视，无不以一年一度的诺贝尔授奖盛况引以为荣。不少巨富以诺贝尔为楷模，将大笔的积蓄捐赠给科研单位和大学。隆德大学每年通过这一渠道，可获约千亿克朗的经费。这也是于立荣科研资金的主要来源。近年来，她又与中国光合作用研究的主要单位联手合作，取长补短，更加促进了研究进展。在新千年伊始，她还与多年的好友王云云教授，策划了以人工模拟光合作用为主攻课题的实验室，两位闺蜜级执友不但合作默契，进展喜人，就连于立荣每次出差来到北京，索性就下塌在王云云宽敞的四合院里。吃住在一套庭院里，工作之暇，常常有说不完的话聊：云云会将她经历中的精彩片段，像讲故事一样有生会色地描绘给她听；而于立荣也会揭揭她那充满激情和幻想的毛丫头时代的趣闻，比方说，她常用自己最为欣赏的名人警句作为座右铭，贴在书桌上来鞭策自己，还大段抄录诺贝尔奖得主的心得体会，视为行动指南……。

随着光阴飞逝，而今的她，更多的是把那些激情藏在心底，做脚踏实地的工作。即将步入花甲之年的她，似乎不大介意她的年龄，而科学实验的失败与挫折，却常会使她困惑难眠，直到琢磨透彻为止。

而今，于立荣与她的同事们，与时俱进，按着既定目标坚持不懈，加上集思广益的巧干，终于获得了重大突破。在今天的大型记者招待会上，这一科学成果将揭示于众，那就是首次在实验室里，实现了人工模拟植物光合作用的整个过程，并具备与自然界中植物进行这一过程相差无几的效率，人们习惯称它为“于氏模型”。

本届招待会预计不少于千人，参加者，除了与这方面研究课题有关的各方人员外，还有中国科学院分管这一领域的副院长一行十五人；有能源研究所的季所长和他的同事；有开发部部长一行。此外，各院校的专家学者络绎不绝来到会场。招待会预期下午三点开始，在此前，将有一个关于植物光合作用过程的科普视频（DVD）讲座，目的在于使那些不在这一行当的先生和女士能有一个初步概念。不到两点，大厅里已挤满了人，大家都在为招待会占好的座位。

下午两点三十分整，科普视频（电影）讲座开始，在宽大的银幕上，展示出一幅植物光合作用过程的示意图，形象地描绘出这一过程的全貌。

一轮普照大地的太阳，在它光芒四射的谱线下，正是一片生长旺盛、波浪起伏的麦田，那些沉甸甸的麦穗垂下，构成一片金秋景观。再接着，便看到一台联合收割机，将麦穗变成一卡车米粒的动态系列画像。在这些画面的夹缝中，不时地出现解说注释，诸如，“植物就是这样，将水和二氧化碳在阳光的参与下变成供人们吃、穿、用的粮食、棉花、蔬菜和水果，并释放出维持人类生存的氧气……”在那此起彼伏的麦浪中，有一片放大了的绿叶子，在它上面详细地描绘了光合作用过程流程。

视频（DVD）解说员对每一个步骤都做着说明，她清纯的嗓音回响在大厅的每个角落；一束红色激光亮点伴随着解说，在绿叶上移动着："在植物的叶子里，有一个叫做叶绿体的细胞器，为了便于理解， 我们可以将叶绿体想象为组装精密的机器，在它的里边装配着进行光合作用的全部元件，可以说，叶绿体是植物进行光合作用的独立机构；将叶绿体从植物叶子分离下来，在水和二氧化碳参与下，只要有太阳光或者其他可见光照射，叶绿体就会进行光合作用，产生碳水化合物并放出氧气。简单概括这个过程的几个步骤：首先，太阳光辐射到大地上有红橙黄绿青蓝紫七色光，铺天盖地的绿色植物，先利用叶绿体所含的叶绿素将光吸收，这些色素分子吸收了阳光，获得了能量就此活跃起来，从它们原来在黑暗中所处的稳定状态跳到高位，在这个高位上，既不稳定又非常活跃，随时可能失去得到的能量而返回原处。我们将处在高位的分子称为激发态分子，而处在原位的称稳态分子。激发态分子，总是在极短的时间内，将它得到的能量传递给它的近邻分子，自己回到原位，又变回为稳态分子，继续接受太阳光而重复上述过程；获得能量的近邻分子，升到能量高位，成为激发态分子……这样，叶绿素分子经历着从稳态到激发态，再从激发态到稳态的得此失彼的过程，就如同接力赛跑。"解说员继续说到这样的接力赛的最后一棒，那是被称为反应中心叶绿素分子，它原是位于能量最低的状态。许多处在激发态的邻近分子，都会争先恐后地将能量传给反应中心叶绿素，就像水往低处流的道理一样，因为反应中心叶绿素是处于谷底，它的任务是集中各方传来的能量，不再往下传，而是将自己获得的能量兵分两路，称为电荷分离（包括电子的传递和正电荷的聚集）。电荷分离是植物叶绿体进行光合作用过程的枢纽。如果将反应中心叶绿素想象成一所战时指挥司令部，那么，它所获得的能量将组建两路大军，去完成如下任务：其中一路是电子的传递 ；通过一系列电子传递体，将电子一步接一步的传递，直到最后传给辅酶（缩写为 NADP），使它具有超强的还原能力，最终由它实现二氧化碳还原为淀粉等产物的功能；与此同时，一部分电能转化为化学能，储存在高能磷酸键中（缩写为ATP），因为ATP携带着丰富的化学能，它将对二氧化碳的还原助以不可缺少的一臂之力。这路电子传递的最终结局，是还原力和高能化学键的形成。在一系列酶的参下，NADP 和 ATP 在暗里将二氧化碳还原为碳水化合物。

电荷分离的另一路，正像前边说到的，电子已传走了，剩下正电荷通过由金属元素锰和蛋白结合成的复合体，巧妙的四步构型变化，将四个正电荷加合在一起，形成足够强的氧化能力去裂解水分子，放出氧气。

简言之，解说员停歇了一会儿又接着说：“在太阳光的驱动下，还原辅酶，形成固定二氧化碳的还原力，这是其一；正电荷聚合体的形成，提供裂解水足够的氧化力，这是其二，这就是植物进行光合作用过程的关键所在。”

半小时的科普视频（DVD）讲座后，记者招待会正式开始。王云云教授作为会议主持人首先发言，她简单扼要地将于立荣在“模型”中的贡献作了概括：“于立荣研究员解决了两个至关重要的模拟步骤，首先当属对有机半导体的巧用：她精选了多种有机半导体，替代在叶绿体中吸收太阳光的叶绿素，并构建成半导体与蛋白的复合体。又根据电位的不同和传递电能的特性，将这种类型的复合体做梯度包装，便于光能转为电能和最终能量的集中，实现电荷分离的模拟；立荣另一个贡献是成功地在植物体外，实现了锰蛋白复合体的四步电子化学变位反应，使氧化水放氧成为可能。这个问题一直是模拟光合作用研究中难以逾越的障碍。在‘于氏模型’中，立荣和她的同事们，集当代蛋白工程和生物物理化学为一体，打造了一个将太阳光能转化为足够裂解水分子的正电荷集合体。这是多么了不起的成就！可以想象，带着‘于氏模型’到世界上的任何一个有水和二氧化碳的角落扎营，在阳光普照的大地上，人们都可以借助人工光合作用，获得维持生命的粮食和氧气。今天的大会告诉我们，这已不是梦想，如今成为现实！就在今天，有各方媒体参加的招待会上，我们郑重地将这一振奋人心的消息公布于世！现在，我宣布，自由发言开始！”王云云的话音刚落，举手要求发言的人蜂拥而至，那种争先恐后的场面，使会议大厅的气氛显得非常热烈。

首先发言的是一位青年女性，她坐在离主席台最近的前排位置，算是近水楼台先得月吧。她站起来，简单说明了自己是初出茅庐的新华社记者，接着对光合作用模型的价值和深远影响作了高度评价。她还许诺，将不遗余力地对这一具有里程碑意义的科研硕果加以宣传和跟踪报告。在说这些话时，她显得很激动和充满热情，然而，句句表达明确，吐字清晰，像是企图将她的每句话都送进听众的耳朵里。王云云边注意听边暗自琢磨，这哪像是刚参加工作的女生？分明是一位才华横溢的青年女学者。云云对这位自谦为初出茅庐的年轻记者印象很不错，她将她的名字记在手机记事册上，准备以后进一步联系。接下来又有数位发言者，所谈的内容仍然涉及“模型”的前景。其中一位来自云贵高原上的一个贫瘠的农村，看上去已是年过花甲。他叙述了童年时代的苦难经历：有一年，他的家乡闹灾，当地极度缺粮少米，几乎没有哪一户还有米下灶做饭。饥饿的人群将草根树皮当饭吃，地变得光秃秃，树变得赤裸裸，那样的残景到处可见。他家的情况更糟，年过古稀的祖父祖母，本来就虚弱多病，由于饥饿，都已卧床不起。父亲听说观音土可以做成馒头充饥，就找来一些，听说不要吃太多是没有问题的，谁能预料，可怜的爷爷奶奶，吃后腹胀难忍，不能排泄，折腾了两天两夜，先后离他们而去。谈到这儿，他带着颤抖的话音继续下去："在今天的会上才听说，科学家们发明了造粮机器，这是一桩比天还大的喜事。这样一来，像我家和我的家乡的苦难将永成过去，不会再重演。我衷心地感谢这些优秀的科学家们，他们的智慧无与伦比。我的家乡地处我国边远地区，我很希望，你们研究所能经常关照这些地方，包括年年有灾的那些地段，普及你们的科研成果。"说到这儿，他默默地坐回自己的座位上，全场响起热烈的掌声。接着又有十几位发言，涉及的话题更加广泛。来自半导体研究所的与会者，详细询问了在"模型"中所使用的有机半导体粉末的特性和寿命；北京环保研究所的几位，涉及的话题大同小异，都着重谈了全球变暖的这个大命题，"于氏模型"若广泛应用，能消耗大量二氧化碳，对治理 "温室效应"必将是一剂良药。他们对于"模型"将在这一领域做出的贡献十分期待。在诸多的发言人群中，还属开发部的赵部长占时最长。他告诉大家，中国早几年已成为第二能源消费大国，因此，能源开发刻不容缓。要使国民经济持续、快速和健康地发展，能源战略至关重要。他还提到，"多年来，我们靠石油进口，现在，进口已占所需的百分之七十。虽然早已采取多元化进口方略，然而，随着能源危机继续在全球范围内恶化，我们很难摆脱这一困境。至此，发现新能源已成当务之急。今天，于立荣研究员宣告了人工光合作用模型构建成功，使我们看到了曙光。期待着能有一天，借助这一模型，将世界上储量丰富的水分解放氢和氧，我们将获得既清洁又强劲的氢源。作为从事能源管理的我们，还能有什么比听到如此振奋的消息更兴高采烈！”在他长达半小时发言的最后，他要求能尽快与于研究员商谈今后合作的事。

主持人王云云抬头瞄了一眼悬挂在大厅讲演台上方的时钟，指针已大大超过预定会议结束的时间，可举手要求发言的人仍然陆续着，会场上的热烈气氛有增无减。王云云想：我得行使我的权力。她示意请大家安静下来：“对于大家的踊跃发言和许多宝贵的建议表示感谢，我将与立荣和研究所的同事们仔细研究落实。必要时会与大家进一步联络和沟通。现在请她做个简要的小结”。于立荣的发言没有占时多少，只是三言两语。而后才宣布招待会落幕。就在这时，三五成群的与会者从会场的各个角落向于立荣走去，围着她继续问着各式各样的问题。其中环保所和能源所的代表，主要议题是要与于立荣当场定下日程，讨论合作意向；半导体研究所和航天研究所希望于立荣马上拍板，应邀到这两个所作学术报告，届时商议投资事宜。看着围过来的人越来越多，王云云灵机一动，再一次行使职权：“先生们，女士们，看来要讨论的问题很多，我们将发函给有关单位，进一步磋商合作的事，今天的招待会到此结束,谢谢大家！”云云抬高嗓门，这才给于立荣解了围。

第三章　棉场恋情

大型记者招待会一直延续到晚上八点，王云云总算解散了围在于立荣周围的人群。这会儿，两个人感到是那样的轻松愉快，正准备回家。

自从于立荣将她在隆德大学的实验室的一大半搬回北京以来，她和骝春就暂时落脚在王云云的宽畅四合院里了。这样一来，昔日的同窗好友，现在的同事，又成了近邻了。“开门两户宅，关门一家院”，使他们的关系更加密切。平时上班，于立荣和旭骝春喜欢骑自行车，半小时的路程，每天一个来回。他们把这视为锻炼身体的方式之一，既易于坚持又轻松愉快。外出开会或者其他在市内活动，王云云常常充当他们的司机。原因之一是，王云云开车技术熟练高超，使乘坐的人有安全感，这是她多年在闹市里练就的本事。而立荣和骝春的驾车执照都是在瑞典获得的，那里的开车环境与北京不能相比，他们回到北京后，竟然还没有胆量开车上街，这样，王云云就成了他俩当之无愧的司机了。另一个原因是，许多活动，常常牵涉他们三位一起出席。王云云驾车，从家门口起程到返程回家，来去自由自在，无需麻烦单位派车接送。 跟平常一样，王云云驾车，于立荣坐在后排位置上，她俩早些时候已有协议，为了安全的目的，当王云云开车时，不聊天。一路上，于立荣回顾着今天发生的一桩桩事情，感到很欣慰。“模型”的成功，除了她自己，那里边汇集着多少人的聪明才智和辛勤劳动！其中，贡献最为显赫的当属她的丈夫旭骝春。这个地地道道分子生物学家，从对于“于氏模型”指导思想的策划，到具体实验的安排，哪一样不是他的主动参与和积极谋略！尤其在用基因重组技术解决扩大再生产的程序上，几乎全部采用了他的设计方案……甜蜜的回忆把她带回到她俩初恋的美妙时光 ：立荣认识骝春还是在崇明县棉场大队参加“四清”工作队的时候，当时她刚回国分配到生理生化研究所，实验室还没进，就先去农村了。她还清清楚楚记得，第一次与旭骝春相逢的情景：那天，立荣得到通知，她被分配到位于崇明县北端的棉场大队去工作。一个新的地方，人生地不熟，也没有向导，更不顺的是，当地讲的方言很难听懂。立荣按着公社秘书给她画的简图，一路小心地摸索着，终于到了棉场大队。正当她兴味盎然地往队部办公室走的时候，迎面来了个男青年 ：“欢迎于立荣同志！我们已听说你今天到，早已等在这儿。”

“谢谢。”立荣回应道。

他走近她，握着她的手，“我叫旭骝春，旭日东升的旭，马字旁再加个留还读留，春天的春，是从上海复旦大学毕业分配到生理生化研究所的，两天前来到棉场大队，欢迎你加盟棉场工作队。”立荣仔细打量着站在自己面前的小伙子，他个头高挑，洁白的面颊上仍透出几分稚气，身上穿的是一套蓝色卡其布的中山装。这身衣服，可真算得上地道的陈年旧货，除了两个膝盖上各打了个大块补丁以外，在上衣的四个口袋上都有大小不等的多处补丁。由于衣服尺寸偏大，穿在这位青年身上，显得有不少空间，不过衣服虽旧，倒也很干净。对于旭骝春的热情和友好，立荣十分高兴，她暗自琢磨，“他已叫出自己的名字，就省去了自我介绍”，嘴里却蹦出了她刚刚学会的一句客套话：“今后我们在一起工作，请多关照。”这第一次见面，彼此留下了很好的印象，再加上工作上的接触，立荣和骝春的来往越加频繁，之间的关系自然更加密切。他们各自负责一个生产小队，除了工作上的互相交往以外，还经常找机会一起活动。甚至，每月一次回上海休假，他们总是约好同行。那确实是一个闲谈的极好机会，从崇明岛到上海，需要乘轮船，大家在船舱里，找个挨着的位置坐下，至少有一两小时，可以无休止地天南海北、说说笑笑，这对青年互相了解的更加透彻了：对方的家庭，个人的爱好和情趣，未来的打算和理想……谈得是那么投机，有时候，船已到码头，都不被察觉。后来，他们索性回程也约好同行。旭骝春家在郊区的七宝镇，而立荣住在单位的集体宿舍，为了一起返程，骝春总是提前从家里出来，找到女生寝室，等上几个小时也不介意，他常说 “坐在走廊上，手里捧上一本书， 没有比这更惬意的事儿了”。

从棉场到崇明岛码头，没有公共汽车，唯一的交通工具是自行车。当地人骑自行车拉客人，乘客坐在车的后架上，称之为“二等车”。这些驾车人都是年轻力壮的男子汉。他们骑车的技术高，令人惊叹，不仅速度超常地快，还要铤而走险。当时，自行车经过的除了高低不平的碎石路、狭窄如肠的田埂路以外，就是周边泥泞的湖旁路。驾车人稍微不小心，就有连车带人摔到泥坑中的危险。那时候，立荣不知怎么对付眼前的那种危机处境，常常是闭上双眼， 强迫自己脑子里想些其他有趣的事。尽管如此，乘坐二等车时的惊慌恐惧感受，有好几次出现在她的噩梦中：她掉进湖中爬不上来，气也喘不出，感觉自己濒临死亡，就在这时，突然惊醒，原来她的一只手正压在胸口上，虚惊一场。立荣还听说，女性乘二等车，还有另一种恐惧，那就是不幸遇上二等车夫的不轨行为。曾有几起这类事件发生过，在队员中间传得沸沸扬扬。立荣当时是那么幸运，每次乘二等车，旁边总有个男“保镖”，更有趣的是，这位男保镖，后来竟成了立荣平时外出的“二等车夫”。正是无巧不成书，棉场工作队负责人分配立荣和骝春一起负责大队里的青年工作，至此，除了各自小队的工作外，还经常两个人一起从一个小队窜到另一小队组织青年活动。骝春从旧货店淘来了一辆便宜旧车。这辆车可真算是老爷货，骑起来，除了铃铛不响以外，其他部分经常叽叽嘎嘎响着协奏曲。尽管如此，骑上它还是比走快很多。他们两个经常骑这辆车从一个小队到另一个小队，遇到上坡的路段，或者是实在高低不平的地方，立荣就主动跳下来步行，等到平路或者下坡，她又坐上去，享受着坐在后驾上的清闲。无论哪种情况，这却是聊天的好机会。他们总有说不完的话。

这样的日子，一晃就是一年多，这对青年成了无话不说的好朋友。与此同时，他们工作刻苦努力，注意与其他队友的相互交流，取长补短，还结交了不少农民朋友，受到当地贫下中农的好评。至今，还有几位农民至交，逢年过节，带着当地土特产到他们家作客。就在那年的寒冬腊月，有一天，两个人共享着这辆老爷车赶路到公社队部开会，路远道滑，俩人想按时到达会场。骝春使足力气快蹬，忽然间连人带车翻到路旁小沟中，正巧骝春高大身躯压在立荣的胸脯上，骝春嘴里向立荣说着道歉，但两个人的眼睛一直双双对看着，谁也没想离开。立荣像是第一次注意到，他有一双迷人的眼睛，眼神是那样的赤热而温情。她情不自禁地展开双臂，紧紧抱住了他的腰，闭上眼睛，享受着这从天而降的美好瞬间。就在这时，她感到，她的嘴唇被吮吸着，柔润却很热烈，还伴随着急促的呼吸……这是立荣期待已久的时刻，她是那样的激动，由衷地感受着从来未曾有过的满足。

“立荣，到家了。”忽然听到王云云的声音，立荣这才从甜蜜的回忆中惊醒，透过车窗往外看，知道已到家门口。她记起，招待会开始前，曾接到骝春从上海打来的电话，说要在那儿多逗留一天，因为他应邀参加的“灵芝固本散”的鉴定会，非常希望他能在那儿多留一天，提出他的建议。骝春在电话中曾预祝这次的大型招待会圆满成功。

立荣想 ：“他不在家，无意一个人回去给自己做饭，与云云在外边吃馆子，为招待会的成功小庆一番，岂不乐在其中。”于是，她对云云说 ：“你今天可说是一位有功之臣，不仅主持了这样规模大的招待会，还开了这么长时间的车，我得请你吃饭， 去全聚德吃烤鸭怎么样？”“那当然好。”“我带你去世界上最牛的一家。”云云将车掉个头，往前门西大街的北京全聚德（和平门）店驶去。

第四章　于氏模型与温室效应

大型记者招待会的第二天，于立荣办公室的电话顿时剧增。铃声不断，忙得金秘书不可开交。在这些电话当中，有叙说对昨天招待会的感受；有对“于氏模型”成功的热情祝贺；也有继续提出相关的问题。其中，环保研究所李铮所长来电，要求于立荣研究员尽快能安排一次讲座，希望能谈谈“模型”与当今世界趋向恶化的温室效应的可能关联，李所长在电话中已表达了强烈合作的意向。

于立荣很爽快地接受了李铮的邀请，并立即安排了日程表。因为这个题材正是她早已关注的内容之一，她已做了不少调研，包括温室效应的起因，目前国际和国内的研究现状，以及防范这一效应的措施等。对于温室效应给环球生态环境带来的负面影响，“于氏模型”是否有所作为等问题，她都做了深入的思考。有些设想确实需要科学实验的证明和确认才更可信。能与有实力的环保研究所协作，这是她很向往的。

讲座拟在环保所会议大厅举行，题目为“温室效应与于氏模型”，这是李铮提议确定的，意在鼓励各专家学者，集思广益。

他批了七位数的广告宣传花销，不仅向在北京的有关研究机构发出通知和邀请信，还向在外地的相关研究单位寄了数量不菲的资料以及欢迎光临的热情洋溢的公函；与电视台也挂了钩，整整两个星期的滚动播送通知的内容，实属不太寻常。更有趣的是环保研究所大院内，像是迎接各路神仙汇聚西天一样，热闹非凡。

近年来，环保所将研究的重点集中到两个大项目上：一个是如何改善目前日益严重的环境污染，特别着重像北京、上海等几个大城市的环保问题；另一个就是在世界范围内气候变暖对人类衣食住行的影响。他们为这两个课题的研究争取到数以亿计的经费，并招聘到一批优秀的研究人才。其中，年轻有为的博士后和博士研究生为主力军。“思路活跃、交流频繁、协作广泛、装备精良”成为这支生力军的基本特色。至此，研究进展很是喜人。在今年全国博士论文评选活动中，该所的一位叫做陈秀萍的女同学摘冠，她以题为《气候变暖与人类健康》的论文一举获得优秀论文奖第一名。于立荣和她丈夫都参加了这一评选活动的答辩会，对陈秀萍的论文曾给予了相当高的评价，认为论文无论从选题到论证以及实际数据的获取都很优秀，无以挑剔。据悉，陈秀萍已被邀请在这次讲座会上做重点发言。

离去环保所讲座的日子还有整整两个星期，立荣已归纳落稿了。她确定的中心议题将是二氧化碳气能否有效利用问题。随着工业革命的发生和发展，二氧化碳浓度在大气中的含量从原来的数值提高了约四十个百分点，据专家估计，到 21 世纪末，这一数值要增加两点六倍之多。这就引发了全球气候变暖，人们称之为温室效应的原因。不少气象学者还将全球变暖与飓风和海啸联系起来。以飓风为例，它之所以只在热带海洋上形成，那是因为温度升高的海水，为飓风提供了额外的能源。据悉，前些年，袭击位于美国新奥尔良的卡特琳娜飓风原本只有一级，它在高温的墨西哥湾吸收了大量热能，因此变为六级，引发的海啸将整个地段淹没在深水中。关于这方面的资料，陈秀萍在博士论文中有详细记载。

对于二氧化碳浓度在大气中的快速增长，于立荣却另有所思。她总是在想，如何使这个目前公认为引发温室效应的罪魁祸首转化成能造福人类的可用之材。事实上，她已在“于氏模型”中，将她的初步设想和实验数据做出了论证。她打算将这部分内容加以深化，作为演讲的中心议题。

二氧化碳是植物进行光合作用的主要原料。植物通过叶子里的叶绿体这个早已发育完善并能独立进行光合作用全过程的细胞器，将太阳光能转化为化学能，最终通过对二氧化碳的还原固定，将化学能储存在碳水化合物中，供应给我们吃穿用。至此，二氧化碳浓度在大气中的含量越高，等于光合作用原料越充足，导致光合作用效率越强。进而，叶绿体将太阳光能转化为农作物中储存的化学能就更多。以此达到增加产量的成果。当然，对于光合作用而言，二氧化碳浓度有它的饱和上限，不可无止境的增加，这可通过实验来确认。

从事农艺工作的科技人员，早已利用光合作用效率与二氧化碳在大气中的浓度的正相关性，试图增加农业产量。在他们的实验田里，通过增加二氧化碳浓度，以达到增产的目的。这就是他们所说的“二氧化碳施肥”。对于立荣来说，“二氧化碳施肥”这一概念，在她出国前进修俄语的时候就初次耳闻。那年，她刚被录取为留学苏联的预备生。当时规定，在一年的预备期间，每个人必须通过俄语水平考试，同时还安排下乡锻炼，意在使每个预备生德智体全面发展。立荣当时所在的是“大一班”，在那年春暖花开的时节，大一班的全体学员开往北京郊区的四季青公社，学习和劳动锻炼。“四季青”，顾名思义，是个大菜园。一年四季均有适合季节的蔬菜种植和栽培，供应北京市的需求。这帮年轻人，刚从起早摸黑的俄语学习中“解放”出来，朝气蓬勃，生龙活虎，什么都想学，像打垅、施肥、移苗等，样样试着干。有一天，立荣与班里几个同学一大早去实验园地，路上经过一大片塑料棚，里面种着各式各样的蔬菜。令人不解的是，在这个几十米见方的每一个角上，立着一台带有多嘴喷头的大钢瓶，气体正在从喷头向四面八方释放着。大家感到惊奇，其中一位平时爱开玩笑的男生说：“你们看见没有，黄瓜在看急诊，正在输氧急救呢。”旁边一位小个儿女生说：“蔬菜也得这样抢救吗？真是有趣！”那位平时被同学称为万宝全书缺一角的同学反驳道：“你们怎么这么笨！这是给蔬菜气体营养，明白吗！”……大家七嘴八舌议论着。立荣向管理这块菜园的农民问了个究竟才知道，果真是北京农业科学院植物生理系的试验田，正在进行着二氧化碳施肥试验，有望获得百分之二十的增产效果。

近年来，二氧化碳浓度在大气中的急速增长，已经引起不少科学工作者的高度重视。早在二十世纪八十年代，他们对二氧化碳浓度与各种谷物的产量关系就进行了深入细致的研究。起初，实验园地局限在封闭型的大棚内或温室中。研究结果表明，随着二氧化碳浓度的增加，植物光合作用净速率增加。估计到二零五零年，由于二氧化碳在大气环境中的增值，这些农作物的光合作用光量子的产值可望增加将近四十个百分点。然而，对于诸如高梁、甜菜等作物，由于碳代谢途经与稻麦棉不是同一个类型，故此，二氧化碳浓度与产值的相关性不那么明显。

为了使整个课题的研究更接近自然条件，以便研究的结果指导实践，科学实验田从封闭式扩展为开放式的大面积，让二氧化碳气流动在生长农作物的田野上，设法通过对流动着的二氧化碳浓度的控制，测试这一相关性，为得到可靠的数据和找出它们之间的规律性，这类实验田需要五年左右的多次重复。

实验的结果显示，不论是封闭式还是开放型，二氧化碳浓度的增加，给那些主要农作物带来的影响，其趋势是一样的，只是“二氧化碳施肥”的效果，对于封闭式的来说，远远高出开放式。他们得出结论：对于稻麦棉这些农作物，二氧化碳施肥有明显的好处，在光照足够充分的情况下，光合作用效率增加，伴随着农作物对二氧化碳摄取量增加，其农作物产量随之明显改善。它们三者之间有着令人可信的正相关性。

其实，对于“于氏模型”来说，它很大程度上已摆脱了自然条件的束缚。因为在这一模型中，光合作用过程是在人工控制的条件下进行的。所需原料，诸如光量子，取自于太阳；二氧化碳，来源于大气层　；水则取之不尽，因为地球上的水资源，足足覆盖了地球百分之七十的表面；至于植物特有的光合作用机器“叶绿体”，则已由有机半导体颗粒和通过基因重组技术所获得的铁硫蛋白复合体等取而代之。目前，于立荣和她的助手们，正在用尺寸为纳米的半导体材料替换在模型中的半导体颗粒，已发现总效率的明显提高。

“于氏模型”就好比一家工厂，不断提供进行光合作用的原料，就会不断获得产品。这样看来“于氏模型”给近年来二氧化碳在大气环境中的飞速增长这一棘手问题的解决带来了曙光。如果“模型”能广泛应用，那么，通过人工光合作用的过程，人们不仅获得光合作用产品，满足我们吃穿用之需，还能得到另一方面的收益，那就是，让二氧化碳成为人工光合作用的原料而消耗，它非但不是废料，反成有用之才。想到这些，于立荣兴奋不已，内心充满了对“于氏模型”问世恨晚之情。因为它将成为温室效应的克星。

第五章　启蒙老师

于立荣童年的时候，她最崇拜的是爷爷。在她小小的心灵中，爷爷就像神一样万能。没有他不知道的事，也没有他办不到的事。于是，一有什么想不明白的，她就跑到爷爷身边，缠着他问长问短。在于立荣四五岁的时候，她问爷爷最多的是天气现象："爷爷，为什么天会下雨？那么多的雨水从天上浇到地上，哪来的？为什么天会亮，还会暗？不总亮着？为什么冬天那么冷，夏天那么热？为什么？……"爷爷是一名中医，一辈子治病救人。到了晚年，大部分时间花在教育子女上，传授他的医术给下一代。要是问起中医中药，他是满肚子的学问。可是，让他给几岁的孙女讲清楚这些自然现象，实在是力不从心。每当这时候，他总是理着嘴边那两撮洁白如雪的长长的胡须，费力解释着。依偎在他怀里的小孙女，仰着头，眼睛睁得大大地盯着爷爷，似懂非懂地听着。事后，等她长大成人，成为一名科学工作者的时候，再想起那些事，常常暗自发笑，也总会勾起对老爷爷的思念。

在中学学习阶段，她对大自然开始有了个粗浅的认识，对天文地理兴趣横生，奢望着自己能解答大自然的各种现象。为此，她积极参加业余天体物理小组的活动。在她上初中三年级的时候，天体物理小组来了一位新老师，他叫詹天明。他的到来给这个小组带来了新气象，不但小组活动从每周一次增加到两次，还增添了不定期的答疑研讨会和小型讲座会。詹老师还常常亲自给大家作专题报告。他学识广博，举止谦谨，有问必答的作风，获得同学们的一致好评。小组的人数剧增，使天体物理这门科目，成为同学们茶余饭后谈论的热门课题。听当时负责校方教学的张立志老师说，詹老师原来是另一所中学的地理老师，并兼任当地报刊“我爱科学”这一专栏的作家，发表不少关于天体方面的文章。张立志老师与对方单位打了许多交道，才最终成功地将詹老师聘为校外辅导员。自那以后，詹老师给同学们做过多次专题讲座。在他的报告中，不仅借助模型示范给大家观赏，让学生充分明白和理解每种天气现象的来龙去脉 ；他还带领大家在夜色来临时对天空做实地观察，再加上他有血有肉的精彩解说，于立荣感到，他的讲座给她的印象如此之深，似乎发生在昨天。她还清清楚楚记得，詹老师的第一节课是讲北斗星。那是一个晴空万里的日子，活动是在晚间。詹老师带着同学们走出教室，让大家观看星空。他从密密匝匝的漫天星斗中，一下子就找出北斗星 ：那是由七颗亮星构成，形状酷似古人舀酒的勺子。勺子的把柄由排列成行的三颗星组成，而其他四颗星组成开口朝向西南的盛器部分，将头上的两颗连起来，再延伸约五倍的地方，就是北极星的位置。因此，这两颗星得名为指极星。回到教室后，詹老师又讲了许多关于北斗星的传说。从远古以来，人们辨认方向常常用到它，特别对海上航行很有用处。他介绍给大家一些借助北斗星辨别四季的俗语，于立荣一直记忆犹新“斗柄指东，天下皆春；斗柄指南，天下皆夏；斗柄西指，天下皆秋 ；斗柄北指，天下皆冬。”詹老师告诉他们，其实北斗星和北极星的位置都是相对稳定的，由于地球有自转和公转，绕着自己轴心转一周被定为一天，而绕太阳转一周为一年。生活在地球上的我们，感觉像是北斗星和北极星也都在转动一样。这就是为什么，北斗星的位置能示意着季节的交替。后来，詹老师又给了多次报告，每次的内容都很丰富，不但有实地观察和体验，还穿插许多传奇故事，感人肺腑，动人心弦。不少同学反应，听完了这次讲座，又开始急切等待下一次。于立荣更是如此，尤其是农历七月初七，关于牛郎星和织女星的那次讲座，她记得是那么的清晰，就连点点滴滴的细节，都深藏到她的记忆里多年不忘。这也许是詹老师理论结合实际，再加上巧妙教学方法的效果吧。那天，阳历八月二十，当时学校放暑假，可这日，正是传说中牛郎和织女一年一度在银河上鹊桥相会的日子，选择这一天来上这堂课，实在是别有情趣。同学们热情很高，赶回学校，无一缺席。照例，詹老师领着同学到户外，他有一个小型的光纤棒，深红色的亮光束射程很远，他用它指点着，银河中间和两边三颗星中最亮的呈青白色的那颗，就是织女；位于银河西北部，在它下边有四颗较暗的星，组成一个被人们想象为古代妇女织布时用的呈四边形的梭子；而在银河东南部，与织女星遥遥相隔的一颗微带黄色的亮星正是牛郎星；在它两旁有两颗小星叫扁担星，象征牛郎挑着一对儿女，正在赶路，追踪那边的织女……有了感性认识后，大家又随着詹老师回到教室，听他详细讲述趣味非常的爱情故事：说的是一位憨厚可爱的放牛娃，如何遭受家嫂的虐待而无路可走，幸遇灰牛大仙。灰牛大仙又是如何帮忙，使可怜的放牛娃和织女相识、相爱，坠入情网。此后，仙女放弃了天庭的荣华富贵，嫁给了一贫如洗的放牛娃，成家立业，男耕女织，生儿育女，过着甜蜜幸福的生活。这桩美好姻缘不幸被玉皇大帝知道，王母娘娘拆散这对恩爱夫妻，将仙女带回天上。善良的灰牛大仙又一次伸出热情帮助之手，才使放牛娃腾云驾雾，挑着一双儿女上天，会见仙女。这时狠心的王母娘娘又施魔法，用自己头上的金簪一画，造出一条波澜壮阔的银河，挡住了放牛娃的去路，使他俩隔河相望，流泪断肠。这一动人情景感动了千千万万只喜鹊，用身体搭起鹊桥，让牛郎和织女在桥上相会。这段传奇故事一代代流传至今，成为人们歌颂忠贞爱情的佳话。詹老师还告诉他们，事实上，在天文学里，牛郎星对应的星名为河鼓二，而织女星为织女一，它们分别为天鹰座和天琴座的亮星。据说，这两颗星相隔的真实距离为十六光年，按一光年等于十万亿公里计算，那么十六光年相当于一百六十万亿公里。现代通讯知识告诉我们，假如牛郎打个电话给织女，她得等十六年后才能如愿聆听。可见牛郎织女七七相会，仅表达人们美好愿望而已。对于詹老师的这些讲座内容，虽然于立荣也大体知道一些，但多数是支离破碎的片言只语，不系统，与老师讲的相比，真可谓九牛一毛。詹老师最后的两次报告是关于火星和月亮的知识。于立荣记得，这两个报告对她影响很大，要不是考入留苏预备部，选派到莫斯科学习的专业是由高教部决定的，那时的她，十有八九会将天体物理专业写入志愿表格中去。

那是新中国成立初期，秋高气爽的一天，从北京开往莫斯科的列车正在铿锵地前进着，不时发出汽笛般的尖叫声。这趟列车载着一百三十位刚从留苏预备部完成俄语训练的男女青年，他们是经过本届全国统考被录取后，前往苏联就读的大学生。当时被实际录取的有六百多位，经过一年的预备期以后，由于种种原因，最后只有这一百三十位落实前往，包括于立荣和将就读于莫斯科大学生物土壤系同一专业的其他六位同学。出国前，他们七位，四男三女，来自祖国四面八方，一个人代表一个省份，说着不同的方言，聚在一起，将朝夕相处，共度五年异国他乡的大学生涯。他们正处在十八到二十的年龄段，此时此刻，乘坐在开出国门的长途火车上，每个人都很激奋，这是他们长这么大第一次的长途旅行。周围的一切，他们都感到新奇。七天七夜吃住在列车上，开始那两天，由于不适应，曾出现些问题 ：有几位吃不惯西餐，胃肠不适，消化不良，这可忙坏了列车上的保健医生；还有几位，由于火车的噪音，睡眠受到干扰，白天老想打盹，精神恍惚，医生用轻度安眠药，就为他们解了难。于立荣却出乎意料，她不但没有晕车的麻烦，对于西餐，既没不良反应又很津津乐道。她还收集了西餐菜谱的名字，像土豆烧牛肉被称为“古拉丝”，红烧肉为“葛鲁京克”等。后来，在莫斯科大学的那几年里，有机会与苏联同学一起下厨，她还学会了做俄罗斯餐桌上正宗名菜的本事，至今还很受用，常在请客招待朋友时露一手。

车上这些年轻人朝气蓬勃，七天七夜的旅途中，他们没有闲着，由领队牵头，白天里，两三个包厢的人凑在一起活动：有时学唱俄罗斯歌曲；有时是俄罗斯人文地理的介绍；有时安排他们当中的一位，谈读书心得体会；曾有两次，以闲聊的方式，大家交流感想和见闻，还可以提出问题大家讨论，一到那时候，常常是你一言我一语，十分热闹。等到夜深人静的时刻，大家各自回到自己的包厢就寝，躺在有上下铺的床位上，听着那机车行进时有节奏的铿锵声，犹如催眠曲瞬时进入梦乡。

火车开到乌兰巴托，在这儿要停个把小时，领队呼唤大家下车，观光蒙古人民共和国首都的风土人情。在于立荣和她的同伴刚刚从列车下来的那会儿，她看到一位熟人，也正在从列车的另一头走出车厢。那是一位中年男子，高挑身材，带着一副金丝边眼镜，边走边和两旁的其他人谈论着什么。于立荣一眼就认出，他是詹天明老师，她的天体物理的启蒙老师。那些年，是他将她带进天体科学的大门，观赏夜星,在满天星斗中辨认传说中的北斗星、织女星和牛郎星，并对天体中的八大行星有了认知。给于立荣印象特别深刻的是，詹老师几次在天体的讲座谈到类似人们很早就开始寻求地球以外的生命体等问题。这对于她，对于这位壮志凌云，正处在遐想联翩阶段的大学生，无疑影响颇深。当她身临其境地步入征战宇宙的科学领域里，她不止一次地提到过这位启蒙老师，是他，詹天明老师，在她年轻的心灵中，播下了对天文地理浓厚兴趣的幼芽。

“这真是太巧了！”于立荣想着，思绪在她脑海里荡漾。她有些冲动，决定设法去见他。于立荣很快弄清楚詹老师的车厢的确切位置，那是在餐厅过去的第一间。她急切等待着领队宣布集合时间：“四十分钟的间隙，那太好了！”她与领队打个招呼，去詹老师那儿了。“咚咚咚”，门开了，“是我，于立荣，您还记得我吗？”詹天明打量了她一会儿，就回话说，“怎么会不记得你呢，那个爱提问的同学小于。”“刚才您下车时，我一眼就认出您了，这是到哪儿啊？”“我是去莫斯科开一个国际研讨会，是关于宇宙开发的设想和各国搞合作的事儿。”“那您不在原单位了？”“是啊，我已调到航天部下属的研究部门一年多了，主要是负责收集有关资料，为今后我国在这个领域的发展出谋划策，可以叫它参谋部吧。”“那太适合您了，您的兴趣不正是天体方面的吗！”“是啊，确实很投我所好。不过，我的那点基础已经远远不够用了，得学习学习再学习，才能跟上时代步伐。那你这是到哪儿去呀，小于？”“我和车上的一百多人都是去莫斯科和列宁格勒上学，我被分到莫斯科大学生物土壤系、生物物理专业。”“那太棒了，你的专业很边缘，生物还要加上物理，听上去很新鲜，说不定，将来会有生物和天体，可称为航天生物学科呢。”“詹老师，四年前，您给的报告中提到，人类可能开发其他星体的设想，还说到，在八大行星中，火星可能是首选，现在的情况怎么样了？”立荣不失时机地提问。“现在这个想法更公众化了，呼声很高。”詹天明回答，他接着继续说下去，“火星这个名字由来已久，据说就是因为观察到它的表面呈红色，似火一团。这样的红色还随着四季而变化，好像有着不同颜色的植被一样。通过天文望远镜可以观察到，在火星表面有像灌溉渠道一样的许多纵横交叉的线条。据此，人们怀疑，火星上可能有生命，不仅仅是花草树木，存在外星人也说不定。兴许，它将成为地球之外，人们的栖息之地，第二个家园。可是，这到底是真是假，要眼见为实。近年来，像苏联、美国这些发达国家，都在积极做出努力，要飞到那儿去实地考察呢，我们拭目以待。同时，我们也正在集中力量跟上去，总有一天，中华人民共和国的飞船也会上天。”“对于月亮，人们是不是也有同样的考虑？”立荣又追问道。“是的，探月，这只是早晚的事。那里有丰富的资源，世界上那几个强国，无不争先恐后想登上去，为日后的开发做好准备，只是难度很大呀！月球周围几乎没有大气层，要想将它营建为人类的家园，困难程度更是无法估计。”

“我明白，这绝非易事。不过，我相信，随着科学技术突飞猛进，聪明智慧的人们，会有至今难以预料的崭新创意，改变它的现状。就拿地球的演变为例吧，我曾读到过，地球周围的大气层，原本是烈日炎炎死气沉沉的无生命世界，谁能想到，当今的地球，不但有了适合人们生活的稳定大气环境，还成了万物生长的宝地。这很可能预示，月球的大气层有望改变。”立荣说出她的看法。“小于，你的思路很宽阔啊，读了不少书吧。”詹老师鼓励地说。于立荣突然惊了一下，看看表，已快到他们集体活动的时间了，就急忙向詹老师告辞，回到自己的车厢。后来詹老师也找到立荣的车厢，大家又谈论了同样的话题，詹老师临走前，给她留下了今后联系的地址。

第六章　她是左撇子

于立荣出生在一个中医世家。她的父亲从年幼时起，就开始学习中医医道。父亲在她爷爷的严厉家教下成长到二十一岁，就独立开业行医。几年以后，成为当地的名医。小立荣从小就是在比她年长好几岁的哥哥们读书的嗡嗡声中长大，《汤头歌》《本草纲目》、张仲景的《伤寒杂病论》中许多段落，常常灌进她的耳朵里，久而久之，她也能背诵几段出来，虽然不明白其中的含意，却出口流畅。有一次，父亲考问两位哥哥关于《汤头歌》中的几个配方，由于紧张，他们答得结结巴巴，小立荣在一旁急不可待地从嘴里蹦出几味药名，貌似提醒。凑巧的是，提醒得都在理。这使父亲很纳闷，不知道他那还在儿孩时期的小女儿从哪儿学到的。打那以后，父亲开始注意她，还准许她参加过去只有哥哥们才有资格参与的一些智力活动。比如“对词”，就是比赛文学才华的活动，父亲说出上半句，哥哥们对下半句，要对得既赋有诗意，又要押韵。谁的下半句出口最快又让父亲满意者为赢家，父亲总会奖励。她还清清楚楚记得，有一年的除夕夜，她答对了父亲两句上半联。父亲说，“竹外桃花三两枝”，立荣对道，“春江水暖鸭先知”， 父亲又说“桃花映日千春景”，立荣道 ， “紫燕衔泥万户春”，她抢在两个哥哥前头，说出答案。虽然，这些都是古诗名句,可是，能从小女儿嘴里抢先答出，父亲十分赞赏。正当过大年时节，为此压岁钱是别人的双份儿。从此，在父亲的眼里，他的这个小女儿很与众不同，天资不凡。他送她入了当地的正式小学就读，打算进一步培养她。刚入学时，小立荣遇到很大的麻烦：她写出来的字都是些反手字，原来她是个 “左撇子”。那个年代，传统习惯认为，谁的小孩是左撇子，不是好兆头，甚至有不吉利的嫌疑。于是,她的老师和家长联手，强制她改过来。可到头来，没能如愿以偿，只在短时间强制有效，时间一长，由于左手做事得心应手，她还是恢复了原样。直至今天，使用筷子、剪刀，投掷铅球铁饼，打台球等，仍是用左手。读小学，她没有按部就班从一年级起始，而是三跳两跳，用了三年半时间，完成了小学学业，并成为区里的优秀生，在全区的群众大会上，很荣幸地登台领奖。在初中的三年里，她一直是班里的学习尖子。最使老师和同学们佩服的是她的记忆力。有一次，班里组织活动，题为“献上你的拿手节目”，同学们都很积极并踊跃参加：有的献上诗歌，有的唱上一曲，还有一个平时活跃在舞台上的女生，以独舞为她的拿手节目，赢得不同寻常的好评。轮到于立荣，她踌躇了一会儿，向主持活动的班主任兼历史老师请示，能否让她复述当天上午历史课的内容，代替表演。老师听了有些好奇，平时，他很看重这位学生，听她说要复述自己刚讲授的课程，感到题材新颖与众不同，就爽快答应了，只是提醒她占时要控制。于是，于立荣就将老师的一段上课内容原原本本地回述了一遍，就连老师在讲授过程中那几句重复说过的，也煞有介事地照猫画虎地学了，引起同学们的哄堂大笑。于立荣这次的表演，使这位班主任老师大为惊讶，她想不明白：“俗话说，聪明莫过于过目成诵，于立荣这不是过耳成诵？”她琢磨不透。后来，老师终于找到了一位资深的生物学老师请教：“于立荣听一遍历史课之后，能一句不漏地重述出来，是什么原因，怎么才能做到有这样的记忆力？” 这位生物学老师告诉他，于立荣有这样好的记性，是与她左撇子大有关系。那位老师还详细谈到大脑功能那些神奇的事儿，他说，人的大脑是一部最为复杂的、每时每刻都在以无与伦比的极高效率处理信息的机构。整个大脑由左右两个半球组建成为一体，每个半球分别承担不同的功能：左脑主管逻辑思维，它思维的方式是连续不断、绵延伸展、分析加工，为此叫它理性脑，它的工作方式是，先将五官感受的所得信息编成语言，再将语言往下传，发号施令；右脑分管形象思维，思维方式与左脑截然不同，具有无序性、跳跃性和直觉性的特点，称它为图像脑恰如其分。要想记忆什么事情，右脑先将事情转为各种图像，像照相机一样，翻印在脑子里，需要时那些图像浮出就行了，将看到的、听到的、读到的，全部转化为图像，再通过图像进行思考深化和结论。左右脑不仅功能不同，它管辖的地盘也不同，左脑指挥右半身，而右脑负责左半身。经这么一解释，于立荣的班主任终于明白了，她的学生有点像照相机一样的记忆力，是基于右脑功能的优势。

据人脑研究结果披露：在这个世界上，大多数人是右利手，左撇子只有约百分之十。造成这种现象的原因很多，其中之一是人们易于接受用右手操持一切。于立荣小时候，家长和老师也是不遗余力地纠正她的左撇子禀性，一般来说，历来的教育方式、考试制度，都是右利手得心应手呢。况且，大多数习惯是逻辑思维而不是　形象思维，这正是左脑的强项，凡此种种应该是人们多用左脑的背景和缘由。科学研究还显示，人脑含一百多亿神经元，在神经元的周圈中具有一千多亿胶质细胞，整个脑的储存量确实庞大无比。令人惊讶的是，无论是谁，即使那些才华横溢的成功学者，他（她）们也只用了大脑的潜在能力的十分之一。这样说来，要想这个世界更美好，为未来实现一个一个的梦想，开发大脑，使还在沉睡和待业的大脑潜能的百分之九十活跃起来，才是明智之举。

要开发人的智力，重在开发右脑。显而易见，早就有人估算过，右脑记忆容量是左脑的一百万倍，这诚然不是个小数字。换句话说，每个人的大脑，一生中仅用了百分之十或者十以下，剩下的都蕴藏在右脑的潜意识中。右脑是图像脑，能将外来信息摄影留存并快速转换；而左脑得先要将信息语言化以后才储备待用，这要花时更多。怪不得，右脑又称天才脑。古往今来，不少名人学者是左撇子：拿破仑、丘吉尔、达-芬奇、毕加索、爱因斯坦、奥巴马、比尔盖茨都是左撇子，就连那位靠脱口秀而闻名天下的奥普拉也被人们注意到，她是左撇子。这应该是，对擅用右脑和挖掘它的潜力的一种印证。

于立荣从年轻的时候起，就萌生了营造人类第二家园的梦想，这个激动人心的大目标，常常使她遐想连绵。在那些日子里，她如饥似渴地阅读着各类书刊，只要能弄到手的，不论是有关故事和资料，还是科学家的研究成果和预言，她总是读了再读，手不离卷，思绪万千。那个阶段的她，梦里常常会映现许多稀奇古怪的影像和画面，有的朦朦胧胧模糊不清，有的却像真情实景十分壮观：那是满天飞着的尘埃和云块，互相冲撞着，互相吞并着，从小变大后，形状各异；有时也会呈现个头酷似碾米磨盘的庞然大物，不知有多少个，吃力地东飞西撞，凭借着自身具有的令人无法抗拒的大质量，像大鱼吃小鱼、小鱼吃虾米那样，吞噬着周围的弱者，变得越来越强大。一会儿，画面又转了形，出现狂风怒吼昏天黑地的景象，令人毛骨悚然……突然间，她惊醒了，梦里的情景历历在目。她回味着梦境中的那些画面，感到是那样的惊心动魄："这不是我在许多本书中读到过的地球雏形吗！真不可思议。现在我们安居乐业和赖以生存的世界，原来是那个样子。那时候，哪有像现在的大气层？有的只是陨石碰撞、云团飞扬、火山崩裂和放射性元素的溢出……"她自言自语地嘀咕着，思索着那些留在脑子里的地球初始景象："狂风怒吼不正是由于没有臭氧层遮拦住太阳风，使它可以横冲直入到地球表层；至于生命，在那种环境下出现更是不可能的了，因为带给地球大气层的氧，是三十亿年以后的事儿了，那是蓝细菌的贡献，通过自身的光合作用放氧，使地球从无氧到有氧。神奇的氧，使我们活下来，发扬光大，成为地球的主人。"她思考着，试图捋顺储存在脑子里的思绪，寻找着什么：初始形成的地球，与当今我们称它为世界的地球相比，差距如此之大，当然是时间流逝的结果。四十六亿年的自然演化，迎来了这个五彩缤纷的世界。我们的前辈，当代的科学工作者们，不都在辛勤地工作着，去寻找和揭示着地球自然演化的漫长经历，以及它每走一步的细节和其中的规律。然后运用所获得的知识和技能进一步改造世界，浓缩自然演化的历程和缩短所花费的时间，让它朝我们期待的方向发展。如果再超前一些思考，地球总会像其他事与物一样，逐渐老化，那么，我们何不做好准备，摸准地球从生到老的规律，用所获得的这些知识武装我们和我们的下一代，寻找一方热土，无论是从宇宙中亿万个星球中摘上哪一个，开发人类的第二家园……她越想下去，越兴奋和越有信心。天下无难事，只怕有心人，任何难题，只要刻苦努力，善于学习，勤于思考，总会有解的。

当今世界，家喻户晓，谁都离不开电脑。可不能忘记，如果没有比尔·盖茨、乔布斯等的发明家和他们的巧编程序，这个世界仍不得不花时间进行漫长的等待；那令人感到虚幻奥妙、迷惑不解的哺乳动物的克隆技术，将绵羊“多利”带到这个世界，这不正是生命科学领域研究的突飞猛进！有些事儿，总会超出常人的想象范畴而至，这就大大缩短了自然演化的进程。“一万年太久， 只争朝夕”应把这句名言铭刻在心。

于立荣喜欢思考，听别人讲闲话时常常发愣，为此她被误解为思想溜号。也许，正在这时，她陷入深层的思维中。也许，就在那会儿，她的图像脑正为那些杂乱无序的摄像图片分档储存呢。

第七章　植物光合色素激光器的诞生

那一年，于立荣刚大学毕业回国，被分配到中国科学院上海生理生化所。正赶上贯彻“科研与生产相结合”、“基础理论与实际应用相结合”的方针。领导要求每个研究人员在设立自己研究课题时，要以这两个结合为本，将科研为生产服务的精神，揉进具体实施的计划中，尽可能在较短时间拿出产品来。那时的于立荣，满脑子装的都是植物光合作用过程的机理，“什么原初反应”“量子需要量”“爱莫尔森效应”等，怎样才能将这些与生产实际结合？真是丈二和尚摸不着头脑。她想来想去，决定走出去做社会调查，开阔思路、寻找入门途径。与她同时间分配到这个研究所的还有汪远，是北京农业大学高才生，还有武汉大学硕士生沈嘉欢，她们三个女生住在同一寝室，相处得挺和睦，常常一起做饭，共进晚餐。周末上街采购、看电影也总是三人小团体。久而久之亲同手足，茶余饭后讨论业务也是常有的事儿。每逢涉及业务，这三位刚刚走出大学校门的女学生，都各有一套，谈吐不凡，对别人的业务专长，也兴致浓浓，遇到较深奥难懂的问题，常常会刨根问底，一直到搞懂为止。偶尔，她们也有对某个话题看法不一致的时候，三个人就争论不休，从饭桌到被窝，非争个水落石出才罢。这三个朝气十足的女青年，刚走出校门，迈进科学院大门，这会儿，遇到的共同难题，是如何跟上当今的形势，按两个结合的方针选择合适的研究课题。那些日子，这个话题就成了她们在一起时谈论的主要内容。当于立荣说出打算以调研开路的想法以后，汪远和沈嘉欢两人就像大梦初醒一样，又惊又喜。因为这个主意终于使她俩从困惑中解脱出来，有了下一步可行之策。三个人决定一起行动，组成调研小分队。基于不同的专业背景，她们调研的重点有不同的侧重：沈嘉欢是微生物专业毕业生，她将围绕微生物在工农医各领域的应用作为调研重点；汪远毕业论文集中在光合作用中二氧化碳固定途径的调控研究，她打算了解“二氧化碳施肥”的前景；于立荣将自己的目标定在光合色素的应用上。三个人分别写了调研申请报告，得到领导的同意后，就开始走向社会，迈出第一步。调研的内容虽有不同的侧重，于立荣、沈嘉欢和汪远并未分道扬镳，而依然奔走同行。整个夏天，这个调研小分队，走访了二十四个单位，包括中科院位于上海的多个研究所、地方研究机构以及这些机构下属的工厂和企业。调研的收获使她们心满意足，对下一步如何实现“两个结合”，每个人心里都有了谱。等夏天过了，三个人回单位上班时，谁见了她们，少不了大惊小怪：“晒得那么黝黑，是不是赖在北戴河沙滩上不想回来？”有的还半开玩笑说：“你们是不是到非洲淘金去了？”那几个平时就天真活泼的女生，一碰面就搂抱一团，蹦蹦跳跳，释放着青春的朝气。对二十四个单位的走访，她们感到收获颇丰。有的单位，例如一家“食用菌生产基地”，沈嘉欢不仅找到了在短期内能见成效的应用研究课题，三个人还聆听了感人肺腑的真实故事-接待她们的总经理孔冉飞讲述了他的基地从无到有发展至今的经历：孔经理早年毕业于上海县七宝农业中等专业学校农艺专业。毕业后一直在农艺这个领域耕耘不息，积累了丰富经验。在上海县农场里是很有名气的农艺专家。不幸的是，那年，他刚步入不惑之年，灾难从天而降，他的爱人得了重病，到处求医治病也没起色，最后确诊得的是癌症。这可急坏了孔冉飞，他虽然也读了十几年书，对植物病灾，他经验丰富，可以为它们开方解病，但为人治病却一窍不通，况且，他爱人得的又是绝症，除了开大刀以外别无它辙。他日夜不安，冥思苦想，不知如何是好。后来，他决定向书籍请教，开始漫无边际地翻阅古今药书，试图找到可行之策。真是老天不负有心人，孔冉飞在《神农本草经》等古书中找到了有关灵芝的记载，说灵芝具有益气安神、活血化瘀、抗衰延寿的功效，是中药之王。他惊喜万分，沿着这条线索又深入查阅，了解到近代对灵芝研究的进展，包括对灵芝有效成分的揭示，以及至今灵芝已治愈的慢性病和疑难病病例。孔冉飞心中有了谱。他决定摸索培植灵芝的工艺。真是不干则已，一干惊人：一方面，他夜以继日地尝试各种菌体培养配方和生长条件，与此同时，他请教这一领域的专家学者，摸索与其他中药搭配的效果，不到三个月，他就拿出了第一批灵芝菌体。自那以后，他的妻子开始服用灵芝，并与其他几味中草药配合，疗效明显，病情一天天好转。这可乐坏了孔冉飞，他信心倍增，开始尝试灵芝孢子粉的生产工艺，整天吃住在试验现场，不管菌株培养大棚是多么闷热难忍，气味不爽，他坚持下来，期待着孢子粉破壳而出的瞬间。别人劝他劳逸结合，不要累坏身体，他总是用那句口头禅“不入虎穴，焉得虎子”来应对，一日又一日，一月又一月，劳苦和辛勤终于结了硕果。他的两大产品，灵芝和灵芝孢子粉，经鉴定，品质良好，药用合格。如此让人欣喜若狂的成果，孔冉飞就像解甲归田的老兵，如释重负，他在家里整整蒙头大睡了两天，似乎这样做就赶走了过去积存下来的所有疲劳，等他恢复常态后，就蒙生成立自己公司的想法。那年的国庆日，“冉飞食用菌开发公司”正式成立挂牌。一时间，公司业绩红火，经济效益斐然。孔冉飞不但实现了自己的初衷，“为爱妻治好了病”，还成了万元户，他的名声在家乡越来越响亮，来访取经的人络绎不断。当于立荣她们听了创业者感人肺腑的亲身经历后，都十分激动，不约而同地抢着述说出个人的感受。其中，沈嘉欢还道出了自己的合作意向：“我本人非常感兴趣，如果孔总同意的话，我们可以联手合作研究。既然有那么多病例证明了灵芝对疑难病和慢性病有特殊功效，我们可以着手分析它的有效成分，为下一步开发新药做准备；还可以对不同品种的灵芝做比较研究等。在我们研究所，起步这类课题已具备实施的条件，孔总可以放心。”于立荣和汪远接着发言，支持沈嘉欢的想法，还强调了，合作往往能互利双方并能发挥各方的优势，实在是一条实惠的途径。听了她们的感言，孔冉飞心里不知道有多高兴，他早就琢磨着，如果对灵芝和灵芝孢子粉做一些深入研究，为研制新药打基础，将来的前景可就不可估量了，说不定，市场不仅在国内，走向世界也有可能。要只靠自己这点儿微薄之力，新药走向市场的事儿，就不知道是哪年哪月的事了。如果能与科学院合作，不就落实了自己的梦中所求嘛！想到这些，孔冉飞急不可待地接着三位女生的话题，热情洋溢地表示了与他们合作的意图，并确定了“深入灵芝在医药界的应用研究”为大方向，还商定了下一个碰头会的时间表。在走访中国科学院位于上海市嘉定县的光机所时，于立荣和汪远也如愿以偿，一个令她们满意的研究课题，经过多次讨论和正式洽谈后，与该研究所的开发部拍板敲定。

这是一项关于叶绿素激光器研制的合作计划。起初，当于立荣刚刚领悟到策划科研计划要以“两个结合”为前提那会儿，她整天琢磨的是怎么样才能在自己现在手头的工作中体现这两个结合。她研究的课题为“植物光合作用的机理”。这个过程牵涉许多种植物色素，它们色彩鲜艳，无毒又取之不尽。为此，她首先想到的是，这些色素可能做食品的添加剂，她还想到，色素都有自己独特的光学性质，它们在太阳的可见光谱区中有强烈的吸收性，如果将海洋中藻类所含的色素（藻蓝素、藻红素等）考虑在内，植物色素（叶绿素 a、叶绿素b、类胡萝卜素等）的吸收光谱，正好完全覆盖了太阳在四百毫微米到七百毫微米可见光谱区的辐射。于立荣在上大学时就对这事十分上心，暗自思量，惊叹大自然的万物对环境的适应是何等妙不可言，太阳给予大自然在可见光区的光能辐射，竟然不折不扣地被覆盖在地球上的植被所利用！她盘算着，若遇到机会，一定得探讨一番，现在就是机会！她想，能不能将植物色素做成收集太阳光能的某种元件，用到实际中，开发太阳光能？她还记得，爱因斯坦曾有论述，组成物质的原子中，有不同数目的电子，这些电子分布在称为“能级”的不同层次上，如果外边供给光能，在低层次的电子会因得到能量跃到能级高的层次上，这些电子，由于得到了比先前多的能量，被激发而活跃不稳，在瞬时间又退回原位，同时将得到的那份能量又释放出去，大师管这叫自发辐射，并伴随着发射荧光；还有另一类发光，给物质照强光，让组成物质的电子升迁到高能级的层次上，制造特定环境，使这些处在高层次的电子，一时间不能返回原位，在高能级的层次上憋足能量，待一声令下，让这些电子同时从高位返回时，就像大坝决口一样迅猛异常。这样释发出的能量，比自动返回原位的要高出不知多少倍，大师将这种发光称为受激辐射，发射出的光为激光。由于这些电子曾是从高能位的同一层次返回的，性质上几乎都无差异，这就造就了激光的高纯度。比如像红宝石激光仅有6943A 这一条谱线，就是这个道理。

联想到爱因斯坦的理论，于立荣对植物色素的应用前景更加有信心。特别是叶绿素有强荧光发射，是在可见光谱范围，这种荧光归于自发辐射；如果将叶绿素放到特定环境里，给它营造被迫激发的合适条件，让它受激辐射也是完全有可能的。想到这些，于立荣估计，叶绿素很可能作为发激光的物质，要是这样的话，它的应用价值可就更大了。

这些天来，于立荣对植物色素的可能应用总算有了谱：从食物添加剂到光敏元件，现在又想到叶绿素作为发激光的物质的可能性。明天一早，她和其他二位搭档计划去光机所，结果如何，自己的预想能否成真，心里还有点七上八下，她又欣慰又激动。熄灯睡觉已有一阵子了，同室的其他两位已发出轻微的鼾睡声，而她还在被窝里翻来覆去，似睡非睡。忽然间，她的眼前朦胧一片，隐隐约约有个熟悉的人影出现在她面前，她使劲儿挣扎，试图看清他的轮廓：那是一位外国长者，头发长而蓬松，金丝银缕无拘无束地夹杂在其中，前额上刻下的抬头纹深不可测，还有那很有特色的两撇胡须……立荣认出来了。“那是爱因斯坦大师！”他迎面走来，对她说 ：“于立荣同学，叶绿素发强荧光，是属于自发辐射，它也会发射激光，是受激辐射。快去探知发光条件吧，你会成功的。”说完，那尊巨大身影突然就不见了，于立荣这才从梦幻中清醒过来：“刚才的一切历历在目，似梦又不是梦，怎么这么清晰呀……”她琢磨着，反复回忆着大师的话，好长时间睁着眼睛没有睡意。第二天一大早，立荣迫不及待地将夜里的事讲给两位女友听。就在当天上午，三人来到上海嘉定县的光机研究所。在该所，关于叶绿素可能发射激光的设想得到肯定，不过要设计具体实验的细节来加以证实。在该研究所行家的指导下，试验的装置终于成型，主要包括合适的谐振腔，使受激辐射的光波在腔内往返振动和放大，再就是足够强的激发光源。经过研究人员的多次试验，选定了在乙醇溶液中的叶绿素d 为样品，初步结果认定，叶绿素d 确定是能发射激光的物质，但是否有实用价值，需要进一步摸索最适条件。光机所负责人表示，愿意合作研究。于是，合作的协议书就这样诞生了。此后的几个月里，于立荣和汪远几乎每天去光机所上班，她们在那儿工作的伙伴，是从该所激光物质探测研究室调过来的两位男士，四个人工作在一间泵浦氙灯光源的强烈闪光和漆黑交替的实验室里。两位女士都是头一次接触这类试验，什么都感新奇，每一步都想看个究竟，还摸黑做笔记。一天工作下来，虽然很疲劳，但精神却很振奋。为了准备试验样品，她俩全靠周末加班，有时通宵达旦，第二天去光机所从不脱班。那天，当他们看到叶绿素d的暗红强激光迸发而出的时候，这间平静的实验小屋里，突然人气沸腾，忘记了谁是谁，四个人紧抱在一起，还发出女人的尖叫声，是立荣的嗓音还是汪远的，混杂不能分辨。这欢声笑语惊动了邻近的实验室，大家握手祝贺。 万事开头难，于立荣他们闯过了这个“难”字。叶绿素 d 作为激光物质的实验成功，打开了植物色素激光器系列的研制大门。他们接着对多种色素做了实际考察，摸索改变不同类型的谐振腔、激发光源以及其它相关条件，确认它们组装在一起时的最佳效果，为延长色素发激光的寿命和获得强度高的激光，于立荣和汪远还制备了各种色素的衍生物、色素与半导体粉末掺杂的各种样品，令人可喜的是，发射出的激光波段可以覆盖整个可见红光光区，并可延伸至近红外区域。植物的光合作用色素和它们衍生物作为发射激光的物质，其得天独厚的优越之处是成本廉价且取之不尽以及激光波长从可见光区到近红外可调这两大特点。为此，这项课题的研究很受重视，可望在科研，通讯、航天诸方面广泛应用。初出茅庐的青年女学者在事业上迈出的第一步就取得如此好成绩，于立荣和她的伙伴深受鼓舞。高兴之余，坐下来仔细想想，她们意识到，不同专业的协作很重要。否则，仅有好的设想，没有各方的联手合作，也往往会落空。这也许就是从事现代化科学研究成功的要素。三个人感慨万分，决心沿着这条路继续走下去。

事情真像预想的那样。几十年以后，包括光合色素在内的染料激光器，从诞生到纵深发展，所发射的激光，涵盖了紫外、可见以及红外波段，各种颜色任你选择；激光器可串联为一体的高新技术使激光输出功率倍增。如果将许多个这类激光器件串接成一个联合体，那么，输出的激光光强将无比强悍。在实际应用上，可根据需要来决定串接的激光器个数，这就是为什么它成为激光诱导的核聚变电站的重要组成部分。于立荣一直没忘记她们起步的色素激光器。在月球上，确实将它的优势和功效发挥得淋漓尽致。

第八章　王云云的坎坷经历

在环保研究所报告以后，于立荣又以同样的题目，应邀在其他几个研究所和相关单位（还包括位于上海、合肥、武汉和广州的几所大学）做了报告。她的讲座很为轰动，因为讲座的话题，涉及的正是与每个人都有直接关系的大命题。然而，“于氏模型”毕竟刚刚完成了实验室工作的论证和验收，要进一步的扩大规模，还任重而道远。她的讲座给人们绘制了让人无限憧憬的蓝图：在不远的将来，将实现粮食生产工厂化和获取氧气人工化！那种听天由命的时代即将远离我们。

讲座的反响强烈，于立荣办公室的秘书小金，正忙碌着为各地来信和函电分类。在这些远程来信中，有一封着实引人注目，它是来自美国芝加哥大学生物系的长达二十多页手写的中文信。小金意识到，这可能是王云云研究员寄来的。原因之一是，金秘书熟悉云云的字体，还有就是，她出国办理签证和预订机票都是金秘书一手操办的。于是，小金将信直接交给于立荣。这些日子，立荣很想念云云，她去美国访问研究已近三个月，虽然有电话互通消息，可仍与她在北京时感觉异样。大家都在京时，虽然各自有温馨的家，可她们相聚频繁，除了几乎每天打个照面外，隔上三五天就会凑在一起，多数是讨论业务，交换想法和打算，有时也会谈论家务琐事等。外出活动开会，她俩总会约好同行。这些日子，于立荣外出做报告频繁，王云云未能陪同，实属罕见。这也许正是王云云写长信的缘由。读着她的来信，立荣萌生思念之情。她想起前年，两个人一起到加拿大蒙特利尔开会，会后去了尼亚加拉大瀑布观赏时的一段往事。在仅两天的逗留期间，她们将大部分时间消磨在瀑布的岸边，一边欣赏那无与伦比的壮观美景，一边谈天说地，还各自为对方的生平做了评述。当时立荣给云云总结了三句话："经历坎坷苦辣酸甜，才华出众科坛名将，为人师表众目仰望。"虽然只有二十四个字，可这是她基于许多年来对云云的了解，认真琢磨后仔细推敲出来的。

立荣与云云初次相识，还是在莫斯科大学读书的时候，立荣乍到，人生地不熟。巧遇王云云是在列宁山上的中国驻苏大使馆的一次聚会上。那是留学生联谊会，组织大家在使馆操练圣诞晚会的节目。立荣是合唱团的成员，在场的还有不少是参加舞蹈队的男生和女生。大家都在使馆的宽敞活动大厅集合。在云集的人群中，一个中等身材，披肩长发，身着很合体的淡绿色连衫裙的秀丽姑娘正在与周围的男男女女谈笑着，她不时地穿梭在这群人的中间，脚上那双硬底中跟皮鞋不断发出细微的声响。 这使立荣将目光转向了她，"她是谁，怎么这么招摇？"心里这么嘀咕着，转头向旁边的一位女生打听，这才知道，原来她就是舞蹈队的领队兼指导，大名鼎鼎的王云云，生物化学系三年级学生。据说，她能歌善舞，颇有组织才华，每逢各种类型文艺活动，王云云总是出力最多，因此倍受各方赞赏。虽然她外表高雅时髦，人又长得漂亮，可她人际关系极好，在校学习成绩也一直名列前茅。于立荣这才记起，大使馆留学生管理处的张参赞在给新生做报告时曾提到王云云的名字，说她德才兼备。

在整整半天的操练活动中，王云云忙得不可开交，一边在舞蹈队做示范动作，辅导队员练习，一边又得腾出时间参加合唱团的排练，还主动帮合唱团指挥郑小英小姐提些建设性的意见。她忙而不乱，任劳任怨，不厌其烦。立荣看在眼里，开始对这位高年级女生产生好感，在排练中间休息时刻，就凑上去与她搭腔，出于新生的好奇，她问这问那。而王云云对她连珠炮一样的提问，没有一点儿反感和不耐烦，总是耐心地解答，显示出高班学生对新生的热情和关心。在谈话末了，王云云主动告诉她自己的住处地址和联系电话。从此以后，她俩来往逐渐频繁和密切起来。立荣常将拿不定主意的事儿，向云云请教商量，而云云也将自己的许多事儿，讲给立荣听。久而久之，她俩成为无话不说的好朋友。

那时候，王云云不仅在大学校园里很有名气，在整个都城也有相当的知名度。这使她经常应邀参加各种文艺晚会和庆祝活动。就在于立荣到莫斯科后参加的第一个圣诞节晚会上，她亲身领略了云云是那样受人们器重和欢迎。云云献上一首《莫斯科郊外的晚上》，唱得是那么抒情和柔润，吐词清晰、歌喉嘹亮，感动了在座的观众，博得了热烈掌声。观众席上还有人站起来大声叫好，希望再表演一首。云云就又唱了一首中国民歌《洪湖水，浪打浪》。歌词虽然是中文，可民歌味浓，再加上她歌喉艺术的渲染，再次赢得观众好评。从此，王云云的名字开始与歌唱演员相提并论。不仅如此，她的舞蹈也跳得很出众，在全俄青年学生的舞蹈大赛中，由她主跳的舞蹈“花儿与少年”曾荣获第二名。她擅长跳双人舞，诸如华尔兹、探戈等。在练跳这些舞蹈时，她有一个固定的舞伴，名叫侯智聪，高个儿，浓眉大眼，男子气派十足，是数学系四年级学生。云云与他相处得很融洽，业余时间常在一起练舞，日久天长产生了感情。侯智聪曾向云云表白爱慕之情，渴望发展超出一般朋友的关系。云云思想矛盾，与于立荣商量后最终还是回绝了他。原因倒不是不喜欢他，而是怕违反规章制度。那时候，在留学出国期间，大学生不准谈恋爱，一旦发现有谁私下在谈，处理很严，甚至有停学并遣送回国的危险。在云云思想斗争摇摆不定时，于立荣也曾搬出不少大道理，特别是当她语重心长地说到出国念书的机会如何来之不易，应该集中精力搞好学习，才算对得起祖国的培养等肺腑之言时，云云回忆起自己的身世。云云早年丧父，是母亲靠着为人家缝制衣服和打零工赚钱养活娘俩，今天能在异国留学，的确要严格遵守留学生纪律，努力学习本事，将来报效祖国的培养之恩。用同样的道理，云云也说服了侯智聪。两人的心情恢复了平静。

在莫斯科大学的五年求学期间，王云云结识了不少朋友。就结交的深度而言，当数与她的俄语课老师伊莎贝拉最深。伊莎贝拉是一位慈祥而足够严厉的师长。初次相见，她给人的印象极好，热情待人、和蔼可亲。可是，在课堂上，遇上哪位学生作业没按时完成，她就变脸，勒令那位学生回去做好作业后再来上课。王云云的俄语课，从大一到大三结业，都是这位老师负责教授的。她很喜欢这位来自中国的女学生，不仅是由于云云功课好，“听”、“说”、“写”进步快，还有就是云云的才华和她能歌善舞活泼可爱的禀性。伊莎贝拉单身，年轻时结过婚，丈夫在卫国战争中牺牲，她就没再组建家庭。云云大二学期时，她主动提出认云云为干女儿，云云很尊重和喜欢她这样的师长，很愿意成为她的干女儿。从此，彼此之间的关系更上一层楼。在课堂上她称她老师“伊莎贝拉”，下课后叫她妈妈。每当云云叫她一声妈妈的时候，她总是十分激动，抢步将云云搂在怀里。伊莎贝拉身材高大、长相清秀，一头棕色短发，在她的怀里，云云确实体尝到长辈的温暖和爱护。

那一年，云云步入大学四年级，不再上俄语课，但她与俄罗斯干妈的密切关系却有增无减。她常去伊莎贝拉家，为她下厨做中餐，虽然不那么地道，在伊莎贝拉眼里，却总是新鲜可口，连声称赞。云云也很喜欢她烧的菜，特别是那道“古拉什”（土豆、牛肉和酸黄瓜烧在一起），她总是百吃不厌。这样一来二去，王云云几乎算得上她家的一员了。云云升到五年级以后，开始写毕业论文，伊莎贝拉为她做俄语修辞的辅导，认真而不遗余力。为了使论文表达的尽善尽美，她常为了一段俄语的表达，或者为选择适当的词汇，查阅《俄语语法大全》或者修辞大典。那段时间，她忙得不亦乐乎。这一切，云云看在眼里，记在心上。与此同时，在伊莎贝拉的言谈话语中，透露出她的忧虑，“担心一年以后，云云毕业回国怎么办？自己实在离不开她……”云云也已看出她的心事，以话安慰，并许诺她，以后一定常来看她。伊莎贝拉心里明白，云云的许诺虽是真心话，要做到，谈何容易，毕竟异国他乡相隔万里之遥。她左思右想，伤透脑筋仍不得其解。后来，终于琢磨出个万全之策来了，她做出了决定，从现在起，为云云物色交往的男友，如果成功，云云在这儿成家立业，就可以长期留下来，成为自己实实在在的亲人。于是，她动足脑筋，安排了多起相亲活动。其中有一桩令她十分满意：那是在圣诞节的一次宴会上，伊莎贝拉将她几年前的一位现已事业有成的男学生约翰逊邀请来，将心中的秘密告诉他，希望他在宴会期间努力与自己的干女儿沟通，如果双方都有好感，就为进一步发展打下个基础。约翰逊是伊莎贝拉最欣赏的好学生之一，目前仍未遇到合适的人选作为交往的女友。听老师的介绍，对王云云已有相当好的印象。那天在聚会厅相见，约翰逊很为动心，就按老师的吩咐，一直找机会与云云接近和交谈。这次由伊莎贝拉做主人的聚会，虽属小型，可应邀前来的也已达三十多位。除了她教研室的同事和几位已毕业多年的学生以外，他们当中还有两位艺术名流，其中一位是年轻有为的音乐大师，他叫维克多·马克诺维奇。他建议在宴会席间做个与音乐相关的集体游戏，伊莎贝拉欣然同意。游戏的操作十分简单，只要在客厅中安放一台音响，严格控制好播放时间，一共播送十首古典音乐，请大家抢答乐曲名字和作曲家姓名，有谁能在规定时间将十首全答对，就获得一等奖；答对八首以上，则得二等奖；如果在播完一遍之后，没有人能给出至少八首的正确答案，游戏将重复一遍，维克多说是给第二次机会。听完维克多讲解以后，王云云暗自高兴，她感觉到，这游戏像是给自己设置的，因为她太熟悉这些古典乐曲了。平时，只要她放下书本，手里做着什么事儿，从来不会让耳朵闲着。古典音乐是她第一选择，她对那些曲子了如指掌，“这真是好运找上门了。”她心里这样想着，信心十足。果然，十次抢答十次正确。王云云成为一等奖得主。奖品是一块俄国造名表。名列第二的是一位伊莎贝拉早年的学生，他仅猜对七首。由于没有能猜对八首曲的人选，这二等奖就给了他。一等奖得主王云云，成为宴会的中心人物，所有人注视着这位年轻漂亮的中国姑娘。约翰逊更是不遗余力地追踪着她。就在这时候，维克多走过来，伸出右手并说着祝贺成功的话，显得彬彬有礼。其实，在维克多先前刚步入宴会厅的那一瞬间，他就已注意到了在大厅另一头的人群中站着一位美丽大方的外籍姑娘。前些日子，在与伊莎贝拉闲聊时，听说她有一位来自中国的干女儿，在莫大读书，可从未见过。这会儿，他猜想，这位抢眼的姑娘，肯定就是她。于是，他走过去与云云交谈，证实了他的猜测。谁能想到，就在这会儿，正是她，夺走由他主持的那个比赛节目的桂冠！这时的维克多，惊讶、兴奋，还有几分对这位姑娘的钦佩之情……犹如交响曲，在他的脑子里回荡，使他的脚不知不觉地向姑娘的座位移去，握手祝贺。云云立刻从位置上站起，很有礼貌地回应着他。虽然，曾听干妈谈起这位年轻有为的作曲家，但从未这样近距离与他会面和交谈过。这时，云云再次端详对方，维克多看上去也不过四十岁上下，人很帅气，大眼高鼻，稍有卷曲的深棕色头发，在下颌中部有一道竖沟，显得刚毅和男子气魄。云云连声说了两次“谢谢，谢谢”。两个人开始交谈起来，话题都是关于音乐方面的，他问到什么，云云总是尽量作答，看上去，他很高兴。云云也开始大胆问起对方今后作曲的意向等，两个人聊得很为投入。最后，维克多向她提出邀请，说过几天，在他家有一个类似宴会，希望云云能前往出席，他将发出邀请函。

虽然，云云对维克多的印象极好，但她没往别处想，只是以对师长的尊敬和对音乐家的崇拜取而待之。听她干妈说，他还没有妻室，可能太多挑剔，也许还没遇上有缘分的女子吧。云云对此一听了之，对她来说，当务之急是完成高水平的毕业论文，至于其他，一概放置脑后。可她的干妈却不这样想，她对这次自己精心安排的宴会相亲能达到如此效果很是满意。

一年以后，云云以优异成绩毕业回国，与维克多的交往也就告一段落。可惜她的干妈没能如愿以偿。云云回国不久，就遇上了她现任的丈夫，组建了美满的家庭。人们常说，“以讹传讹，真伪混浊，越传越错”。在特殊时期的年月里，王云云在莫斯科的这段经历在她的单位里流传得沸沸扬扬，一传两两传三，在流传过程中，添枝加叶地“修饰”，添油加醋地“加料”，到后来，竟编成带有浓厚色情味的章回小说。

那时候，王云云已莫大毕业五年，在中国科学院北京植物生态研究所工作，由于她品学兼优，刻苦勤奋，在科研工作中出类拔萃，发表多篇论文。其中还有一篇是在《中国科学》上以第一作者的身份刊登的。这对初出茅庐的她来说实属不易。当时担任该所所长的是早年留学美国，回国后被选为国家生物学部委员，名扬国内外的唐森教授。唐老先生是植物生态研究领域的一流专家，在植物光合作用的生理生态的研究成果十分卓著。自从王云云分配到这个研究所以来，她的举止才华早已引起唐老的注意，他认定云云是一棵好苗子，将她列入重点培养对象，并担任研究室副主任，还经常给予她参加国际学术活动的机会。云云办事谦谨，待人和善，赢得老少同事的好评。那年代，每到年终，总有一次评选活动。每个研究室都要推举出一位先进人物，作为楷模。这两年，王云云连获这一殊荣，至此，她在室里的威望也越来越高。俗话说，“树大招风”，虽然，云云还算不上“树大”，充其量，也只能算树上的一棵嫩枝，还不到而立之年，她已晋升为副研究员职称，还不时出现在国外讲坛上，说她“招风”，确实不假。“文革”爆发的那年，厄运终于降临到她的头上，好像是一块陨石，带着巨大的加速度，从天上坠落下来，掉进平稳如镜面的太湖里，立刻产生惊涛骇浪，从它的中心向四面八方迅速扩展，一浪套着一浪，漫延向四面八方。正常的秩序冲垮了，人们停下工作，全职闹革命。不管是企业还是事业单位都如此，中国科学院亦无例外。在王云云所在的研究室成立了造反派组织，牵头的是与云云同期分配到这个所的北大毕业生胡斌。这位男士平时就怨气满腹，牢骚不断，抱怨对他不公平，自己也是名牌大学毕业，对他的培养和任用却远远不如那位“洋面包”。显而易见，指的是王云云。胡斌将矛头指向王云云，说她是走资本主义当权派的狂热追随者，勒令她老实交待问题，低头认罪。胡斌还到处活动，联合其他造反派组织，发起全植物生态研究所批判大会，批判的头号人物是所长兼光合作用室主任的唐森，罗织了一系列罪名强加在所长头上。批判到王云云时，胡斌亲自上台，还把侯智聪弄到现场。胡斌将王云云描绘成一个生活作风腐朽，追求资产阶级低级趣味、严重败坏中国留学生名誉的资产阶级小姐。王云云站在台上，心惊胆战，脸涨得通红，这是她有生以来头一次的受辱经历。不是吗，从入学那天起，到现在的二十多年里，她一直在一帆风顺的环境中长大成人，听到的常常是赞扬和夸奖。而今，她落到这个地步……这时候的她，倍受侮辱而无法申辩，极度愤怒而无可奈何，脑海里有千头万绪交织在一起，使她无法坚持站在那许多熟知的脸谱前接受对她的批判…… 她崩溃了……

散会后王云云在会场冰凉的石灰地上坐着，她不知所措。到哪儿去？丈夫也在遭受批斗，周围的同事和昔日的朋友也远离了自己，一肚子委屈向谁倾诉？她痛苦万分，死的念头油然而生。她走进附近不远的厕所里，那儿肃静无人，她从周围的垃圾堆里捡起一块玻璃碎片，用力向自己手腕处割去，流血不止，她疲软地瘫倒在地上。就在这时，一位姑娘奔进来，夺下她手中的那块玻璃碎片，连拉带抱地将她挪出厕所，放到外边的一块石板凳上。这个姑娘原来是王云云的研究生，会后她回到实验室，不见导师的影子。她了解老师，估计她无法忍受这场劫难，担心会出事，就到处寻找才找到这里。接着一个男研究生也赶到了，他们两个人就将王云云送进医院。医生说，由于出血过多，得待在医院观察……

王云云的这段经历是许多年以后她的那位救命恩人裘文英告诉于立荣的。那些年，立荣正在瑞典隆德大学生化系从事研究工作。小裘去立荣实验室进修，她俩相处很好，无话不说，至此，立荣对云云的遭遇知道得一清二楚。然而，云云本人却从未向立荣提及只言片语。原因何在？是怕勾起伤痛，还是想永远将它从记忆中消去，谁也猜不透。

“文革”后，王云云判若两人，她干劲十足，总想两天的事一天办完。她作风沉着稳重，不再像以前那么爱唱爱跳。她善待同事，包括那些整过她的人。她手腕上留下的横七竖八的几道伤痕仍明显可见，可她似乎不介意。这或许是因为她终于悟出了“人生可贵”的道理。

第九章　志同道合——意味深长的读者来信

那是一个阳光明媚的初夏。已满二十三岁的裘文英刚从北京大学生物系毕业就被录取到中国科学院植物生态研究所，在光合作用室做王云云副研究员的硕士研究生。这位谁见谁喜欢的姑娘是应届毕业生中的佼佼者。她平时不太说话，可当你问及什么事时，她总能慢条斯理地给你一个圆满的回答。在所室的学术活动中，她常能提出一两个问题请教报告人，有时赶上与她专业密切相关的内容，她更会刨根问底，兴致横生。回想起毕业挑选志愿那会儿，她执意要选王云云为她的硕士生指导老师，因为她从心底里佩服她。先是前两年，裘文英在念专业课时，王云云曾应邀到北大主持讲授植物生理中有关光合作用机理的课程。她思路清晰，口齿流利，精彩演讲深入浅出，给裘文英留下了深刻的印象。王云云在莫斯科大学的学习成绩优秀，回国后，在科研岗位上才华出众，因此破格提升为副研究员，并担当光合作用室的领导职务，主持植物光合作用过程机理这一重大课题的研究。从那时候起，小裘对这位仅年长自己不到十岁的女强人充满着爱慕和敬仰的激情。她下了决心，一定要争取做她的学生。当那天拿到录取通知书时，她内心的喜悦难以言表。“我如愿以偿了！”谁能想到，“文革”刚一开始就冲击到自己敬慕的导师王云云，这使正沉浸在成功的喜悦中的她大失所望。这不仅使她拟定的一揽子攻读学位的计划搁浅，更使她内心中苦涩难忍的是，要参加批判自己导师的大会。大会严格规定，全所在职员工不可缺席，裘文英在会场大厅里最后一排找到个角落坐下，默默听着。她远远窥视站在台上接受批判的导师，大厅宽敞又阴暗，无法看清她的面容，可那难以支撑的身躯却显而易见。此时此刻，她怜悯的泪珠挂满面颊。虽然她竭力抑制着自己，唯恐被周围人发现而引来不测，可不听话的泪水仍不肯休止。总算熬到大会结束那一刻，文英趁机钻进实验室，焦急地倾听院内的动静。过了刻把钟，声音才陆续平息下来，可她仍未见导师回来的身影。她再也无法忍耐内心的忧虑，就开始在大院内寻找导师，这才有那段救导师的真实故事。

特殊时期的风暴像一场迅雷急雨，来势凶猛，等过了势头，就逐渐风调雨停，社会开始进入稳定秩序时期。在中国科学院植物生态研究所发生的女硕士生救导师的这段真人真事，被撰写成故事，连载在《北京晚报》上，每星期五刊出一段。从冬季开始持续到次年的晚春时节，足足延续了四个多月。故事描写细腻，情节生动，感人肺腑，文笔流畅，通俗易懂，吸引了各层次的读者。当人们闻知这位见义勇为的女学生就是现任助理研究员裘文英时，都纷纷来电来信，表示对这位女主人公的赞赏和爱慕之情。有的提出不少问题，期待她的回答；有的请她讲述当时行为的初衷和感受；还有几封是出自青年男性之手，表达对她的追求之心……热情洋溢的读者来信数以千计。裘文英对每封来信都认真阅读，对提出的问题一一作答。她几乎花上了她全部业余时间。为此，她忙得不可开交，感觉良好并倍受鼓舞。她常对朋友和同事说，读者的来信使她受益匪浅，永生难忘。在这些来信中，有一封竟成为她后来择婿的介绍信。这是一位来自上海复旦大学分子遗传系的学者，他的信厚厚一叠，足有十来页。在信中详细讲述了他家在特殊时期的痛苦和遭遇 父亲遭受批斗，母亲服安眠药自尽。他告诉文英，他万分悔恨，因为害怕自己招来责难，强迫自己整天坐在实验台前的高凳子上，用报纸遮面，隔开来自周围的视线，度过难熬的时光。是他害得妈妈孤独一人在家，生活上和精神上承受无比痛苦，走上绝路。当故事连载发行时，他正在北京进修，故事使这位失去母亲的青年倍感触动，字里行间扣他心弦。他在信中这样写道："看到信中的你，文英同志，对导师的一片爱心和细腻的关切，使导师在九死一生的危机中得以拯救，与你的高大形象相比，自己简直是胆小如鼠，渺小如蚁……"，他告诉文英，这几个月里，他迫不及待地跟踪连载，对主人公的敬慕之心油然而生。他是那么想见到这位英雄人物，述说那些逝去岁月中的憾事，求得解脱。就在这封长信的最后，他终于大胆地提出与裘文英会面的要求。

写信的人名叫滕小刚，当时任职于复旦大学遗传系，助理讲师。一米八的个子，偏瘦，有一双见人就眯眯笑的眼睛。他的父亲是该校校长兼遗传系主任。作为权贵名人之子，他引来人们的视线是很自然而然的事儿，有意思的是，评论的尺度与社会气候的冷暖竟然如此密切，就拿对他的眼睛的议论来说，滕小刚入读硕士研究生那年，"文革"还远未开始。不少周围的人背后说，他很像父亲，很有学者风度，特别是那双眼睛，给人以亲切温馨的感受，真是他父亲眼睛的拷贝。甚至有人当面夸他，说他的眼睛很奇特有神，见人先笑，实在有名人风范。在“文革”期间，他父亲被隔离审查那会儿，滕小刚被人说成笑面虎。几乎还是那伙人，又有截然不同的议论：“这小子跟他父亲长相一模一样，真是一丘之貉，特别是那对眼睛，见人就笑，笑里藏刀……”。

如今，滕小刚结束学业已两年，现在是一名颇有建树的科学工作者。年方三十出头，还未成家。因为与北京遗传研究所的协作关系，他经常往返于上海与北京之间。

在诸多陌生人的来信中，使裘文英最为感动的还属滕小刚的那封了，几千字的长信一气呵成，详细叙述了这个曾是其乐融融的三口之家，遭遇到了意想不到的灾难，那字里行间溢出的是擦拭不干的泪水，是对自己永不休止的责难，是对主人公裘文英救导师的成功赋予的无穷的羡慕之情。文英心里明白，人死不能复生，滕小刚应该往前看，不能一直淹没于悔恨和痛苦的海洋中，得尽力劝劝他。

那是一个晴朗的星期天，两人约定十点钟在北海公园九龙壁右侧碰面，手里各拿《北京晚报》为信物。上午十点钟的北海公园，平静而又舒适，蓝天碧海，杨柳垂青。北京本地人和外地旅游者喜欢在这儿活动。有的约会朋友在这儿聊天；有的休闲观景，住在附近不远的居民，还把它作为晨练的宝地，打太极拳、练气功、跳舞挥剑，五花八门，好不热闹。北海公园这会儿，晨练的人们大都回家吃早餐，旅游者都快到晌午才陆陆续续来到这儿游览观光。对于赴约的人来说，确实是不错的时光。这两个年轻人就这样顺利地如约相聚了。

滕小刚这是第一次与女性正式约会，内心不免有些紧张。在复旦读书那些年里，一读就是八个年头，五年大学本科和三年硕士研究生。人都称赞小刚很帅气，再加上是校长兼系主任的独生子，曾引来不少女生的兴趣。可那时候的他，还没意识到找女友的必要，对于她们的青睐也从未放在心上，一心想的是抓紧学习，充实自己，走父亲攀登科学高峰的路。可是今天，由《北京晚报》连载牵出来的这位姑娘，却着实吸引了他。当裘文英回信答应与他会面后，他已经在脑子里勾画着这位女士的长相和风度。离约会的日子越近，他的胡思乱想越离谱，他甚至将连载中的主人公想象为刘胡兰一样的英雄形象，在他看来，裘文英不顾自己的安危，与刘胡兰敢作敢为，勇往直前的精神是那么相似！在他的脑海里，刘胡兰的那个形象不时浮现；有时他又想，她又像样板戏《杜鹃山》中的主人公柯香一样，有聪智和谋略……，一个个女英雄的高大形象与裘文英的事迹交融在一起，在滕小刚脑子里翻腾着。可是，当他见到现实生活中的裘文英时，出乎意料，站在他面前的女士，既不像刘胡兰，也不像柯香，而是一个秀如天仙的淑女。她有着一双水汪汪的大眼睛，似如被阳光斜射下的潺潺小溪、清澈无比。当她微笑时，面颊两侧显示出可爱的酒窝。她的面色如此之美，白里透着红润。她的身段秀长却不显娇弱，与他这一米八的个头相比，也仅有半个头之差…… 他入迷地端详着她，忘掉先打招呼。裘文英叫了一声他的名字，才使他惊醒。裘文英对滕小刚的初步印象也不寻常，她虽然曾经谈过两个朋友，有着与男士约会的经历，可这次的约会，是"连载"牵线，使他们走到一起。滕小刚那封长信很触动她，使她十分同情这位失去母爱的年轻人，有意借会面机会尽力开导一番。滕小刚的帅哥形象，也很打动这位少女的心。

初次相逢，容易启齿的话题便是“行话”。文英先问起他在搞哪方面的研究，这一下子打开了小刚的话匣子。他告诉文英，他一直在参加父亲从事一辈子的研究课题“人体基因的结构和功能”。当前的主攻目标是“自身免疫的基因调节和控制”。他滔滔不绝地谈起对这方面研究的兴趣。他说到，小时候刚刚懂事，经常听父母谈话时牵涉到这方面内容，他在旁边有时还插嘴，问三问四。曾经有一次，他向父亲提问：“人家都说我眼睛很像爸爸，那爸爸的眼睛基因叫什么？我为什么不取妈妈的而偏取爸爸的？”爸爸听后，踌躇了一会，没马上回答。小刚很得意，自认为他提的问题很棘手，难倒了爸爸。他爸爸接着告诉他，子女长得像谁，一般决定的因素是那个相对应的基因是否显性和能不能在孩子身上表达。他还谈到基因表达的复杂性等。从那时候起，在小刚的幼小心灵中，就对遗传学感到玄妙和幽深，兴趣也越加浓厚起来。报考大学时，他毅然决然地挑选了遗传专业。时至今日，他有缘于这门科学已是十个年头。在这个领域，他积累了丰富的知识。这些知识在他的脑子里很像一座金字塔，他正信心十足地向塔的上方迂回地攀登着。这会儿，与文英谈起来，真是越谈越起劲， 越谈越顺畅。裘文英没有轻易打断对方，而是精神贯注地倾听着，有时插嘴一两句，有时提个问题什么的。大约过了半个时辰，才示意请小刚歇一会儿，听听她说说自己的科学生涯小传。文英告诉小刚，她是在一个文艺家庭长大成人的。父亲是中央歌舞团的编导，母亲是这个团的歌唱演员。由于家庭的熏陶和潜移默化的影响，她从小曾把演员视为自己的目标。然而，在高中毕业前发生的天灾彻底改变了她的志趣。就在她考虑毕业后志向的关键时刻，她与同学和老师紧急下乡抗旱救灾，她亲身感受了天灾的可怕：天不下雨，可使大面积的庄稼颗粒不收；一场蝗虫袭击，可使农民辛苦所得变为乌有；暴风骤雨，可使成千上万的人流离失所……她因此立志，毕业后报考相关专业，将来能为农业科学研究出力。她考取了北大生物系，后来又选修植物光合作用机理的研究为主攻专业。大学毕业后，继续深造，成为中国科学院植物生态研究所王云云的硕士研究生，取题为光合作用的代谢途径与调节控制。围绕这个课题，她也已研究了四五年。她表示，自己与小刚有类似的感受，越是深入研究，越感到趣味无穷。在裘文英这段自我介绍的长篇大论中，滕小刚却没那么客气，常常打断对方的谈话，多次问起植物光合作用的基础知识。当他明白了原来是农作物利用太阳光能，最后生产粮棉油的关键所在时，诙谐地插嘴道："植物通过它的光合作用过程生产粮食，与人类通过遗传基因生儿育女，何其相似！这两个过程，说到底都是由它们相关的基因控制，是不？这样看来，你和我从事的研究工作同等重要。我从心底里希望，能和你继续会面，也好得到更多机会，给我科普植物利用太阳光能的奥妙。"文英听了小刚妙趣横生的插话，笑个不停。过了一会儿，才又继续她的故事。虽然初次会面，却不感到陌生，反生彼此需要更多接触的欲望。当他们分手时，又说好了下次会面的时间。

自从第一次在北海公园约会以后，裘文英和滕小刚就再也没有停止过联系。除了平时的电话不断以外，每逢周末，他们两个总是约会到一个地方，一年中的五十二个星期，他们几乎没让一个周末消停过。他们的足迹遍布北京城的各个角落，天坛公园、故宫、明陵清墓、雍和宫、白塔寺这些旅游景点，都留有他们的足迹。对于文英来说，多数当然是旧地重游，而小刚则是北京新户。每到一个地方，他总是不失时机地倾听文英的“导游解说”。在他与文英交往不久以后，就向自己工作单位提出调离来北京遗传所任职的请求，经双方单位交涉，很快办妥。至此，滕小刚成为中科院北京遗传所的一员，仍然是助理研究员的头衔，落户于首都北京了。

在次年初夏一个周末，文英和小刚游览了雍和宫，观赏那尊世界罕见，顶天立地的大佛塑像，再加上小刚来这里之前，对雍和宫发掘的前前后后做了些考察，抢下文英的导游位置，由他给她解说，有声有色。文英虽然从小在这个城市长大，来到这个游览景点也不是第一次，可系统地听介绍还是头一回。听着自己心爱的人解说，文英更感到情趣不凡。那天分手时，两个人又商议好了下个周末约会的地点。小刚建议重游长城。他说，他曾做过考察，除八达岭那段以外，伸延出去的几段长城也很值得一游。文英虽已四次上过长城，除了第一次是中学时与同学老师首登之外，其余几次均是陪客人，而且这四次也都局限在八达岭那部分。听小刚这么一说，她也很感兴趣。就同意下星期天前往长城游览，目标是黄花岗那一角。

黄花岗位于怀柔县的西北部，从那儿出发，只有二十九公里。要是从北京走就更远些，约六十公里。他俩选择了先去怀柔再转车的路线。一大早，他们乘上去怀柔县的长途汽车，然后从那儿又叫了一辆出租，到了快中午才抵达了黄花岗附近。名不虚传，这段长城全部都镶嵌在千姿百态的黄色花朵丛中。从远处瞭望，大片大片的花丛随风而动，像是一条巨龙弯弯曲曲，伏卧在花的海洋中蠕动着。它周围的金蛋湖，美色动人，清澈无比，它的水，据说由许许多多泉水源头从地层底部汇集流入，既阴凉又洁净。就是这些，勾画了这段长城的自然美景。这对年轻人，一会儿登上城楼欣赏这千载难逢的画面，赞叹不已，一会儿又钻进花丛中贪婪地嗅着那清香的气息。有时候小刚显得忘乎所以，仰面朝天地躺在花被上咏诗韵词。文英在一旁一个劲地嗤嗤发笑。后来，小刚突然间想起了什么似的，未做任何解释就牵起文英的手，跑到城墙的一个角落，那里有花丛和小溪，游人稀少，而那段城墙平得却像桌子面。文英猜他一定是想在这儿野餐，就拿下背包准备起来。她看小刚愣在那儿，面色变得严肃，示意文英等等再野餐。自己就跪在那块平平的城墙上，对文英说，“我向你求婚，发誓一辈子爱你，像长城一样坚固永恒，白头偕老，你答应我！” 这时的文英，被小刚突如其来的行为吓呆。过了一瞬，文英在不知所措中也跪了下来：“我也爱你。”

“答应我，嫁给我。”

“答应！”文英回应。这时小刚满脸兴奋和喜悦，跪着挪过来抱住文英，两人这时紧紧抱在一起。小刚嘴里还在轻轻重复着“我会一辈子爱你，白头偕老”。 同时狂吻文英，这时刻的文英，闭着双眼，沉浸在幸福的热恋中。

那天，在他俩恢复平静的时候，文英问小刚，他的这种求婚方式从哪儿学来的。小刚告诉她，当时爸爸在美国波士顿读书时，认识了一位美籍华人科学家的千金小姐，在他们的交往中，常去公园散步聊天。有一天，爸爸就是在公园的僻静处，跪在花丛中向那位小姐求婚的。那位小姐就是我的妈妈。这段佳话是妈妈在他们结婚纪念日的庆祝家宴上讲给他听的。自那日以后，这对情人又经历了炽热的十个月的交往，于第二年五月一日结为伉俪。次年同月得子，取名滕飞。又过了一年多，生下女儿裘真真。四口之家，幸福美满，其乐融融。同事和朋友都看在眼里，投以羡慕的目光。也有人来求教建立如此温馨之家的经验，他们总是用八个字回答“志同道合，情投意合”。

裘文英和滕小刚，后来加盟于立荣的科研队伍，成为光合与航天研究所的主力军。这对志同道合情投意合的情侣，在走出地球，营造月球大气层的环境，开拓人类第二家园的历程中做出了卓越贡献。

第十章　人的生活离不开友谊
—— 大学同窗的交往和回味

于立荣很喜欢交朋友。无论她到哪儿，总能遇上情意相投的人，时间一长都成了朋友。有的交往深了，成了她的挚友。她深信奥斯特洛夫斯基的名言："人的生活离不开友谊，但要获得真正的友谊并不容易，它需要用忠诚去播种，用热情去浇灌，用原则去培养，用谅解去护理。"她身体力行，照着去做。不论是她的科研组内，还是协作单位间，同事们之间温馨和谐，气氛友好。这为科学研究创造了良好的环境。她与从中学和大学甚至是到工作单位交下的好友，一直保持着联系，逢年过节或者假日，只要有可能安排，还常常约会谈天，开小型派对。一到那个时候，她往往一反常态地活跃起来，她会当众主动表演：独唱自己喜欢的歌儿，舞剑，打一段太极拳，三个网球不落地的杂技等。旁边观赏的人会逗趣地说："我怎么这会儿不认识于立荣了！"平时，当她遇到难题需要解决的时候，会向她的挚友请教商量。朋友的帮助，都使她受益匪浅。"人生所贵在知己，四海相逢骨肉亲。"中学时代，她曾交上了一个叫刘克的学友，他后来成了有名望的文学家和书法大师。此后这位青年时代的同窗竟成了于立荣的顾问和良师。凡是出自她的重要手笔，包括科学报告，基金申请，甚至大会讲演稿，都要请刘克过目才放心。高中三年光景，于立荣有一位朝夕相处形影不离的闺蜜，贲芬芳。后来的几十年中，她们常常是山南海北各居一方，然而，密切的通讯往来却使她们俩感到近在咫尺。各自的终身大事也都开诚布公地听取对方的意见。至今，这么多年过去了，于立荣对于她给自己选择男友的忠告“志同道合，情投意合”仍欣赏有加，说那是警句，既精辟又准确。她还常将这八个字赠送给向她请教同类问题的年轻一代。在莫斯科大学那五年的大学生活，由于环境的特殊，他们六位同窗都成了她一生中难以割舍的莫逆之交。每当于立荣讲起他们，常常滔滔不绝，还会告诉你许多奇闻趣事。那是一个七人小集体，四男三女，他们是郭科、谢生晖、冯永强、周勇正、唐若燕、李曼智和于立荣。刚到莫斯科的时候，初来乍到，人生地不熟，再加上语言上的困难，七个人每天形影不离。一大早，各自从自己的宿舍出来，到预先商量好的宿舍一角集合，人数到齐了就前往课堂上课，下了课后又一起到同一个食堂进餐。课程通常从早上到下午四五点钟结束。这时候，大家找个地方凑在一起，将当天的大课内容集体复习一遍，当每个人速记下的内容互相补充修订好后，才一起去吃晚餐。晚上的学习任务也不轻松，要复习旧课，还要预习新课，以免在课堂上跟不上老师讲解的速度。于立荣说，他们很幸运，这个小集体有个能干的领队，他就是郭科。虽然那年他刚满十九岁，可是无论是领导才干，还是组织能力，都异乎寻常的强。他人很随和，说话总带着微笑，从不发火，好事总是先人后己，遇到困难一马当先，大家都很佩服他，也喜欢与他交往。刚到莫斯科大学的头一年，为了尽快过语言关，跟上同班同学的步伐，郭科想出个少费时效率高的学习方法，那就是“分工承担，集体复习”：将老师要求必读的教科书上的有关章节，分成七份，每人细读其中的一份，然后分别讲解给其他六个人听。这样，每个人只要充分弄懂其中一部分，做其他六个同学的老师，省下很多时间，又从其他同学那里得到剩下来的六个部分，这在学习基础课时是很有效的。否则，当时语言不过关，读书的速度很慢，如果单靠一个人下课后啃书本，今天新教的课还没消化，明天的又堆上来，造成上过的功课没掌握，将要上的课没时间预习，一环脱一环，要应对当时繁重的考试几乎不可能。郭科的分工承担，集体复习的方法给这个小集体带来曙光。三个月下来，他们不但听说能力飞速提高，在课堂上“坐飞机”的现象不再多见，与本地同班同学的距离也大大缩短，特别是在课堂上回答老师提问的主动性上，大家也不再做缩头乌龟了。莫斯科大学功课紧，考试繁多，每个人学期都要有约十门功课考试和考察。被确定为考试的科目，如果学生仅有一门功课不及格，就可能给予降级处分，但每门功课都允许考多回，其中有一次及格就可升级。如果第一次考这门功课没有通过而第二次得了满分，那么，这位学生的注册成绩仍是最后那次的满分。校方这么做，意在使学生真正掌握那门功课为宗旨。这所学府考试的方式主要为口试，学生进入考场先是抽一个笺，在笺上的考题仅是考官开始问的引子，然后，也许再问一两道题就给分，也许漫无边际地问下去，把半个学期讲的课都涉及一遍也说不定。然而，数学考试略有不同，在理论考试之前，要解许多题，当考官对学生解题能力满意后，才给予口试的机会。于立荣和她的六个学友都在生物物理专业学习，这在当时是一门边缘新学科。在基础课中，除了有关生物学各门功课外，要学物理、化学和数学，并且任务很重，要从大一学到大三，由于数理化的课程太繁重，到了大三，本地学生很多都陆续从这个专业退出，而改学别的专业。此后，这个生物物理专业从一个三四十人的大班变为二十来人的小班。其中，中国学生几乎占了一小半。由于学习方法对头，这七位学生学习成绩都名列前茅，其中，李曼智的成绩尤为突出。她的各科都很优秀，特别是数学，到了三年级，她竟成了数学老师课堂解题的助手。当时，数学教员是从本校数学系派过去的，专门负责生物系的数学课程。这位看上去刚过而立之年的男性副教授，平时教课认真，态度严谨，人也算随和。但到了考试时候，学生最怕的也是他，因为过不了他的解题关，就没机会考数学理论。至此，降级或者改变专业的厄运危在旦夕。李曼智是谢尔盖维奇最得意的学生，在课堂上，曼智常被叫到黑板前解难题，有时老师讲解理论，她在前边做解析示范。在数学理论课答疑时，那位副教授常请曼智做专题讲解，她经常是很成功的，曼智因此很出名。同一个系的人见了她，都称她为女数学家。外系的人，闻讯她的事迹，常常想认识这位来自中国的女天才，借机找她相识交往。久而久之，李曼智名扬全校，人们提到她的时候，总是接着跟上一句：“那是来自中国的女孩儿。”可是，就在生物物理专业的数学课即将结束的时候，那是大三的结业考试期间，李曼智的解题考试没有通过。这件事无论对谁说都是难以接受的。尤其是七人小集体，不知怎样做才能安慰和帮助她。至于曼智本人，她反复回忆那天的解题考试，十道题中只有一道题找不到头绪无从入手，谢尔盖维奇教授通知她说要补考，他还说，数学系要他尽快结束生物系的课程，回本系承担教学任务。为此，他约曼智隔天下午（正是星期天）去他的住处应试。曼智不仅满口答应，心里还很感激教授，为她放弃周末休息。那天下午，她提前到了教授家门口，战战兢兢地在门前的房檐下踱着步，琢磨着如何应对考试。忽然听到开门声，谢尔盖维奇出现在眼前，没等曼智开口，他已抢先一步，做了一个欢迎的姿态请她进去。进门就是一间开阔而明亮的大厅，里边的陈设井井有条，墙上挂着两幅尺寸巨大的油画，其中的一幅，她立刻认出是名画《最后的晚餐》，另一幅也觉着在哪儿看过，只是一时想不起它的名字。她想，教授一定是这方面的爱好者。一条灰色嵌花边的长地毯从进门的地方一直通向另一个房门，他示意沿地毯往前走进去，曼智边走边想，“这样大的起居室，可以容纳一个大家庭享用，可不见其他人……”她随教授走进了书房，一张小园茶几上已摆满了茶具和鲜花，教授请她坐在茶几旁边，为她斟好一杯热咖啡，可他的话却使她不知所措：“亲爱的曼智，我今天请你到我这儿来，不是为了解题考试，你的数学科目早已以优异成绩通过全部考试，你现在可以完全放松下来，等待优秀生的嘉奖。到我家来，是我精心策划和周全安排的，因为我另有所求。”这时教授有几分腼腆地跪在曼智坐的椅子前说 ：“亲爱的曼智，我非常爱你，现在我正式向你求婚，请答应做我的妻子吧。我发誓与你厮守终生，在数学的海洋里，携手游向成功的彼岸。”突如其来地看到这情景，曼智不知如何是好，手忙脚乱地站起来，向前扶他起来。可他一动不动，抓着曼智扶他的那只手继续说：“你是我教过的学生中最优秀的，从我接任生物物理班的数学课以后，我很快就发现了你，你聪明、智慧，数学天资极高，自那时候起，我一直在你的身上倾注我的注意力，我越来越敬重你和你的才华。这些日子，糟透的事儿是我每时每刻都想见到你，你的影子，那水池般清澈如画的大眼睛，那一笑就显露的迷人的酒窝……总是浮现在我的脑子里。在睡梦中，我的行为出了轨，吻你，拥抱你，还有不能起齿的事儿发生着，我完完全全意识到，我掉进了爱河。亲爱的，你是我爱河中的女神，我的挚爱。请答应我的请求吧，这是上帝赋予我们的缘分。”教授一口气说了这番话，曼智没有插话也无法插进话去。等到他停顿下来，曼智方才开口：“尊敬的谢尔盖维奇，您是我最好的导师，我非常敬重您，谢谢您对我的赞赏和评价。说实话，我衷心希望永远做您的学生。请允许我告诉您关于我的故事，您听了以后，会更了解我，正确认识我。”这时候的瓦西里谢尔盖维奇，虽然已被搀扶坐在曼智对面的椅子上，然而，还没有从过分激动的状态中解脱出来，他没开口，只是点点头，示意曼智说她的故事。曼智告诉教授，她是出生在一个充满中国传统文化气氛的家庭，父亲是画家，专画水墨山水画，在当地有一定名望，母亲是民间艺人，用一把剪刀可以剪出各式各样的图案来，两人以此为生。她是他们的独生女。当她还在母亲的肚子里的时候，父母就将她许配给他们最要好的朋友的孩子，这个孩子当时也还未出生，正在他母亲的肚子里待产。当时的约定是这样的：如果这两家后来降生的是一对男孩，那么，这一对男娃将结拜为兄弟；如果是一双女孩，则将结为姐妹；如果是一男女，则指腹订下婚约，日后结为伉俪。因为当时已是共和国体制，提倡自由恋爱，反对包办婚姻，为此约定中附加了一条说，如果这一对男孩和女孩长大后，认为此婚约不合适，可以由他们取缔。凑巧的是，曼智继续说：“我妈生下了我，而朋友家生下了一个男娃，就是我现在的未婚夫。我们从上幼儿园、小学和中学，一直在一起，相处很和睦，传统称之为青梅竹马，意思是说天真无邪的儿童一起玩耍，一直到长大成人结为良缘。现在他在中国的北京大学学习，我在这儿，一直保持着密切的通信往来。亲爱的瓦西里，真对不起，我为此不能答应您的请求。不过，我发誓，我会永远做您的学生和亲密的朋友。”当曼智讲述她的交友经历时，谢尔盖维奇一直仔细地倾听着，没有多问也没插嘴，一直到她停下来，才开口建议她喝口咖啡。曼智想，他也许意识到，“指腹定亲”的婚约要比刻意安排的求婚更具有威慑力。

那天，曼智的几个同学都没出去活动，为她捏一把汗，等在宿舍听她补考的结果。当听说她顺利通过后，才放心地去按星期天的惯例各干各的去了。那个星期天，到底发生了什么事，过了很长时间以后，曼智才详细向于立荣和汤若燕讲起。至于曼智的男友是否就是她向瓦西里·谢尔盖维奇讲的那位指腹定亲的男娃，谁也不得而知。也许，当教授突然提出求婚要求的刹那，为了搪塞，她眉头一皱计上心来，编造了那段令人难以回绝的故事。

七个成员的生物物理小集体，由于学习成绩优异，在毕业那年，由郭科登上全俄罗斯中国留学生大会上做经验介绍，他的报告很受欢迎，不但有滋有味，有血有肉，还生动活泼，扣人心弦。在郭科讲演的过程中，坐在演讲台上的其他六人也出头露面加以配合，在报告结束时，七个人高歌合唱《莫斯科北京》，由唐若燕指挥，她先请大家合唱后，再将男生和女生高低音分组，有合有分且配合默契，博得全场经久不息的掌声。自从那次报告后，这七位年轻人在留学生中小有名气。许多人过来打听，谁是谁，特别是对那位女指挥唐若燕很感兴趣，说她有指挥 家的气质和天分。郭科告诉他们，小唐是这个集体的“文体部长”，她不但有嘹亮的歌喉，还擅长跳舞。由她主跳的鄂尔罗斯舞，曾获全俄留学生传统舞蹈特等奖。

那么多年过去了，于立荣仍然常常回忆起在莫斯科学习的那五年。那时候，为了应对繁重的功课，每个人几乎把一半的时间都花在集体学习上。每当这时，小唐就在学习的中间休息时教唱歌曲。她会唱好多首歌，还清楚记得，她教唱的有《莫斯科郊外的晚上》《花儿为什么这样红》、电影《英雄儿女》中的插曲《英雄赞歌》等。每次集体活动都是以大合唱开始，然后再在歌声中结束，一来二去，成为习惯，大家离不开歌儿了。对于立荣来说，小唐就是她音乐领域的启蒙老师。应该说，她后来对音乐的喜爱和入迷，就是从那个时候开始的。于立荣喜欢流行歌曲，许多歌儿她都能哼出个调调来，她更陶醉于古典音乐，无论是她拟写文章的时候，还是阅读报刊杂读的时候，总是让莫扎特的欢快乐曲陪伴着；当她用脑感到疲倦的时候，对于她最有效的休息是听听贝多芬的命运交响曲；她也非常喜欢听田园风格的轻音乐，因为它给她灵感，就像她在花园中漫步，在森林中聆听不同鸟的叫声，突然间，一个难题的答案解出来了，或者一个设想的轮廓在脑子里成形。她常说：“音乐是个宝，一天离不了，因为音乐能陶冶情操，焕发精神，是生活的要素之一。”现在，虽然小唐和立荣各自从事着自己的科学研究事业，不常在一起。可是，只要有那样的机会，她们讨论的话题总是

学生时代的一张留影
莫斯科大学外景：于立荣、唐若燕和李曼智曾住在主楼右侧十层

离不开音乐。于立荣从内心感激这位大学时的同窗，就是她将自己引进音乐的殿堂。

这些年来，为了集思广益，取长补短，于立荣邀请了不少光合作用研究专业以外的专家学者作为她的顾问，其中多数是她的朋友和熟人。郭科是生物发光领域的专家，与光合作用研究密切相关，他早就被聘请为人工光合作用课题的首席顾问；谢生晖是搞天体生物物理的，与于立荣有长期协作关系；有关数学计算方面的重大问题，不经她的好友李曼智过目，她是不会轻易定稿的；

至于周勇立和冯永强，他们是于立荣研究室的常客。研究室里只要有重要活动，于立荣总要请他们光临。一方面是想表示同窗间情深意长的友情，另一方面，这两位在生物微细结构的研究方面造诣颇深，常会给出很有价值的建设性意见，于立荣着实尝到了甜头。

这六位在青年时代交下的同窗好友，如今都在生物研究领域主持着重大课题。一有机会还常互相邀请，聚会一堂。于立荣是牵头主办的积极分子，每当那个时候，虽然大家都有了一把年纪，可他们仍是唱歌跳舞，谈笑风生，幽默逗趣，不减当年。这正应了韩愈的那句 “少年乐相知，衰暮思故友”，还有那句俗话“老友如老酒，越陈越香醇”。用这两句话对这七人小集体的地久天长的友谊之情加以烘托，妙不可言！

在莫斯科大学生物土壤系就读期间，我与两位学友唐崇钦（左）和李素云（右）在黑海岸休假时的留影(1964)。

第十一章　诺贝尔奖的故乡

于立荣主持的人工光合作用研究课题，在国内的部分是挂靠王云云研究室，平时由王云云主管。于立荣每年都回国，多则几次，少则也得半年必来一趟，参加亲临指导和讨论。裘文英是王云云研究室的主要成员，负责光合酶系的分离、提取和纯化。她从做硕士研究生开始就参与这个课题的研究，对于这个领域，她可算是经验丰富的一员干将。那年，裘文英以优异的成绩完成了在职的博士论文答辩。正巧，室里有一个出国进修的名额，就决定给予她。至于去哪个国家，由她选定后上报科学院审批。文英的首选，不是美国，也不是英国，而是瑞典。在上报申请书上她写了两个原因，其一是希望到于立荣在隆德大学生化系的实验室继续她所承担的研究工作；其二，她梦寐以求所向往的国家就是诺贝尔奖的故乡。自从她步入科学界以来，对每年一度的诺贝尔奖的兴趣与日俱增，虽然不敢奢望自己所在单位近期会有此殊荣，至少“谁得奖，成功之所在”等细情，她都努力弄得一清二楚。实在搞不懂的地方，她会到处请教，直到自己脑子里有个完整的概念为止。由于这个原因，她对瑞典由衷地敬佩 ：虽然国家小，面积也只有我国的二十一分之一大，全国人口还没有北京的一半，却跟踪和掌握着整个世界科技发展水平的动向和命脉。不仅如此，自从一九〇一年设立该项奖以来，没有任何丑闻披露于世，总是公正合理，令人信服地按章办事，选出当今科技领域中顶尖科学家获此殊荣。这也是为什么，历届获得诺贝尔奖的科学家总是享有崇高的威望，成为科学进步的带路人。自从去瑞典隆德大学生化系进修一年的批文下达以后，裘文英放下手头的实验工作，着手准备出国事宜。离起程还有近两个月，她决定抓紧时间补习一下英语会话。虽然她的英语水平早已通过国家的出国要求标准线，但由于平时练习的机会较少，口语和听力还不令人满意。为此，她选择了由外语学院提供的高级英语突击班，专攻口语和听力。这个突击班，可谓名副其实，极具火药味，表现在让人难以喘息的时刻表上。每天上午四个半小时的会话课，由该校的资深教授主持。在课堂上，有时老师用清晰但速度却超快的英语讲小故事，请学生复述；有时老师提些各式各样的问题，请学员回答；有时让学员上讲台轮流作自我介绍，由老师评估。这四个多小时里，按裘文英的话说，“真正是对每个人脑神经的挑战，高度集中，不得偷闲和溜号。因为，说不定，老师突然叫到你的名字，拎你起来回答问题，你没有抓住中心议题，回话就会语无伦次，那该多难为情！”下午四个半小时也不轻松，那是在听力教室里度过。乍听上去，时间那么长又全是听力练习，一定很难熬。可事实上，由于训练方式多样化：一会儿播送一个故事或短篇文章，请学员速记后整理成文；一会儿每人一张考卷，听的同时在卷子上选择正确答案；一会儿又让大家听一段小故事后，抢答问题，老师根据课堂表现，给学生印象分数，拼入结业时总成绩中。这样，学员们不知不觉地就花掉下午四个半小时的光阴。晚上安排一个时辰的自由对话：全班同学聚在一起，三五成群，围坐成一个个小团体，用英语对话，老师夹杂在学生中间且不唱主角。这么一小时，不但能复习和巩固一天所学，还确实在精神上有所放松，以利明天再战。

一天的英语课后，除了课外作业外，裘文英还打算尽量抽空查阅一会儿关于光合作用方面的文献。自从决定去于立荣研究员的实验室进修以后，她曾与于立荣沟通过，进修时的主攻方向集中在铁硫蛋白复合体上。她意识到，在这一领域的研究进展很快，与日俱进，自己得紧跟不舍。等到了隆德大学后，就可腾出更多时间花在实验室做具体实验上。此外，在出国前这段时间里，她还常被叫去参加业务讨论会、青年组织的活动等，更显得忙碌不暇。她的丈夫十分理解自己妻子的现状，主动承担了几乎全部家务和照顾孩子的许多杂事。尽管忙得不亦乐乎，裘文英仍按捺不住自己对瑞典好奇的欲望，特别是有关诺贝尔奖的历史和它的来龙去脉，她利用周末仅有的一些空余时间，去北京图书馆查阅有关资料，所获信息使她兴奋不已。过去，她也知道一些关于诺贝尔奖的故事，不过多是支离破碎，很不系统，有的还是道听途说来的。经过这些日子的调研，她总算有了个完整的轮廓：原来，诺贝尔奖的奠基人，全名为阿尔弗雷德·诺贝尔，降生在瑞典的首都斯德哥尔摩。他从年轻的时候起就继承了家业，投身于军火化学工业。在这个领域，研制、发明、创造，成了他无止境的追求，“刻意求工，锲而不舍”，是他一贯的工作态度和作风。在他事业如日中天的那些年，由他掌握的生产基地和实验室就有上百个，分布在二十几个国家，他得穿梭于各国之间，日理万机，甚至淡漠了自己的终身大事，以至未能娶妻成婚。每当裘文英读到这些事迹的细节时，眼泪常常夺眶而出。当裘文英来到隆德大学加入于立荣的科研小组以后，两位女性学者相处和睦，性情投机，很快成了无话不说的好朋友。有关诺贝尔成长过程的细情，就是于立荣讲给裘文英听的。

阿尔弗雷德·诺贝尔的父亲，马内利·诺贝尔，是将儿子带进这一行的领路人。马内利原本是一位桥梁和楼房建筑工程师和发明家，当阿尔弗雷德于一八三三年十月二十一日呱呱落地之日，正值其父生意破产之时。为此，马内利·诺贝尔离开了斯德哥尔摩，只身一人去了芬兰和俄罗斯等地，开始了新的谋生之道。在这段时间里，母亲带着孩子们，靠经营一家食品杂货店养家糊口。出身富裕家庭的母亲，安德里叶特，挑起了家庭的重担。她贤惠能干，全力支持丈夫的事业。

俗话说，“留有青山在，不怕没柴烧”，练就一身本领的马内利终于在圣彼得堡起步了一座机械作坊，生产由他自己设计的海上水雷。这类水雷的初始结构虽然很简单，仅是将火药装入一个淹没在水下的木桶而构成，但它的威力却足以阻塞住海军舰艇的前进。十九世纪中叶时，在俄罗斯与英、法的克里米亚战争中，水雷发挥了不小的作用。除此之外，阿尔弗雷德的父亲在蒸汽引擎设计和军火制造行业都走上了开拓者的成功之路。由于父亲生意上的火红，使这个两国分居的家庭再度团圆，在圣彼得堡定居下来。那年，阿尔弗雷德刚满九岁。从此，他开始得到由私人老师提供的一流教育，包括自然科学、语言和文学。在他十七岁的时候，已能讲流利的俄语、法语、英语和瑞典语。就在那时候，他面临着对今后主攻学科的选择。他的兴趣主要集中在两大截然不同的领域：文学，化学与物理。他酷爱英国文学和诗体文，又对像化学物理这些自然科学兴趣浓浓。在父亲的开导和鼓动下，他终于选择了化学专业为其发展方向，这后来成为他继承家业、致力于军火化学工业，练就一身本领的基础。青年的阿尔弗雷德· 诺贝尔，为了开阔视野，花了两年时间，走访了在瑞典、英国、美国和法国的著名化学实验室。在这期间，他很荣幸地结识了瑞典出生的美籍造船工程师和发明家，约翰·埃里克松，对他发明螺旋桨，创造第一艘有装甲旋转炮塔和螺旋桨的军舰，以及后来又研制出鱼雷等建树，敬佩不已，视他为自己的楷模。在这几个国家访问研究期间，对他后来事业有着至关重要影响的，当属在法国巴黎的彼卢兹教授实验室的经历。在那儿，他深入了解了年轻的意大利学者阿斯卡尼奥·索伯列罗的一项发明。这位学者曾经首次使用一种具有很高爆炸能力的液态物，叫做硝化甘油，按一定比例将甘油，硫酸和硝酸混合制作而成。它与当时用的火药比起来，爆破力要高很多。不幸的是，当时无法将它用于实际，因为太过危险。这种液态物，一旦遇热和压力，其威力无法控制。阿尔弗雷德从那个时候起，就对硝化甘油产生兴趣，开始琢磨如何控制它，并将它推向实际应用。两年以后，十九岁的他回到圣彼得堡的作坊，与父亲联手，起始了硝化甘油的研究。由于他父亲再度面临经济危机，全家只得又兵分两路，两个兄弟留在圣彼得堡继续石油工业的开发；而他与弟弟，埃米尔，随父亲回到斯德哥尔摩，坚持硝化甘油的实验，目的是想使硝化甘油成为既效力无比强大而又能加以控制的炸药，并期待投入市场。正走向而立之年的阿尔弗雷德，视苦为乐、干劲十足，与他的家人和雇员夜以继日地投身于试验中，取得了异常成功的进展。然而，巨大的不幸终于降临，在一次实验中，他朝夕相伴的得力助手、亲爱的弟弟埃米尔被炸死，他悲痛万分。为了安全，他想出万全之策，将这类实验基地从斯德哥尔摩城内，搬到一艘大型平底船上。这样，即使炸药威力难以掌控，也只能把船炸得四分五裂而沉陷大海，危及不到远程遥控的实验者。 阿尔弗雷德，这位天才加勤奋于一身的实践家，终于在一八六七年，发明了叫做达纳炸药的产品（由硝化甘油与不同类型的添加物制作而成）。与此同时，还研制成功叫做雷管的引爆装置。这两项专利，获得广泛的市场，销售额与日俱增，生产基地和实验室遍布欧洲。经营和管理占去他大部分时间，使他异常忙碌。尽管如此，他仍然坚持，只要有空就钻进实验室，亲自参加实验，获取第一手数据。除了发展炸药技术之外，他还涉足其他化学领域的发明创造，诸如合成橡胶、皮革、人造丝等。在整个一生中，他获得三百三十五个专利。

繁忙的工作，对应用化学的无穷兴趣和诱惑力，使阿尔弗雷德无暇顾及自己的私生活。裘文英查阅了许多关于诺贝尔的科学生涯的资料，包括不少发明创造的细节。这是她计划在动身去瑞典之前做的。如果单就这层面而言，她已足够满意了。可美中不足的是，她没有读到任何有关伟人家庭生活的只言片语。裘文英想，也许到了瑞典以后会得到答案的，也就不再刻意找东翻西花在好奇心上了。正当她不日就要飞往北欧的时候，有一天，坐在图书馆大厅里翻阅资料时，她一直感兴趣的一段短文呈现在眼前。那是关于诺贝尔和平奖早年得主的介绍。其中，在一九〇五年获此殊荣的是一位女士，名为伯莎·金史奎，在介绍此位女性得主的脚注里写道 ：她是阿尔弗雷德交往几十年的唯一女性，虽然，伯莎后来嫁给了一位名叫阿瑟·冯·萨特内尔的奥籍男士，改名为伯莎·冯·萨特内尔，她却当过诺贝尔的秘书兼管家，与诺贝尔有一段不平常的交往和情谊。这段不太长的脚注总算满足了读者的好奇心，裘文英反复读了两三遍，才带着心满意足的微笑离开图书馆，还将这段诺贝尔的“佳话”不失时机地告诉丈夫滕小刚。

阿尔弗雷德·诺贝尔，不仅是一位了不起的化学家和发明家，由他开拓和奠基的许多公司，后来发展为世界瞩目的工业企业。英国的帝国化学工业（缩写为 ICI），挪威的代努集团（DYND）等，均在其中。他在这方面的贡献，早已载入史册。此外，诺贝尔还是一位文学爱好者，勤于著书和写诗，他与时俱进、只争朝夕的天性，成就了他辉煌的一生，充分展示和发挥了他的才华和多方位的兴趣。他于一八九六年十二月十号在意大利的圣·列慕城辞世。当他的遗嘱执行人打开密封着的遗书时，异常震惊，那种无限的敬慕之情油然而生。在遗嘱中，他不但阐明自己多年的心愿，并毅然决定，将他整个一生积攒的巨额财富，全部奉献给社会！那是十五个亿瑞典克朗的积蓄。如何分发这样一笔款项，他有一个深思熟虑的方案：“全部资金投入安全可靠的基金，每年所获利润平均分成五份，以奖金的形式，颁发给世界范围内，在物理学、化学、生理学和医学、文学以及为反对战争，维护和平事业做出卓越贡献的个人”。按照诺贝尔的意愿，于一九〇一年十二月十日，在斯德哥尔摩举行了第一次授奖仪式，并在发奖会后，由瑞典政府出资，组织盛大的国宴。此后，每年的这一天，诺贝尔·阿尔弗雷德的祭日，都要历行庆典，届时由当任瑞典国王，亲自将印有特殊图案的奖状和可观的奖金发给得主。裘文英读了这些资料，内心不能平静，思绪澎湃。阿尔弗雷德·诺贝尔的成功之路究竟是什么？她试着找到答案：首先应归于他坚韧不拔的刚毅精神，为了发明达纳炸药，他经受了从天而降的巨大灾祸，失去了同胞弟弟和几个与之奋斗的同事，他没有为此次打击而放弃实验，而是琢磨出新的对策，克服重重困难，将实验基地搬到郊外大型平底船上，杜绝恶性事故再度发生，一直坚持到达纳炸药问世。文英想，如果那次故事的发生，使他因为恐惧而放弃继续实验和研究，完全可能就没有后来的故事了；其次，是他的执着精神，只要他认准的事，就会做出不懈的努力，直至成功。达纳火药的问世，不正是这种精神的完美体现吗！在法国访问研究期间，他注意到意大利学者发明的硝化甘油有美好的应用前景，但如何克服在应用时可能带来的巨大危险性是一个伤脑筋的难关。经过十五个年头的科学实验，不断的失败后终于迎来了圆满成功。这时的阿尔弗雷德，已拥有分布在二十几个国家的上百个实验室和实验基地。他日理万机，从一个实验室到另一个实验室，无不留下他的身影。他思想活跃，头脑敏锐和经验丰富，一旦他钻进实验基地，许多实际问题，他都能给予关键性的指导和合理化的建议。难怪他的合作者们总是急不可待地盼望他的到来。裘文英常常是一边读着这些故事一边对照着自己，毕竟自己也是一名科学工作者，诺贝尔的成功之路，他的优秀品德，正是自己应该借鉴和努力学习的。文英暗下决心，一定像他那样，做一个不但脑勤，手脚也勤的科学工作者。

裘文英对诺贝尔奖的兴趣并未就此作罢，她脑子里仍还有许多不解疑团留待理清：怎么才能选出在这五个领域里顶尖的科学家、作家和维护世界和平的优秀社会活动家？这些像柳絮般繁多的评选工作，就像雾里看花，无法想象。就拿其中一个领域，譬如物理和化学来说，每年新版的文献就有成千上万篇，怎能在仅仅一年的时间里，准确地选定它们中最杰出的作者，这实在太难了！来到隆德大学生化系上班以后，她仍然注意寻找着机会，如果能碰到合适的人，一定要抓住不放，问个水落石出。皇天不负有心人，文英的机会终于来了，在一次生化系博士毕业的庆祝宴会上，她如愿以偿。这类庆典会，总会有名人学者应邀出席。席间，博士的朋友以及家人会发言，或评论该论文的价值，或讲些他（她）的生活趣事等。该系主任总是当仁不让的发言者，更有担任论文主考的资深学者(多数是在论文涉及的领域里比较权威的教授或研究员)也会发言，做简短评论并对该博士毕业表示祝贺。博士生导师是会上的焦点人物，他（她）的发言常常引起热烈反响。这是因为，导师通过和学生几年的相处，更了解自己的学生，不限于学业方面，对该生的禀性、优缺点，都知晓一二。在这样的庆祝宴会上，许多导师常挖空心思，讲些学生的趣闻，甚至夸大其词，抓住学生的一鳞半爪的“蠢事”，意在博得大家一笑。裘文英听着各位的发言，心不在焉，只想着如何在下一个舞会节目到来的时候找到系主任阿尔伯特教授，以解自己心目中对诺贝尔奖的困惑。

阿尔伯特教授是瑞典著名的科学家，身兼皇家科学院和工程院双院士，也是诺贝尔奖评审委员会化学小组的成员。在他早年做博士研究生时，有幸得到一位诺贝尔奖得主作为他的导师。文英认定，找他肯定没错。她暗自打算，主动请教授跳舞，在跳舞间隙准会有机会提问。跳舞对文英来说，是她业余爱好中的强项，这也许是父母的基因带给她的优势吧。当舞曲响彻大厅的时候，她大大方方走向教授，很有礼貌地邀他跳舞。阿尔伯特面带喜色，就与文英翩翩起舞，看上去十分和谐。在跳舞间歇时两人闲聊起来，文英就迫不及待地把她的问题提了出来。这次她算是找对了人，一经提出，阿尔伯特就滔滔不绝地说了起来。他告诉文英，自一九〇一年发放诺贝尔奖以来，都获得令人满意的成功，应归于组织严谨，获得信息广泛和调研细腻。首先，遵照奠基人的遗嘱，成立了各项奖的专门负责机构：瑞典皇家科学院负责物理和化学两项奖；卡罗琳斯卡学院负责医学和生理学奖；文学奖由瑞典艺术学会负责；由挪威国会选出五人委员会负责和平奖的管理和发放。此后，在一九六八年，瑞典国立银行为纪念阿尔弗雷德·诺贝尔设立了诺贝尔经济学奖，就在当年开始发放。每年，这几个负责诺贝尔奖项的组织机构，向世界上数以万计的科学家、教授、国会议员和个人，发出邀请，要求他们提出各项奖的候选人。对于谁符合推荐诺贝尔奖候选者的资格，拟定了详细的规定，原则上是尽可能考虑代表性。他们由各国科学院推举，至少在大学或学院的这五个学科担任教授或有相对职称，在斯堪的纳维亚五个国家中，任教授或助理教授的，历届诺贝尔奖得主，瑞典皇家科学院的国内外院士，以及诺贝尔奖委员会成员，亦有资格。此外，诺贝尔委员会还有权决定，除以上人员之外的其他符合条件的科学家和实业家也可参与提名。每年九月份，一份严格保密的表格会发给相关领域的推荐者，要求第二年一月三十一号以前，将填好的表格寄回诺贝尔奖委员会。经过认真初选，各委员会拿出初选名单。阿尔伯特教授担任推荐者已有十余年，对于他所属的化学科目的情况了如指掌。他告诉文英，尽管发出上千封信，请对方推荐诺贝尔奖候选人，然而，在回复的表格中，仅有二百五十到三百个名字，由此可见，尽管高度保密，众多的推荐人常常有共同的看法和目标，推荐他们心目中的诺贝尔奖得主。这种状况不仅在诺贝尔化学奖操办中屡屡发生，在其他四个委员会也是大同小异。每年的三四五月是专家评估阶段，各诺贝尔奖评委会将初选名单，发送到世界范围内被认定的相关领域的专家，在六七八月中，评委会陆续收集各方的评估材料并写好综合报告，于九月份递交瑞典皇家科学院。十月初，经投票最后定夺年度诺贝尔奖得主的名单。十二月十日是诺贝尔奖发放的日子，受奖者在盛大的仪式中，从国王手里接过奖状，奖章和奖金。届时由各方专家学者发言，介绍得奖者不平凡的成绩。

在整个诺贝尔奖得主评选过程中，参与者必须遵守一个严格的规定，不得外泄所推荐的候选人，甚至牵涉到候选人被提名的全过程，都必须保守秘密五十年。为了使这一保密制度天衣无缝，到了十月份，官方宣布诺贝尔奖得主名单前几分钟，才向获此殊荣的本人作电话通知。由于是同一时间向世界各个角落发出的短暂通话，到达对方的时间和地点均无法预料。就产生了不少趣事，这也给历届此奖得主留下难忘的印象。阿尔伯特教授有位朋友，是诺贝尔化学奖得主。通知的电话使他从熟睡中惊醒，也许是好消息使他极度兴奋，也许因为他仍处在睡梦状态，他请对方重复讲了多次，才想起说声谢谢；有的得主，接电话时正在旅行，几经周折，电话才最终达至本人 ；还有的正在给学生讲大课，接到电话后，将喜讯当场告诉学生，两百人的教室里，突然轰动，当场开起了庆祝会，狂欢起舞……正当裘文英聚精会神地听着，音乐和锣鼓声突然惊动了她，阿尔伯特的讲话无法听清。于是教授站起来，邀文英再度起舞，嘴里还幽默地说，“耐心等待下一个休息间歇吧，我还有许多更诱人的故事讲给你听。”不幸的是，等舞曲停下来，却是猜谜的节目了。两个人的谈话就此中断。不过,文英感觉很舒心，她终于对诺贝尔奖的得主如何胜出有了一个较系统的了解。阿尔伯特还答应，以后有机会再继续这次的谈话。裘文英来到隆德刚满一个月，对这个小城环境就已很熟悉。生化系是隆德大学的一个大系，全系有多少人，几个课题组，研究方向是什么，谁是负责人等细情，她也已了解得一清二楚。这应该说是得助于于立荣。文英住在离生化系不远的公寓中，乍到这儿那几天，她每天的足迹三点一线：宿舍、办公室和实验室。于立荣注意到这种情况，在她们闲聊时，立荣建议她争取参加系里安排的上下午各一次的咖啡闲歇，这样做，一方面借机训练外语的听说能力；另一方面又是与系里同事熟悉交流的良机。文英听进去了，并身体力行。同事们都欢迎她，只要她来到集会厅，大家就主动从瑞典语改说英语，她见此情景，内心油生感激之情。虽然只有不长的时间，她感到自己英语说话能力长进不少，环境对学习外语果真十分重要。

这些日子，她与于立荣交往频繁，可以说是朝夕相见，无话不说。其实，这两位中年女性，举止品德有很多共同之处 ：于立荣是课题组负责人，要花许多时间伏案工作，改稿、拟写基金申请、阅读各类文献等。这些工作，就是将每天的时间都消耗掉也不够。可是，于立荣却总能安排出时间进实验室，与学生一起工作。将双相电泳用于微量程序分析来鉴定叶绿体膜蛋白的结构与功能，这是她从丹麦大学的胡里奥分子生物学技术中心引入生化系的技术，她还发表了多篇论文，引起同行的关注。为此，她不得不经常接待有关这项技术的来访人员，解答疑难问题。这使她更加离不开实验第一线。至于裘文英，在北京生理生态研究所时，就以“工作狂”扬名全所。到了隆德大学，更是“变本加厉”：每天一上班，还没踏进办公室门槛，就钻进实验室，做她的实验。除此之外，她对生化系的多项新技术和新设备感兴趣，有时，为了掌握某台仪器的操作程序，下了班吃过饭再来上班，一直工作到深夜才肯罢休。于立荣知道她有加班的习惯，隔三岔五也会主动陪她，两人常是同来同往，情同手足。有一次，两个人加班后一起回家，推着自行车边走边聊：文英问立荣：“你知道诺贝尔奖各委员会是怎么选出的获奖者吗？”立荣愣了片刻说：“那可能得经过推荐、核实然后表决定夺吧。”“不那么简单，要经过几道程序，还有许多铁的规定。我是从阿尔伯特那儿得到的细情的。”于是，文英将前几天在宴会上得到的信息一五一十地讲给立荣听，两个人不觉到了分手的十字路口，都没在乎回家，索性站在那儿继续说下去。等文英话音刚落，立荣又甩出另一个感兴趣的问题：“你知道在一九五七年诺贝尔物理奖的得主是谁吗？”“当然，那是美籍华人杨振宁和李政道。”“他们当年几岁你可记得？李政道只有三十一岁，杨振宁也不过三十五岁，这是中华民族的骄傲！”文英激情满怀地说。“你记得很熟，至今他们仍活跃在自己的研究岗位上，还常回家乡，给予祖国科学界许多支持。”立荣补充道，“在一九九一年，我有幸参加庆典盛会，还与李政道交谈过，印象很深。”这两位诺贝尔奖得主的崇拜者，又在第二天继续谈起女性获奖者，名扬整个科学界的玛丽娅·居里，这位于一九〇三和一九一一年两度获奖的科学家，出生在波兰，后又旅居沙皇俄国，最后定居法国。她献身于科学事业的生动故事广为流传。于立荣在大学里就读过她的俄文版传记，后来又补读了英文版，裘文英也曾反复读过英文译本和许多关于居里的生平故事。每当在科研工作中遇到困难时，想起这位伟大的女性科学家，她俩都倍受鞭策和鼓舞。

文英和立荣这对犹如姐妹的同事，平时勤奋工作、一丝不苟。一到周末，她们却另有安排和打算：文英星期六通常是写家信，告诉丈夫和孩子她在这里的情况，有时候，想听听他们的声音就挂个长途，电话里聊个不停，花上个把小时是常事。上街采购和打扫室内卫生也是这一天的例行。星期天，她常去立荣家共进晚餐。这样度周末，她感到很惬意，一周的忙碌带给她的疲劳也就消失得无影无踪。于立荣喜欢下厨，周末是她尝试做新菜的机会，像做小实验，有详细配方，等新菜端上饭桌，旭骝春就会评论一番，有时还会修改配方，最后，两个人达成共识，给菜取名，待以后给朋友尝新。于立荣对俄罗斯的名菜也有一手，文英与她比起来很觉逊色，因为她的拿手菜也只有红烧肉。下一个星期天，她俩早已商量好了，要联手尝试做诺贝尔国宴餐桌上的那三道美味佳肴。据说，诺贝尔颁奖国宴的菜单也秉承了保密的指示，为此人们称它为“神秘菜谱”。说它神秘，是因为不但每年都更新，而且，拟选出当年的方案也要经过几乎半年的时间过程：先由瑞典名厨十人提出建议，交给诺贝尔基金会，由他们从中选出三份菜单，再在九月份选出菜单，并做出小样由这十个厨师品尝，包括主菜、甜点和葡萄酒，一直到宴会的前三天，四十名当届厨师才拿到菜谱，开始为期整整三天的忙碌，就是在这些天中，也得严格保密，究竟宴会餐桌上有什么，不许透露，直到一对对身着白衣的招待侍从，每个人都把托盘稳妥地放在肩上，从长长的台阶上走到自己负责的席前站定，目视典礼官举起权杖，命令开始的那一刻，神秘菜谱才算公布于众。

于立荣和骝春刚好有幸参加了上一届的诺贝尔颁奖庆典，对于餐桌上的每道菜都还记忆犹新。星期天一大早，她拿起电话，就与文英商量起来："文英！我找到了去年参加国宴的记录，三道菜都是什么，有什么调料，看上去不难模仿。""那太棒了！这已是成功的一半了。"对方满意地回应。"上午我先去超市买买需要的原材料，午后你过来就行。""好的，过一会儿见。"下午四点左右，文英带些水果来到立荣家，两人先讨论了一下菜谱的细节。"主菜是挪威鹿肉，这道菜我会做，大体上是将凉水浸过的鹿肉涂上调料，包括花椒、大料、姜粉、胡椒、盐等，炖至肉变软入味，然后微烤片刻即可，冰淇淋和水果花色齐全的蛋糕也不难做，较复杂的是那道法式鹅肝酱。今天一大早，我已开始第一程序：将鹅肝洗净，浸泡在牛奶中大半天，然后去除筋络之类，粉碎成酱，再用白酒、盐、胡椒粉混合腌渍，最好一整天，今天我们只好缩短这个步骤，到晚餐前就停下来，放入盛器后蒸至完全凝结成冻为止。等冷下来以后，切成各种形状就可上桌了。"文英仔细听着立荣介绍如何做这三道菜，等立荣刚刚停下来，文英就急忙问："我能帮着做点啥，否则，光是饭来张口，有点不好意思。""那下个星期日由你主厨，做你拿手的红烧肉怎么样？""那倒是好主意，我好有个补偿的机会。" 大概下午六点半左右，模拟的诺贝尔大餐搬上于立荣家的饭桌，三个人边吃边谈笑风生，文英赞不绝口，夸说这顿西餐是来隆德后最美味的了，旭骝春说模拟相当成功，与去年在国宴上的那顿如出一辙，既鲜美开胃，又香甜可口。立荣听了他们如此高的评价，得意之余心里明白，这是对自己的鼓励。聊来聊去又回到他们的本行。旭骝春先问文英 ：“你注意到了吗，德国的一个实验室对叶绿体超微空间构型研究得十分透彻，还有光合作用过程进行的机制模型也有全方位的设想。”“你是说的罗伯特 ·休贝尔的实验室吧？他们用 X-光衍射技术，对紫细菌晶体的光合作用反应中心做了超微结构的详细分析，真可算精彩至极！我估计，今年的诺贝尔奖该他们了。”立荣插嘴道。“很有可能，这对揭秘光合作用过程机理的意义上来讲，确实是非凡的成功。另外像光合作用这样与国计民生息息相关的科学领域，好像很久没有与诺贝尔奖有缘了，是不是到时候了。”骝春补充说。“你们说得都很对，我曾经查阅过资料，卡尔文的光合碳循环是一九六一年得的诺贝尔奖，后来，在一九六五年，由于合成叶绿素的功绩，罗伯特·伍德沃德获此殊荣。从那时候起到今天，就再没听说我们这个科学领域里有谁得这项奖了，看来，你们的猜测相当有道理。”文英很激奋地说。一谈到业务，他们有说不完的话题，这顿星期天晚餐一直到半夜才结束。就在那年的十月份，在颁布预选的诺贝尔奖得主里，果然有德国的罗伯特· 休伯尔与他的合作者，约翰·迪森霍弗和哈特穆特·米歇尔，共同分享诺贝尔化学奖。消息传开的当天晚上，立荣和文英就通了电话，大家兴高采烈，很为自己从事的行当欢欣鼓舞，也为那日在餐桌上三个人的预言成真而骄傲。

第二天一大早，文英在系里碰见阿尔伯特教授，她迫不及待地问教授：“昨晚新闻听到了吧？”阿尔伯特知道她问的是关于诺贝尔奖的事儿，就立刻应声：“当然喽！这样大的喜讯，哪有漏过去的道理！文英！顺便说一声，我知道你工作极努力，你的同事叫你‘工作狂’，这下子你可以放松一阵子了，我估计，在光合作用研究领域再度得诺贝尔奖，得隔上几年喽！”两个人互相看着对方，同时会心地笑了。

九十周年诺贝尔奖庆典大会现场

第十二章　斯科讷省的夏天

瑞典国位于斯堪的纳维亚半岛上，地跨北半球和东半球。据说在一万年以前，这里曾是冰封的海域，后来冰溶化，逐渐形成这块热土。它的地域蓝图形状很像人的一只左脚板，它从北到南的距离长达一千五百七十四公里，而宽却只有四百九十九公里。这样的地理条件，使瑞典北方和南方在许多方面差异很大，气候尤为明显：一月份北方希卢纳市的气温零下十四度的时候，在南方的隆德市气温则仅为零下四度；七月份夏令时节，在希卢纳十七摄氏度而隆德对应要高达二十五度。日照的差异更是悬殊：当冬季的隆德，日照为七小时的时候，希卢纳却处在二十四小时的黑夜，看不到太阳的东升。然而，它却有七月份的世界罕见的不夜城，太阳二十四小时悬挂天空，也成为吸引人们前往的一大景观。每年的九、十月份，或者三四月份，那里夜空经常出现造型各异的淡绿色，或微红色的灿烂光束，人们通常称它为北极光。那种美景妙不可言，也是旅游者不顾跋涉千里来瑞典北方的原因。在远古时代，人们不了解北极光的来历，不知道它的出现是凶还是吉，就随意叫它神光。一直到十八世纪七十年代，科学家兼发明家本杰明·福朗克林揭示了神光的秘密：原来，这种奇特的光是由环绕在地球周围的辐射层中带电粒子互相碰撞引起的，这些带电粒子来自太阳大气环境中的等离子体层，主要由电子和质子组成。当它们所带的电能足够大的时候，就脱离太阳的重力吸引而到达地球的辐射层，与那里的原子和分子碰撞，致使这些原子和分子获得能量而活跃起来，从碰撞前处于稳定的基本状态，通常称为基态，跃升至不稳定状态，称之为激发态。这些获得多余能量因而处在激发态的粒子，就像水往低处流一样，总趋向从激发态回到稳定的基态，放出它们获得的那部分多余的能量。当这份能量以光的形式发射出来的时刻，正是人们所观察到的北极光。不同的原子和分子发射的光子的波长不同，使光的颜色各异，诸如氧粒子发出淡绿色或微红色的，而氮分子发射蓝紫色光等。看来，自然界的各种现象，就像北极光一样，无不有它存在的前因后果。

裘文英是初夏才来到隆德大学。她很想亲眼一见北极光，但离观看北极光的最佳时节还有几个月之遥，她得耐着性子等待。盛夏就要到了，她在工作之暇也想看看大学所在的这个省的风光。瑞典的同事告诉她，他们通常是在冬天（白天短夜里长的季节）关在实验室拼命地工作，积累实验数据，写科学论文和基金申请报告，让时间过得高效率；等到盛夏来临，他们每个人都要安排一次休假，少则一到两个星期，多则个把月，拟定一个小计划，各有去处：有的出国旅游，观光这五彩缤纷的世界；有的去自家的避暑别墅，享受田园生活；有的每天去附近的海滩浴场，沐浴在蓝天炎阳之下；也有相当一部分人，则在家刷墙锯木修整和美化自己的住宅。等到假日期满，每个人又以饱满的精神状态回到工作岗位，投入到科研工作中。

隆德大学所在的地方叫斯科讷，是瑞典国最南的省份。它的南面是波罗的海，西临厄勒海峡，有五百公里的海岸线，肥沃的一片大平原使它成为全国的粮仓。很早以前，这里曾被丹麦占领，一直到一六五八年，瑞典战胜丹麦，根据奥斯基勒的协议，这里才重新归属瑞典。斯科讷省有着悠久的历史，据考证，在远古时代，就有人居住在这块土地上，至今仍可见许多古老的保存完好的磨坊，精细建筑的城堡和墓地，这可能得益于两次世界大战瑞典均未介入之故。中世纪以后，这里的农林鱼矿各业快速发展，经济稳步上升。可以这样说，无论从地理位置、气候条件还是经济实力，斯科讷省都算得上瑞典国的优势地域，是国民首选的居住地。

裘文英来到生化系后，加盟到一个名副其实的国际化科研团队，十个成员中有一半是来自外国，俄罗斯、波兰、冰岛、美国和中国各占一名。系主任阿尔伯特兼任组长，还有两名博士研究生，一名实验员和一名工程师。说起这位资深的工程师，组里的人无不满口称赞。她叫英姑，已步入知天命之年。虽然英姑的头衔是工程师，可她却成了这个国际研究团体的实际管家，不但负责实验室的仪器和设备的维修，还兼管采购、报销等杂事。一有空闲就会主动协助研究人员做她在行的具体实验工作。多头的责任使她格外忙碌，可她并不以此满足，主动帮助那几位外国同事适应环境，也成了她的分内事。她待人热情和善，有求必应。与丈夫去美国旅居多年的经历，使她说着一口美国腔的地道英语，大家都愿意与她交往。那五个来自各国的学者，更是大事小事去找英姑大姐，与她说话，练习自己的英语。无论是谁，只要开口求她，准可得到令人满意的帮助。裘文英刚来这儿那会儿，英姑几乎每天都会抽空帮助她熟悉环境，开车在城里兜风：哪儿是超市，哪儿是银行，甚至哪儿买什么东西便宜，哪儿是年轻人常去的夜总会等，都指点得一清二楚。后来，英姑还邀请她去家里做客，看看五个男孩儿的幸福家庭。文英对能在异国他乡遇上这位慈祥的大姐而感欣慰，从心眼里敬佩英姑，在这离家万里之遥的外国，不但能有像于立荣这样的好朋友，还能交往上像英姑这样的犹如亲人一般的长者，她感到很高兴。自从结婚以后，她这是头一次出这么远的门儿，到了这里后，平时在实验室与同事们打成一片，周末除了长途电话与丈夫和孩子沟通外，常去立荣家欢度，这使她一直过得充实，没有经历想家的煎熬；另一方面，不管是研究组的同仁还是其他课题组的，对这位远道而来的中国女学者都很有好感。组里有一位瑞典籍博士研究生，名叫安德斯。这位刚满二十四岁的小伙子，与文英共用一个实验台。实验空隙时，他俩常谈些家常。文英从他那儿听到不少关于瑞典以及斯科讷省的情况介绍。安德斯还主动提出，等到休假时，他愿意做文英的导游，在本省内短程旅行。他告诉文英，每年从六月半到八月十五，可以买一张价值相当在隆德市内月票的夏季交通卡。用这张卡，可在省内乘坐任何类型的火车和汽车，通行无阻。这给省内旅游业带来可观的经济实惠。除了本省人以外，全国其他城市，甚至邻近国家的休假旅游者，也来这儿享受优惠待遇。这时候，全省四十四个区县顿时像冬眠初醒一样，非常活跃：划船比赛、玫瑰花展、土特产甩卖、音乐舞会、城市狂欢节、集市商品促销等五花八门，吸引数以万计的人流向斯科讷的各个角落。

安德斯是土生土长的隆德人，出生在这个城市，大学也就读于隆大化学工程系。毕业后转到生化系做上了博士研究生。每年夏季，他总是买一张夏天交通卡，在本省各处转悠，作为他放暑假休息的独特方式：哪里有什么活动，哪里风景优美，哪里将有狂欢节，哪里集市有什么物美价廉的东西采购……都在他的掌控之中。他说："这是让自己的脑子改改行，换换思维内容，让脑细胞得到最有效的休息。"裘文英本来就打算利用夏天松快的时光在隆大所在的省内转转，如果安德斯能做向导，她再拉上于立荣，组成三人行，那就太棒了。于立荣虽然在隆德大学工作年限不短了，但还没机会享受本属于她的假日。在裘文英到来之前，她几乎每年都是利用暑假去北京，与王云云碰头，研讨工作，还借此机会到有关单位短访和学术交流。裘文英一来到这儿，她打算将去北京的事拖一拖，先帮助文英安顿妥善，毕竟她在这儿的时间仅仅一年。她把文英一半的时间落实在阿尔伯特组里，目的是希望她有机会学习叶绿体膜蛋白双水相分析技术，另一半时间安排在自己的课题组，继续人工模拟光合作用过程的研究。事实上，这两个研究组合作密切，除了实验室合用以外，每两个星期一次的学术交流例会也是拼在一起开。于立荣组内采购办公用品和出差报销等杂事也是由英姑一手操办。平时，于立荣总是将自己的时间安排得很紧凑，除了周末放松些以外，每天都是早出晚归，这已成了她的习惯。裘文英对于立荣的忙碌，早已看在眼里，她暗自琢磨，一定得动员她在夏天假期时休整一下，一起游览斯科讷。

"我非常喜欢索菲罗宫和那儿的大花园。刚到隆德不久，系里曾经组织全系同事夏季一日游，选去了那儿。正值五月份，是园内最有特色的杜鹃花盛开的季节，据宫内园丁介绍，那里有约一万株这类的花，共三百多种。当时的王子，阿道夫·古斯达夫，栽培了第一株，后来，就是他，成为杜鹃花属的收集者和行家。当他于一九七三年辞世时，园内已有种类齐全的这类花五千多株，有的株高达十到十五米，这是我平生以来第一次观赏到这样壮观的花的海洋。 当时我很激动，还即兴韵诗一首呢。”当文英询问立荣去哪里玩的时候，立荣很有兴致地讲起了自己之前的经历。文英马上追问，“还记得诗的内容吗？”迟疑一会儿后，立荣顺利地念出它来：“万株杜鹃树成荫，游人惊叹梦中影，仙女散花似神宫，人间怎有天上景！”文英大声叫好鼓掌。“让你这样一说，我有点急不可待了。那我们就定下来，三人行的第一站就是索菲罗宫怎么样？”“只是季节稍微晚了点儿，杜鹃花可能不会那么多了，玫瑰和其他种类的花可能多些。”立荣补充道。“那也会很迷人，等我碰到安德斯，把我们的意思告诉他。”

裘文英一到宿舍，放下背包，第一件事是打开电脑，上因特网查起索菲罗宫的资料。刚才在路上说到三人行的第一站是索菲罗宫，弄清楚这座宫殿的背景，是她这会儿最有兴致的事。早在一八六四年，当时的国王继承人奥斯卡王子和他的妻子索菲亚王妃，为了建他们夏天的休闲住所，在赫尔辛堡北郊买了块地，在那儿奠基了夏宫的雏形，这也是宫殿取名索菲罗宫的来历。十年以后，奥斯卡登基，对夏宫进行了十分完美的改建和细腻的加工。他和妻子开拓了大花园，从栽培第一株杜鹃花开始，到今已有一万株之多。每年吸引数以万计的游客前来观赏。那日，于立荣、裘文英和安德斯也加入了观光的人流，安德斯边走边招呼着两位老师，文英则仔细印证着从安德斯那儿了解到的信息以及在网上读到的关于这座宫殿来龙去脉的资料，立荣也不时地比较着两次来访的差异。三人陶醉在这美景之中。三人行成功的第一步，使裘文英兴致盎然，她又上网查到好几处感兴趣的景点，与于立荣和安德斯商量后，很快付之行动。它们是位于赫尔辛堡市的费雷德列克戴尔玫瑰花园，那里每年都安排两天大规模花展，各色玫瑰花应有尽有，许多罕见的品种都能在那儿一饱眼福；特雷勒堡市的新建别墅模式展，如果参观者中有谁看中哪一幢，当场就可以拍板预定；卢堡市的夏天集市也很诱人，由于政府对这种类型的市场免于税收，出售的商品价格低廉却花式齐全，吸引各地市民前往；法尔斯特堡的赛马表演和玉斯塔德市消防队主办的“水龙头下的自愿者”（实为泼水节）的传统活动。

这个旅游小团体有安德斯这样一位尽心尽力的向导，使这两位大姐深感真正意义的休闲。整天在她们脑子里转悠的实验、文章、基金申请等等，都被搁置脑后了。夏天的短程旅游使立荣和文英大开眼界，心情愉快，体会到了工作之余休假的必要性。当她俩又回到工作岗位上的时候，像充足了电的马达，精神饱满。

休过假的同事们凑在一起，谈论的话题常常离不开假期的活动和见闻。上班第一天的咖啡时间里，大家你一言我一语，很热闹。裘文英也大谈他们涉足的几个景点，特别是那次在玉斯塔德市“水龙头下的自愿者”的活动和表演，给她的印象极深。英姑说，她在斯科讷省工作多年，可是还从来没听说过有这样的夏天活动，这也许是因为她和她的家人，常常整个暑假在斯德哥尔摩不远的小岛上度过之故。“你能不能讲详细点儿，到底是怎么回事？整个过程都包括点啥？”英姑这一问，打开了裘文英的话匣子。她像做学术报告一样慢条斯理地讲起来 ：“这是在石头铺的一个大广场上进行的活动，大约持续了一个小时。开始，乐队从城市的一头奏着进行曲气势不凡地正步走向广场。当乐队进入场内并停在一个角落后，救火队开着大型重磅专车从广场的四面八方来到广场。待这场活动的指挥者一声令下，强劲的水龙喷向广场中央。就在这时，早已在周围等待的不同年龄的男孩和女孩们冲向水龙集中的地方，狂热地蹦跳喊叫着。突然，有十来对男女青年从广场周围的各个角落向中心方向翩翩起舞，舞姿优美，步伐矫健，持续十分钟左右，舞蹈队撤出。瞬时间，出现一对男女青年走到广场中心，先是男方跪下，嘴里嘟囔着什么听不清楚，然后两人拥抱接吻，跳着类似华尔兹舞撤出。最后，被水龙浇得像落汤鸡的儿童，手牵手围成儿圈跳起集体舞，周围的观众也随着舞曲跳起来。广场上，载歌载舞，欢腾一片，足以盖过水龙头喷浇的噪声。接着，乐队又一次奏着高昂的进行曲，环绕广场一周后离去。活动进入尾声，这时狂欢的人群开始疏散。在一旁等待的孩子们的家长，开始为他们的孩子擦身和换衣。这时的我，仍沉浸在热潮的海洋中，一直到立荣过来叫我，才猛醒过来。” 文英说到这儿才停下来。英姑马上表示自己明年也要参加。

裘文英回到办公室有点儿心不在焉，脑子里仍浮现着孩子们在水龙头下面你追我赶的热闹场面。这次在本省参观游览的印象很深，这是她头一回享受休假生活，正像瑞典同事介绍的那样：“工作时卖力地工作，休假时尽情地陶醉于生活。”她感受到了这句话的真谛。斯科讷省的夏季，不管你走到哪儿，都是绿树成荫，草坪铺地。每家的宅前院后还栽着种类繁多的开花植物，连于立荣家那不到一百平方米的小院，春夏秋三季总有花儿打扮，四月份有水仙、郁金香，五月份有丁香、牡丹、杜鹃，六月份以后有玫瑰、月季、绣球，还有一些叫不出名的耐寒草花，一直开到深秋。园内有一角，专为玫瑰而设，每到花开季节，各种颜色的蓓蕾争先绽放，玫瑰花香扑鼻而来。园丁和家人，一有空暇，常去那儿站上片刻，心旷神怡，有时还会触景生情，作诗抒怀："玫瑰园里花盛开，姿色艳丽诱人爱，近邻喜闻飘来香，远亲乐见微信传。""玫开二度入秋忙，蓓蕾争艳不得闲，五颜六色多娇娆，疑是二月春又晓。园丁赏花眯眯笑，至爱作诗喜眉梢，闲情逸致多惬意，天伦之乐百年少。"

于立荣和丈夫每天早晨在这块充满生气的草坪上打太极拳和舞太极剑，然后才用早餐后上班。立荣常说，使她精力充沛的源头之一是那八百年以前就已被祖先起用的健身法宝：太极。

对安德斯来说，虽然参观游览的许多地方他都已熟知，可他并不感到枯燥，反觉乐趣横生，还有几分得意。原因很简单，他是这个旅游小团队的导游，是领队：在去每个景点之前，他要预先拟定好行动计划，在到达目的地以后，他要对该地做大体的介绍，使两位队友心中有数，他像老师对待学生一样将自己预先准备好的有关景点的背景材料、历史知识和名人轶事等资料发给她俩，在休息时顺便阅读，这对这两位知识女性来说尤感称心。还有一件使安德斯开心的事，是每天三人一起共进野餐。因为都是些短程游览，早出晚归不必外宿。两位大姐向他提出建议找个风景幽静的地方，三人一起吃午饭。一来节省时间，不必去餐馆排队，二来自由自在，大家可以谈笑风生，还可以品尝三个人带来的不同食品。安德斯欣然同意，他全然没有想到，每顿野餐，对于他来说，简直是丰盛的宴席！通常，他带的鹿肉片、西红柿、生菜、酸黄瓜，夹在面包里做成的汉堡包，外加饮料，就算不错的午餐了。可是，她俩带的却花样十足，有荤有素：五香牛肉、辣味三丝、豆干炒韭菜等。这些食品，安德斯都是头一回尝到，不但感到新奇，也很对胃口。平时，大家在同一个实验室工作，虽然经常见面，也有聊天的机会，但相比之下，远不易于了解透彻。他对于立荣更多是尊敬，就像对自己导师阿尔伯特一样。他经常得到她的指导和帮助，特别是在蛋白质的纯化和微量程序分析方面，如果没有她的指导，他自己几乎不能成事。他早已决定，虽然自己不在她的研究组里，但在将来的博士论文集中，于立荣的名字将以副导师的头衔出现在他感谢的名列中。一起旅游就不一样了，大家在一起，无拘无束，无话不说，野餐时吃在一起似有一家人的感觉。于立荣还经常向他请教各处景点以及斯科讷省的风土人情、文化传统等。这样一来，安德斯不再感到那种学生对导师常有的拘谨。对于裘文英，自从她来到这里，与安德斯同一实验台工作，他就对她很有好感，期待着更多的机会接触交往，这也是他主动要当她的导游的初衷。对于这位年轻的男士来说，能走出这一步不算容易。说起来，他是成长在这片意识形态早已开放的国土上，但与大部分瑞典青年相比，他属十足的内向型男性，这得追溯到他成长的环境 ：安德斯出生在一个高级知识分子家庭，父亲曾是隆德大学医院的外科主任医师，母亲是这个医院心血管科的医生兼这一领域的科研。妈妈曾经告诉他，她和爸爸从小就认识，因为两家住得很近，常常狭路相逢，从打个照面到逐渐熟悉交往起来。在大学期间，两个人又都选了同一个专业，上大课常碰到一起，做动物解剖实验，妈妈胆子小，给大老鼠开膛剖肚，爸爸常主动过来帮妈妈协作完成，妈妈心里非常感激爸爸。久而久之，两人坠入情网，一直到各自完成博士学位论文答辩，并在大医院获得稳定职务后才结了婚。婚后那段时间，他们工作异常忙碌，还常做夜班。有的时候，一个做日班，一个值夜班，回到家，两人打个照面后就不得不分手，各做各人的事。只有寒暑假，才是他们团聚享受生活、访亲会友的时光。这也许是他们的头生子女推迟到婚后的第十个年头才来到这个世界的原因。安德斯出生那年，他的妈妈已近四十岁，中年得子使这对夫妻喜不自胜。那时候，他们都已晋升高职，不再像刚刚走上工作岗位时那样夜以继日。责任比以前重了，可自由支配的时间多了。这三口之家，日子过得其乐融融。不料，在安德斯九岁那年，祸从天降，他的父亲在一次大风雪天开车时出了车祸，受了重伤后没能抢救成功而丧生。从此，母子俩相依为命。看着儿子绕膝相随，妈妈常常忆起过去：与丈夫青梅竹马的童年，志同道合的学习生活，那些甜蜜的婚后岁月……脑子里充盈的这些往事使她无意再嫁，只想将这爱情萌生的幼芽培育成才，这就是她的夙愿。安德斯从小聪明伶俐，不用妈妈操心。学习成绩一直良好，举止也很顺妈妈的心。平时遇到拿不准的事，总愿意与妈妈商量。这样的成长环境使他养成稳重和善解人意的品性。现在，他已是博士研究生了。还没交过女友，妈妈是他唯一无话不讲的女人。这个夏天，能与两位女性同事一起游览本省的四面八方，对于这个平时腼腆的小伙子来说，确实有一种难言之隐。说实在的，他从见裘文英的头一面，就喜欢上她。这次休假，接触更多了。先前对她的好感一下子升华为强劲的引力。他竭力控制着自己的言语和行为，别让自己出丑。好在有于立荣在一旁，客观上帮了他。曾经有一次，他们去路易斯安娜博物馆参观，正巧于立荣因事晚到，一直到吃中饭还不见她的影子。裘文英和安德斯就在馆的院内草坪上准备野餐，文英像往常一样，评论着展馆的里里外外，还说很喜欢这里的石雕和离海边只有咫尺之遥的大草坪……可安德斯却一反常态，他一腔不搭，神态恍惚。突然间，从嘴里蹦出一句与话题不协调的字眼："你真漂亮，你是我见过的女人里最有魅力的一个，我喜欢你！"裘文英听了很突然，马上很机灵地回应了一句："谢谢，我已步入不惑之年，还有一双十来岁的子女呢。""看不出来呀，那是真话？！我们可不可以成为最好的朋友？""当然！"裘文英一转话题，谈起课题的进展："我想，我们科研合作得很不错，将来会联合发表文章，是不？听说你在蛋白质微量分析方面很顺利，已经鉴定出未知成分了，是吧？"正说着，于立荣赶到，　于是，三人一起走进馆内参观。

安德斯回到家，满脑子里仍是裘文英的身影，想着中午与裘文英的表白，虽然这两句话说出来是一刹那的事儿，这可是他准备很久才鼓起勇气说出口的，虽然没能达到自己梦想的效果，心里却觉得某种满足，至少终于表达出来了，他在心里这样嘀咕着。这时妈妈走过来问长问短，从言谈话语中她感到孩子心不在焉，就问发生了什么事。安德斯如实告诉妈妈，"最近不知怎么回事，我脑子里老是摆脱不了裘文英的影子，梦里也常有她的身影出现，每天一大早，就有一种强烈欲望，想快点见到她，和她在一起就有说不出的高兴。妈！这是怎么回事？这有些干扰我集中到念书上，你说我该怎么办？"妈妈笑着说："这是坠入情网，爱上她了。""可今天她告诉我，她已结婚，还有子女。”“那么，你该放弃！孩子，在你这个年龄，发生这类事是不奇怪的，重要的是要正确对待，处理妥当。再说了，你还年轻，品德优秀，长得也很帅，以后会有许多可爱的女孩迎你而来，投抱于你……”妈妈开导他一阵子，直到他点头表示明白，才微笑着忙自己事儿去了。妈妈的话，道理上讲，安德斯的确懂了，可是实际做起来，他着实感到不易。他竭力调整着自己，设法集中精力做实验，当他纯化的蛋白有望上机做程序分析的喜悦来临的时刻，感情的纠缠才逐渐缓解下来。

瑞典斯科纳省的夏天，太美了！国家公园（中天摄于 2012）

第十三章　喜闻乐见的迷你“论坛”
——野餐讨论会

于立荣和旭骝春在办公室里是同事，是密切的合作伙伴，在家里是夫妻，是情投意合的伴侣。殊不知,当这两种关系融合在一起的时候，不论其韧性还是内涵，就不是一加一等于二的简单算法，说不定得用指数函数的模式评估了。就拿他们常常在周末安排的野餐讨论会来说，每当研究室有重大举措，需要最后拍板定夺的时候，诸如年终总结、基金申请、远期近期的科研规划、重大难题的解析等，他们两个先在室里开上几个大大小小的会议征求大家意见，向同行专家学者和朋友请教，查阅有关文献和资料以及调研蹲点等。当他俩感到手里数据在握，脑子思路清晰，到了下结论的时刻，就抓住天气好的周末，开个野餐讨论会，在蓝天绿地的郊外找块地方，铺开各自背来的长两米的塑料卷筒式黑板和手提电脑，外加一篮子花样齐全的食品和饮料，在宽敞的草坪上摆开阵势，仔细讨论。讨论间隙也会做做游戏，打打羽毛球比赛，扑克牌之类。有时，裘文英和滕小刚应邀参加，成为四人野餐会，更显得热闹。

有一天，正好星期三，于立荣一大早就与旭骝春商量，想到颐和园去开个扩大的野餐讨论会，其中心议题是关于对月球开发的模式问题。

开发月球，将它改造成人类能够居住的第二个家园，这是多么宏伟的目标。于立荣的构思完全是基于她多年在植物光合作用机理这个研究领域所积累的知识，尤其是她对蓝细菌的了解。这个首次给地球带来氧气和活力的微生物，真是实力非凡。它的许多特性使立荣惊叹。这类微生物结构简单，是单细胞的原核生物，却有通过光合作用放氧的功能。它们存活容易，蓝细菌几乎可以生长在任何地方，淡水盐湖、江河海洋、土壤树干等，都是它的栖息之地。更有意思的是，当环境对它不利的时候，比方环境极度干燥，黑暗无光，低温等等，它可以进入休眠状态，一旦环境好转后，它又重新冒出来，回到正常状态。蓝细菌的繁殖能力无可比拟，它不仅能以无性分裂形式快速增殖，还能像蚯蚓那样，细胞断裂下来的片段仍能继续繁殖增生。由此可见，要想获得大量的这类微生物不是难事。于立荣更为看重的是，蓝细菌能与其他生物体共生的能力，比如与嗜热菌，它能适应在高达八十五摄氏度的情况下生存的本性。与此同时，它有光合放氧和固氮的双重功能。于立荣认定，可以综合这些独特性能于一体，使蓝细菌在改造月球大气层的宏伟工程中发挥得天独厚的作用。这些日子，于立荣领导的研究室已将开发月球的计划列入重点项目。其中，第一步就是营造月球大气层的环境，在月球上实现模拟地球大气层的目标。她曾在许多场合的讨论中提到过 ：“原本地球在四五十亿年前的状况与当今我们所了解的月球的许多方面，都有十分相似之处，那时候的地球周围，没有氧气，也没有能挡住太阳辐射中强烈紫外线的臭氧层，那里烈日炎炎，飓风呼啸，尘埃铺盖，生气杳无。紫外线、宇宙射线可以长驱直入，大气层组分也不过就是些火山喷出物，与现在我们赖以生存的大气层相比，有着天壤之别。然而，毫无生气的地球，随着时间的流逝和环境的演变，成为今天的生气勃勃，让人安居乐业的热土！不过，那是经过了漫长的岁月和大自然的变迁，这种变迁也包括世代相传的我们——地球上的人。今天的人类，不再是那些初始人群，我们对自己赖以生存的地球以及其他星球都有了更细致的了解，我们这一代人的梦是要自己做主，不再由大自然施舍了。”于立荣不仅这样说，也已身体力行。她和旭骝春以及室里的其他几个主要负责人已制定了营造月球大气环境的具体方针，那就是以细菌为本，而蓝细菌为本中之核心。于立荣和旭骝春多么希望同事们都能往这方面想，当大家都往一处想时，心灵相通，事必有成。开个扩大的野餐会很有必要，让大家在轻松愉快的氛围中，不知不觉地将这些想法装入他们的脑子里。经验表明，这是易于奏效的工作方法。

这次的野餐会，全研究室所有的人都参加了。一张醒目的告示已贴在会议室的进门处，号召室里每位都参加。一整天活动的内容，也做了详细说明：地点在颐和园里，万寿山东南的大草坪上，交通自理，上午十一点集合后一起进餐，食品和饮料由研究室负责和携带，午餐后有一个小时的休息，包括娱乐活动（跳集体舞、羽毛球比赛，短程散步等），两点到四点是集体游戏期间，并穿插学术活动。这次活动的主持人为和美娟，总后勤负责人是何谦，如有问题和建议，请与他俩接洽。

工程师何谦操办这类事情很在行，食品供应丰富而多样，不但有炒面炒饭这些正宗午餐，还结合了三明治等西点，夹心有鱼有肉，任你挑选。大家吃着，沐浴着阳光，吮吸着绿地青草的芳香，谈笑风生，好不自在！先吃完饭的人开始活动，女同胞围拢起舞，男同胞打牌下棋，还有的热衷于聊天讲闲话，各取所好。就这样，几十个男男女女，在蓝天白云下的空旷野地里，享受着生活的乐趣。一直到下午两点整，主持人和美娟出场了，她讲解了下边要大家参与的游戏的步骤和细节：请大家围坐一圈，边听播放的音乐，边传递排球，传递的方向不限制，可以给左右邻座的人，也可以向对面坐的传过去。播放的音乐有现代的和古典的，这些音乐片段有长有短，随时可能停，当音乐突然中断的刹那，手持排球的人就得受罚。该受罚者从美娟手里拿着的盛器中抽一个签，按着签上的题目解答问题。签上的题目是于立荣和旭骝春拟议的，其中一半是围绕蓝细菌的特性、用途和培养流程等内容，另一半题目是希望持签者对在月球上模拟地球大气层的设想提出建设性意见等。和美娟告诉大家："如果回答签上的题目感到困难，可以做即兴表演，比如唱首歌，跳个舞，说个笑话都行。由于音乐片段长短不一，任何人都无法估计到，什么时候会停，这样，受罚的概率对每个参加者都一样。反正大家都吃饱喝足，又自由活动了个把小时，情绪不错，即便受罚，也有备而来，是不是？"第一个抽签受罚的是石巧妹，她要回答的问题是如何培养蓝细菌，巧妹文化程度不高，又是刚到这儿不久，她看看美娟，笑嘻嘻，又瞅瞅古诗欣，示意求助，古诗欣立即理解她的意识，就站起来说："我代巧妹表演，朗诵诗一首"。主持人和美娟马上解释说，"不可代替，这是当初规定好的，不会做报告，可以做愿意做的任何趣事，即兴表演"。"我会拿大顶，"

巧妹说着，倒立在草地上纹丝不动，有几分钟才结束。大家都挺惊讶，鼓掌很热烈。下一个是滕小刚，他看了看签上的题目就递回美娟，然后滔滔不绝地讲起来，原来他抓到的题目是，关于如何将固碳基因整合到耐热细菌上的设想，这正是小刚的行当，讲解起来很顺畅，再加上他很会使用科普的方式，由浅入深，让人听上去既通俗易懂又不枯燥无味，大家聚精会神地听了他长达二十多分钟创意十足的报告。接下来有石磊、裘文英、芮意飞、赵月霞等都做了占时约十分钟的演讲，还有几名刚分派到这儿的大学毕业生，虽没对题做答，却表演了个人的拿手节目：有的唱段京戏，有的跳单人舞，还有一位男生编了段单口相声，说得娓娓动听有血有肉，很受欢迎。旭骝春和于立荣也都没逃脱被罚的命运，他们俩正好借这个机会，提纲挈领地谈了下一步组建月球大气层的做法，旭骝春重点放在分子生物学技术上，将研究室已经获得的嗜热菌的功能多元化，而于立荣着重谈了人才培训，天上人间通讯往来的设想。最后，和美娟组织大家一起唱歌和跳集体舞，情绪达到最高潮。这个一共有四十多人参加的野餐报告会，在一片欢乐中结束时已是下午五点多了。

这次野餐会反响很不一般，从在第二天的饮茶间隙时，大家的言谈话语中足以可见 ：有人说，这样的形式很好，既讨论了业务又得到了充分的娱乐，希望室里能经常组织和安排这类活动；也有的说，在野外听讲，轻松愉快，很容易听进去 ；还有人议论石巧妹的拿大顶，力度很足 ；那位新来的大学生的单口相声很有才华等。大家对旭骝春的讲演都竖起了大拇指。最后，大家将话题不约而同地集中到于立荣谈的人才培养和培训的大题目上，这关系到研究室里的每个成员，大家你一言我一语，讨论得十分热烈。对于这个问题，于立荣早已深思熟虑，并有计划周全的设想。在这次野餐讨论会上，她只是预告了一下，想让与会者对她的想法都有个大致的了解。事实上，她早已为这项计划忙碌着：第一件事就是基金的申请，这是一项花销昂贵的规划，在启动之前，必须落实钱源，为此，她夜以继日地拟写出一份申请，详细阐明了他们在改造和征服月球的过程中，从计划起动，登月尝试，到移民初始等各阶段的人才培训等，如何一环紧扣一环地进行。这份申请提交给相关的各单位，令她无比激动的是，有两个经济实力雄厚的单位“中国科协”（缩写为 CAST）和“国家航天局（缩写为CNSA）”不但对她的申请提前做出响应，竟然还在申请提交两个月后就召见了她，要求她给个报告，并在主要领导人出席的小范围内进行了答疑。此后，这个项目最终获得了一个亿的资金。几个主要资助的单位在评语中还表示，如果于立荣提交的这个项目进展顺利和成效明显，基金将进一步追加和继续。这些单位能如此慷慨解囊，是有着一个共同的期盼，正如国家航天局在评语中所说的：“我们这一代，迎来了经济繁盛、技术进步和财力充足的大好时光，为千秋万代着想，投资长远的带有战略性的课题，理所当然，责无旁贷。”

第十四章　勤奋自强起家，倚仗知识发财
——基金捐赠者的故事

一个研究项目的进展速度，取决于多个因素：智慧的设想、可行的部署、合适的人才、充足的研究经费等，缺哪一项都不行。于立荣主持的研究课题，在起步初期，曾遇到过不少问题，特别是研究经费的短缺，非常棘手。那两年，她把自己一大半时间花在写基金申请上。常常一年中交上去至少五个不同去处的报告，申请各类基金。揭晓时，如果能有一份是成功的，她都很欣慰，如果有两到三份申请得到结果，不管得到的款项有多大，她常喜出望外，非常满足。因为她心里明白，研究设想和目标仅是万里长征第一步。要用科学实验来证明设想是否正确，要逐渐接近预想的目标，实验室的建设和装备，招聘合格人才，购买各种研究所需的药品和材料，打造生产或研究的初试基地等等，哪一项都需要基金的支持。严格地说，没有研究经费，寸步难行。

这几年的情况就大不一样了，她的研究课题得到国家基金委员会的认可，列入国家重点项目，她可以从那儿得到巨额的研究经费。加上近年来，“于氏模型”问世和不断发展，目前已进入

中试阶段，使人们看到了人工光合作用的美好前景和无限的潜力。于是，媒体也像潮涌般地介入进来，报纸、电台、电视以及大大小小的记者招待会的宣传，使越来越多的人了解了光合作用过程的含意。于立荣和她的同事，不失时机地做科普报告，这项研究兴趣几乎家喻户晓。通过人工光合作用过程生产粮食工厂化，开发人类第二家园的诱人远景，一时间，这些都成为人们茶余饭后的话题。也正因如此，科研基金有了更多的来源。那些年，于立荣得到的私人捐赠的基金的总和曾一度超过国家提供的数目。更令人震惊的是，在私人支持科研的人群中，不都是百万富翁或者企业大亨，而是小户人家。他们将一辈子省吃俭用攒的钱拿出来，无偿奉送。于立荣曾走访了一家捐赠者，曾是一名跳高运动员，他叫潘晏，现已年过花甲，住在北京市西直门外大街一处离闹市区不远的四合院里。年轻时，曾荣获全运会跳高冠军，后因在比赛中受伤，骨裂未能治愈，改行从事体育系统的管理工作，一直到退休。那天，于立荣和裘文英一起去了他家。一进院，迎接她俩的是一位身材高大、肩宽体壮的男子汉，热情招呼着："欢迎欢迎！"要不是他头发有些灰白，她们几乎不敢相信面前的是一位年过六十的老人。于立荣赶紧应声道："久仰久仰！""我认得您，我听过您的报告会。"裘文英也自己介绍："我叫裘文英，是于教授的助手。"潘晏说着客气话："欢迎二位光临寒舍。我老伴事先知道您两位来，早已等在家里，这会儿老伴正在厨房忙乎，想请二位一起共进午餐，不知二位赏脸不赏脸？""那您太客气了。"二位女客异口同声回应着。过不一会儿，一位很得体的女主人走过来打个照面儿并寒暄了几句话后就一起进客堂了。坐定后，潘大妈给各位沏上了茶，这时于立荣说明了来意："我俩这次登门拜访，想当面表达我们全体职工对二位支持科学研究无私捐赠的感谢之情。"潘晏还没等她往下说，就抢先说："这没什么，是我们发自内心的。那天听了您的报告，一个晚上都没能入睡，兴奋得不得了，几十年前的往事一股脑翻腾起来，那里边有喜有乐，也有悔和怨，真是苦辣酸甜滋味万千。""能不能说给我们听听？"裘文英插嘴道。于是，大家围坐在饭桌旁，听潘老先生滔滔不绝地讲起往事：他出生在一个中学体育教师家庭，父亲在附近一所中学教授体育课，母亲曾是一名田径运动员，在跳远项目中曾取得过不错的成绩。后来结婚生子才退役了，成为全职管家。他父母共养育有五个子女，三男二女，日后都从事着多少与体育有关系的职业。潘晏排行老三，是兄弟姐妹中最高大的一个，在他十六七岁的时候，一 米九十多的个子，而体重仅一百四十多斤，同学们都叫他长腿鹿。他在学校的各科成绩平平，但体育特别出众。从那时候起就显露了跳高才华。先是在他们本校屡屡摘冠，后来被推荐到省田径队，首次参赛全运会就得了个亚军，第二年成为冠军，从此成为名人。那年，正赶上苏联的加加林乘坐飞船漫游太空。这件事轰动了整个世界，也振奋了潘晏这颗年轻的心。他立志要成为一名宇航员，自信自己各方面条件够格，加加林能做到的，只要自己努力也能做到。心中揣着这个大目标，潘晏像是变了个人，连各科学习成绩也一路飙升，终于实现了他的愿望，考上北京工业学院。就是这个以航天为宗旨的七机部所属的重点大学对潘晏有着强劲的吸引力，竟然使他放弃了进体育学院的初衷。在刚入大学那会儿，他的精神状态真可以说是超常得好，意气风发，斗志昂然，每天有用不完的力气。他除了上课学习基础知识以外，还参加了业余田径队，继续训练跳高技巧。人们常说，天有不测风云，人有非料之灾。正当他顺心如意，刚跨进大学第二个年头的时候，一次不幸的事故，夺走了他的梦。他在跳高训练中受了重伤，经详细检查，确诊为右踝骨粉碎性骨折，再无法回到跳高赛场上了。潘晏告诉两位来访者，当时他听到这消息时， 像是顿时间的休克，面色苍白四肢发冷，说不出话。在他旁边陪伴儿子的父亲喃喃重复着：晏儿啊，晏儿，给你起这个名字，就是保佑你天天平安，怎么这么不顺应啊……从此后，潘晏再也不能大跳大蹦了，田径场上他的影子渐渐不那么多见了，梦想成为航天飞行员的志向也随着岁月慢慢淡漠，最后竟化为乌有。他中途退了学，找了一份工作并与一个中学同窗的女孩成了家，过着一般人的生活。不过，他对航天事业仍兴趣浓浓，虽然不能亲身历练，却贪婪地阅读着那些有关航天的书籍。只要手头有钱，这方面的书刊杂志，他不知收藏了多少，他那不到二十五平的卧室，周围的墙上布满了由钉子和木条固定的大小书架，上边井井有条地陈列着分门别类的书报和期刊。三十岁那年，大儿子出生了，眼前的大男孩，使他先前的梦想又复苏了，竟然把希望寄托到孩子身上。他开始全身心地培养着儿子，从他五岁起，就让他打秋千、跳跳板、滑冰等，一有机会就带儿子去儿童乐园，尝试那些快速离心、冲浪翻滚、旋空震荡等游戏，潘晏将这些视为航天员训练的初始步骤。就在这样的环境下，让孩子长大成人，指望父梦子圆。说到这儿，潘晏停了一会儿，叹了口气才又接下去说，“可惜呀，他考大学时，没能考取第一和第二志愿，他填的第一志愿是我的母校，第二是北航，他却被录取了石油学院，那是第三志愿。虽说考取的分数线并不低，将来从事燃料方面的专业，不过我觉着，离我希望他成为宇航员的梦想远了。他现在成为一名航天燃料研究领域的专门人才，再也不会往宇航员方向发展了。这也是老伴和我将积蓄赠送给贵研究项目的原因。

听了于教授的讲座，说要征服月球，将它变成人类第二家园，简直是一个完美的长远规划。我相信是会变成现实的！”于立荣接过话题：“潘先生，听了你的经历，我非常感动，这将成为我们在科学研究前进道路上克服困难的强劲动力。是的，正像您一样，我们对这个课题的远期目标，很有信心，近期研究也非常喜人，我们深信，有千千万万像潘先生和潘伯母的热情支持和无私援助，只要踏踏实实地走下去，一定能梦想成真。潘伯母和您的慷慨解囊，我们从心底里佩服和感谢！”……

四个人围着餐桌聊着各种话题，两位老人很好奇地问了许多关于如何开发月亮，使它变成人类可以移居的场所等问题。要是在早先，对于他俩，只当是天方夜谭式的神话故事罢了。而今，两位女科家学扣人心弦的讲解使老两口信服了。四人越谈越投机，直到最后才依依惜别。

那是礼拜天，于立荣和裘文英约好去走访另一家捐款户，这家捐赠户是一位闻名全国的劳动模范，已迈入古稀之年的李月姑。提起这个名字，几乎家喻户晓。她的事迹在报纸和电台曾有多次报道。有一篇题为《苦尽甘来》的报告文学就是根据她的经历撰写而成的。听说正在制作二十集同名电视连续剧，不久将与观众见面。李月姑捐给人工光合作用研究的款项数目是当时私人捐赠之首，总额一千五百万元，分三年支付。于立荣和裘文英在走访之前，特地找来那篇报道细读了一遍，读后感慨万分，错综复杂的感受涌入她们的心头。

李月姑本姓汪，出生在一户佃农家里。祖祖辈辈一直靠租种大户的土地生活。一般年头能勉强糊口，要是年景不好，不论是水旱风虫哪种灾害降临，都会夺去他们的口粮。对于居住在那里的农民，“糠菜半年粮”是司空见惯的事。就在汪月姑十岁那年，两种天灾接踵而至：先是大旱，使土地干裂，后又蝗虫，铺天盖地。月姑父母租种的那两亩七分地颗粒无收，一家三口走上乞讨之路。月姑妈妈身体不好，只好守在那间祖辈留下来的能避风遮雨的小屋里，父亲和女儿早出晚归，挨门串户，乞求别人的施舍。那年月，乞讨谈何容易！附近的村落都是重灾区，多数人家维持自己的温饱已很困难，哪里还有多余的口粮？为此，月姑与父亲不得不走出他们熟悉的地域，到较远的村子里，投奔那些轻灾区，在那儿挑选门楼较高看上去富裕些的人家去敲门求助。一日，天下着细雨，两个人已经走了小半天了，又渴又饿，盼着能有个片刻歇歇脚，前边不远的小山坡下有户人家，他们拖着疲惫的双腿朝那儿走去。月姑刚上前敲门，从里边就闯出一条虎视眈眈的瘦狗，向她扑来。跟在她后边的父亲，见势不妙，急忙抢上一步，将女儿护在怀里，自己却挨狗咬了一口，右腿鲜血直流。父女俩顾不上伤口，手忙脚乱地与狗拼斗，院内主人闻讯赶到，将狗制服，还为月姑爹扎好伤口，又从屋里端出一大盆吃的，虽是残羹剩饭，月姑却吃得狼吞虎咽。然而，她没忘记留给妈妈的那一份儿。主人很和善，她很抱歉地告诉他们，住在这片荒山野岭上很不安全，这条狗帮着看家守户。平时没人到这儿乞讨，月姑算是头一桩。临分手时，那位大妈还打点几件旧衣服送给了月姑。

父女俩从那座小山坡下来后就直奔家去。父亲忍着疼痛，慢慢挪步，一直到太阳快要下山，他们才到了家。妈妈看到这情景，大哭了一场。从此以后，只能由月姑外出，除了乞讨以外，她还开始拾垃圾维持着这个家。

熟语说，“祸不单行，而至不日”，月姑的父亲，由于伤口化脓糜烂成疮，蔓延了大半条腿，又没钱看病医治，后来毒火攻心，威胁生命。在他临终之前，对老伴千叮万嘱：“不能撒手不管月姑，要给孩子找个人家，有个归宿。”老伴两眼含着泪花满口答应。谁能料到，母亲虚弱多病的身体哪里经得起长期饥寒交迫的折磨！就在月姑满十二岁那年，母亲也离女儿而去了。从此，月姑成了孤儿。她将父母的遗体先后埋葬在离家不远的荒丘。那里是穷人死后葬身的“公墓”，不花一分钱，只要能在杂草丛生的岗子上找到还没被占用的空地就行。这个还处在童年的女孩，在好心人的帮助下，将父母合穴在一起，又用捡来的碎石和瓦片仔细砌得结结实实，为了日后一目了然，易于寻找，她还在坟顶上栽了一棵小松树。以后的日子里，这位苦水里泡大的妞儿，全然不在乎那里坟堆成群、阴森凄凉，常去那儿坐上片刻。自父母过世后，月姑不再乞讨，她靠拾柴和捡破烂儿维持生活。每逢天气晴朗，她总会起个大早去拾柴，如遇阴雨天，她就去垃圾山。有一天晌午刚过，她冒着毛毛细雨正在捡垃圾，突然感到有什么东西在裤子里从上往下爬，她以为是小虫钻到裤裆里，就隔着裤子用手拍打了几下，仍无济于事。于是，她将手伸进裤子里去抓，万万没想到抓了一手的血。这下子，她愣住了，心跳得厉害，她恐慌至极：“哪里流出这么多血，是不是我要死了？”她慌慌张张拎起篮子跑回家，躺在坑上，哭丧着脸，不知所措。后来迷迷糊糊就睡着了，等她一觉醒来，天已蒙蒙亮。月姑把手伸进裤子里摸，血已不再流了，凝结在裤裆上，自己也没感到有什么不舒服，就起来活动了。后来她才知道，原来这不是病，是女孩青春期开始的征兆。打那以后，说也奇怪，她似乎觉着自己长大了许多，也开始注意女孩外表的形象。其实，月姑长相俊俏，清眉秀眼，个头高挑儿，要不是生在穷人家，只要稍加打扮，准是一位亭亭玉立的漂亮姑娘。月姑勤劳刻苦，把拾来的柴挑到集市上去卖。每逢天刮大风，她特别高兴，因为松树林里会有满地的松叶，这类柴能卖好价钱，买主也多。她有一个常客，是一位中年女性，爱买松叶柴，月姑的柴多数卖给她。一来二去，两个人就成了常聊天的熟人。她叫陈兰英，丈夫叫李义，在当地开了一家杂货店，膝下还未有子女。她隔三岔五就来集市买柴，对月姑问寒问暖十分关照。月姑很喜欢陈兰英，称呼她陈姨，那一次月姑身上流血的缘由，就是陈姨指点的。有一天，月姑送柴上门，陈兰英留她一起吃饭，席间，她告诉月姑两口子商量着收养她为女儿。月姑喜出望外，当场跪拜。从此，月姑搬进李家，改姓李，三口之家的日子过得有滋有味。第二年，月姑开始上学，她深知学习机会来之不易，便要求自己刻苦勤奋，只用了三年半的时间就完成了小学学业。翌年，她考取了省里的师范学校，四年毕业后，成为一名小学教师，任教在离家不远的乡镇小学里。为了照顾对她恩重如山的养父母，她仍然住在家里，承担着力所能及的重活儿。

那些年，担任人民教师的李月姑年年被评为模范，三八红旗手。就是退休以后，已迈入古稀之年，她又兴办起一个为没能考取中学的孩子们补习功课的短训班，在她的精心耕耘下，经过十个月的补习，有百分之八十的学员得到升学的机会，剩下的百分之二十也在第二年，通过补课升了学。学生家长们感激不尽，报纸电台也以《老当益壮的模范教师李月姑》《虽老不服老》《为人民再立新功》《奶奶！我们从心灵深处感激您》等醒目标题赞颂李月姑精神。

改革开放时期，国家政策鼓励国民走发家致富的道路。李月姑和丈夫张翼，也萌发了“下海”的念头。月姑提出了垃圾合理利用的想法，这条致富之路已在她脑子里转悠了多年。这还得追溯到她的童年经历：在她十一岁那年，有一天，她正在垃圾山上捡东西，忽然听到一声巨响。随后，尘土、碎纸片等飞得满天都是。她不知道发生了什么事，就走过去问附近也正拾破烂儿的老汉，老头儿告诉她是瓦斯爆炸。当时她对什么是瓦斯，为什么会爆炸一无所知。后来，月姑进了学校，修读了“自然”这门功课，逐渐了解了一些自然现象。对于奇闻怪事，她特别喜欢追根究底，常常通过阅读书报杂志寻找答案，在周末和假期里，钻进新华书店，是她最满意的休闲。后来她懂了，垃圾是碳素和氮素的混合物，那里包含庄稼杆、植物叶片等碳素源，又有人和动物残骸提供的氮素源。在一定温度和湿度下，这些垃圾混合物堆积成山，内部与空气隔绝，使厌氧微生物活跃起来，这些微生物新陈代谢分解了垃圾，使它们从叶片、树枝等有形体的东西变成简单的分子，我们平常称之“沼气发酵过程”。最简单的分子是甲烷，它是一种可燃气体，当它与空气混合成一定比例，遇到火，就会发生燃烧和爆炸。她时常琢磨，“垃圾是废品，是不值钱的东西，可它能在一定条件下变成可以燃烧的气体，成为能量来源，那么，我们为什么不想法子利用它，变废为宝呢！”她将自己的想法与张翼商量后，丈夫很支持。于是，两人行动起来，在空旷的地方挖了一个小型发酵池，除了堆进各种垃圾，隔绝空气外，池内的温度、湿度、酸碱度等都按资料上的配方要求严格控制。结果成功了，管道引出来的可燃气体，烧饭做菜，完全替代了柴火。初次的成果，使两口子受到极大鼓舞。接下来，他们将池子做大，做多，产生的气体，从供给左邻右舍，到整个村镇。同时，他们又将发酵池中的料液和沉渣作为有机肥出售给当地的农民，成本低，效益高，很受欢迎。就这样，垃圾的综合利用从单一的沼气生产到五花八门的多种产品，一步步发展壮大，消费面也从他们家乡扩展到本省的各县城和附近市区。营业额从几十万元迅速增值到几个亿。李月姑也成了享誉全国的劳动模范和企业家，一个受人爱戴的公众人物。月姑明白，她所经营的是能源开发，属于龙头企业。随着国民经济迅猛异常的发展，能源的需求与日俱增，而能源的储备却日渐枯竭，寻求新能源应为当务之急。为此，她努力积累资金，以备再投资之用。皇天不负有心人，她在退休之前，终于以巨资引进丹麦国垃圾综合利用的流水线。其中，垃圾焚烧发电是令人瞩目的部分。那年，她刚满七十，毅然决定从领导岗位退下来，并将自己的企业转让给国家。此后，她的家产除了用于买了一幢在北京香山的住房之外，都以不同方式和渠道捐赠给了社会。她未有成活子女，丈夫也在前两年过世。当电视台和报社来访者问起她将一辈子辛辛苦苦积攒下的万贯家产无偿奉献的想法时，她总是说："我们的社会就像一个大家庭，我们每个人就是这个大家庭的一个成员，我们的吃穿用，取自于这个社会，也应尽自己所能为这个社会做出贡献。这就是我所遵循的哲理。"

李月姑现住在香山的独幢别墅里，跟随她多年的秘书张芬全家与她同住，负责照顾老人的起居饮食，他们虽然不属同姓却比一家人还亲。张芬的两个女儿，都称月姑为奶奶，常常一边一个挽着老人在香山公园中消遣散步，谈笑风生。于立荣和裘文英，精神很振奋，正急不可待地渴望见到这位可敬可爱的长者。李月姑亲自出来迎接她俩。大家寒暄了几句后就走进院，张芬一家四口迎客人进入客厅。 先是于立荣说明来意，对她的慷慨捐赠、支持科研表示了由衷的谢意。接着，裘文英代表研究室将一幅描述植物光合作用过程的油彩画赠送给她。老人非常高兴，就说起她资助这项研究的初始想法：她是在一本科学杂志上读到的关于人工光合作用研究的展望，那篇文章谈到研究的长远目标，竟是解决吃粮问题。文章指出，世界上还有约九亿人食不果腹，占全球人口的13%。老人神情脉脉地说："温饱问题，是我最敏感的话题，也是我最关心的大事，我尝过挨饿是什么滋味。如果你们的研究试图解决这个问题，那简直是太好了！我多么想看到那一天，每个人都有吃有穿，应该说，这是每个人生存的必需条件。"她接下去又滔滔不绝地说了许多，特别强调，"我那微不足道的捐赠，显然不能解决多少问题，那只是我的一份心意。"老人很激动，她口齿伶俐，表达清晰，思路明了，没有一点老人的那种迟钝。两位来访者，一直聚精会神地倾听着，她们是那样的崇敬和爱戴这位传奇女英雄，她不愧为一位倍受尊重的模范教师。

李月姑停下来，为自己说话占时过长表示歉意，示意立荣和文英讲讲。立荣说 "李老师，您对科研的关注，对人工光合作用的希望，与我们正是同声相应，同气相求，我们的想法也正像您所说的那样。其实，我们都是同一个团队的成员，只是分工不同，您出资我们出力，是为了共同目标。今后我们会把这个研究领域进展的情况向您及时汇报，还请您多出谋划策，提出建议"

裘文英也插进去，充满感情地说 ：“李老师，我们都是您的学生辈，如您有什么需要我们的地方，请随时招呼，我们十分期待为您效劳。”老人听了这些热情洋溢的话，很为触动。确实，她这一辈子，有那么多学生，桃李满天下，即使她从商以后，也还是有许多来自各地的人认她为师，学习技术……想到些，老人的两侧面颊透出几丝红润，接近耄耋之年的她，顿时显得年轻了许多。三位不同年龄段的知识女性，能碰到一起，话题是真多，于立荣和裘文英面对这位不寻常的“妈妈”， 话说得越多，就越感到与老人情投意合、亲昵无间。时间飞快地过了三个多小时，她们才恋恋不舍地告别。

通过对基金捐赠者的走访，于立荣深感收获颇大，她更加确认科学研究和人民大众，两者之间有着不可分割的血肉关系：科学研究的目标取自人民大众近期和长远的需求，其成果又回归人民，服务于人民。于立荣和裘文英在向研究室汇报走访情况时谈及了这方面的感受。当她们说到李月姑的苦难经历，以及到了晚年将她毕生的积蓄无偿奉献给社会的事迹时，在场的听众无一不为之动容。对于潘晏执着于航天事业，为此慷慨解囊的精神境界，大家热烈鼓掌，向他致意。

事后，于立荣独自思索着：“科学基金”顾名思义，是钱和财。然而，透过这表层，追根溯源，那里边有着深奥的内涵。这次，她们的走访证实了这一点。立荣暗下决心，一定要用好每一个“铜板”，让它体现出它的价值。

第十五章　对地球病情的诊断

于立荣从莫斯科大学毕业回国后很长一段时间就再也没去那儿了，二十世纪九十年代末，曾应邀去短访和学术交流。虽然如此，在大学期间交下的几个好朋友却一直保持着通讯联系。其中与娜达莎•巴塔巴娃来往最为频繁。那是在千年交替后的第一个夏天，立荣收到娜达莎的一封来信。信中还夹着几张照片，厚厚一叠。起初，立荣感到有些诧异，因为通常她的来信，都是用打字机打的，可这封信却用圆珠笔书写，虽然还算工整，字里行间却改写多处，歪歪斜斜。立荣熟悉她的字体，读起来并不困难。在信中，她告诉立荣，她正在从西伯利亚回莫斯科的火车上，因为急于告知见闻，才趴在卧铺上写这封信。娜达莎这次去西伯利亚是去看望她的小儿子维科多。他去年在莫斯科大学电子工程专业获得博士学位，后来求职于西伯利亚的一家位于诺瓦库兹斯克城内的原油开发公司，任电气工程师。在过去的通讯中，娜达莎曾多次提到她的小儿子，说他刚入大学不久，就立下志愿，将来去西伯利亚工作。据说，那里是俄罗斯的“自然资源宝地”，有着丰富的石油和天然气储量。对于俄国，甚至全世界，都算是主要能源基地，它给俄罗斯带来了巨额财富，天然气储量约占全世界储量的四分之三。那里还储藏着一万二千亿吨质地优良的煤，约有四百亿立方米的木材出口到世界各地。水利资源也极为丰富，为水力发电提供了不可多得的良机。那里还是有色金属诸如铜、镍、锌、铝等的主要开采地域。所有这些，对于一个渴望着走上征途、憧憬着未来的青年学者来说，无疑有着巨大的吸引力。诚然，那里的生活和工作条件还很差。于立荣也有亲身体验：她还清清楚楚记得，她在莫大学习期间，也曾有一个夏天，与她的几个同班好友（包括娜达莎和来自植物生理系的两个男生和女生）去那里旅游和度假。他们去过位于西伯利亚西南部的诺瓦西比斯克，当地的夏季气候给立荣留下了深刻印象，一天的气温变差很大，可以从零上40度变到零度。六月底可能下雪，而雪一落地立马上变雨水。这几个同学虽然在那儿只逗留两个星期，却还在休闲游览之余做了些社会调查。听当地居民说，在西伯利亚东北部，那里的地层底部终年冰冻，在夏天，仅表层地面解冻。这种状况给当地建筑业和开发地下资源带来了不少困难，使当地居民在生活上也感到诸多不便，像一天二十四小时无热水供应是常有的事儿。娜达莎在信中说，维科多却全然不顾及这些，自去年赴职至今，已有一年多了，当维科多初见到妈妈时，说的都是工作如何进展喜人之类的言谈话语，却只字不提这里生活上的艰苦。这使疼爱儿子的慈母之心放下了，不再像在远离儿子的莫斯科家中时，对儿子的衣食住行，总是过多担忧。想到这些，她对这次远程旅行很为满足。娜达莎最想告诉立荣的另一件事是她对当地生态做了个粗浅的考察。她在信中说："西伯利亚的环境生态变化令人感到吃惊，位于西部冰雪覆盖的冻土带已经融化为成百上千的池塘和小湖，这是千年罕见之事；在这些水塘和小湖周围，长满了红色和绿绿色的苔藓、白色的地衣和蓝莓小丛，五颜六色，美丽如画，随着小溪流水，冲击着高低不平的河床，产生微细潺潺的声音，犹如优美动听的轻音乐。我站在湖边与池塘交织形成的五彩缤纷的小山坡上，放眼远望，感到心旷神怡，格外惬意……"娜达莎建议立荣抽空去西伯利亚一趟，观赏千载难逢的生态奇迹，还可对那些植物做些光合作用性能的测定。娜达莎的来信使立荣若有所思。西伯利亚区域如此之快的生态环境变化，是否与全球气候变暖紧密相关呢？她还将信交给王云云看，两个人有同样的观点。著名生物地质学家李渊前几天刚做了一个报告。李研究员认为，现在地球生病，表征是体温升高，这无疑使寄身在它上面的万物受到影响，引发生理生态的变化。这一变化速度之快，前所未有，与自然界演化速度实在不能相提并论。他在报告中谈到，地球的生成是四十六亿年前，在它上面最早出现的生命体，通常称之为原核细胞，要再过十亿年以后的漫长演化过程，才出现了藻类那样的真核多细胞。最初有人类文化仅是一万二千年前的事。由此可见，在地球上的每个自然演化和变迁，都曾经过一个相对漫长的过程。就以地球上的环境温度变化为例，据科学家考证，在过去的一百年中，地球温度相对是一个平稳的数字，全球平均温度增加了约零点五个百分点。而到了二十世纪后期，这条温度随时间变化的曲线坐标图却翘了尾巴，显示着温度的快速增升，不再遵循相对低速的自然规律。原因何在？原来，气候变暖与大气层中二氧化碳浓度的增加有着密切的相关性，他用一系列统计数据和图表，展示了气候变暖与二氧化碳浓度增加的正相关。自从冰川时期结束以来，人类在地球上开始蓬勃生息。尤其是工业革命以来，二氧化碳在大气层中的含量快速增长。李渊告诉大家，两百年，这在历史的长河中实属短暂，大气层中的二氧化碳浓度却增加了35%，这就是地球温度随时间变化的坐标曲线翘尾巴的主要原因。当然，人类的活动，排放过量的温室气体，除二氧化碳以外，水蒸气和甲烷等也在其中，使温室效应明显增强。

想到这些，她确认了自己与王云云的分析，西伯利亚生态环境的巨大变化正是温室效应导致全球气候变暖在那一带地区的表征。与此同时，她的脑子里，琢磨着另一个与她研究课题密切有关的问题：人工光合作用模型的广泛应用，不正是使地球体温下降的一剂良药！因为二氧化碳是光合作用过程所需的主要原料。一旦这一模型得到普及，通过光合作用，二氧化碳得以大量消耗。这样，大气层中的二氧化碳的增加，在一定程度上会放慢速度。这可以说是一举两得的方略：人工光合作用过程的主要成果，是为人们提供生活所需，而它的副产品，就是为地球发烧找到了行之有效的退热药方。

对于控制地球体温的问题，节制人为造成的温室效应的飙升，是重要环节；而在另一方面，设法监控自然界中的碳素大循环，也是关键所在。对于这个棘手问题，人工光合作用的于氏模型会有怎样的作为，于立荣早已投入了注视的目光。

第十六章　月球——开拓人类第二家园的首选基地

微生物菌落——营造月球大气层的灵丹妙药

走出地球，开拓人类可以生存和发展的第二个家园，是于立荣自年轻的时候起就萌生的梦。从以她为首的人工光合作用研究组的设置，到“于氏模型”的成功构建，迄今已二十余年，从一个研究组的编制，发展为研究室，从去年起，又扩充为一个五脏俱全的研究所，取名为光合和航天研究所。这些年来，这个研究机构，无论是科学人才、前沿的技术力量、雄厚的设备基础以及丰富的基金来源等各个方面，都预示着，向营造人类第二家园的目标进军的时刻到了。研究所的几个领军人物，包括旭骝春、裘文英、滕小刚以及后来加盟进来的石磊等，对这个规划的内容都心中有数，他们对于立荣的谋略和超凡的设计充满信心。至于具体的开发细节，至今还未最后定论。但于立荣心中早已构思成形，丈夫也赞成她的方案和设想。然而，现今这个研究所，人员编制早已过百。如果大家做到尽可能地统一思想，了解内情，工作起来就更能得心应手，发挥每人所长。为此于立荣决定在全所范围内开一次为期两天的研讨会，其目的是确定开发第二家园的基地选在哪儿，先前已有两个候选目标，月球或者火星。通过研讨会，要确定其一为首选，希望人人畅所欲言。为了开好这次会，使每个人都能占有材料，所里特地在会议前一个星期，在会议厅里展示了关于地球、火星和月球详细比较的数据，贴示在墙报上。墙报做得既细致又得体，通俗易懂，读完它，每个人都会对这次研讨会有一个大概的思想准备。对于研究所内的许多人来说，一目就已了然：这些墙报的设计，一定出自被公认为能工巧匠的裘文英之手。这位现已居研究员高职的她，有博士研究生两个、硕士生三个，身边还有几个实验员整天围着她转悠。在旁人的眼里，这么多的工作足以使她忙个不停了，殊不知，她还兼任酶生产车间主任，与她的副手林子强工程师带领十几个人承担着从技术到生产的重任。对于车间的管理，她有自己的一套：当初车间刚刚成立的那段时间，她与几个同事夜以继日地苦干，摸索每条酶系生产线的关键步骤，然后将这些步骤连锁起来，形成完整的流水线。根据流程的每一步，算产值、产量和效率等基本数据，制定出整套生产线的制作工艺配方，最后指派各段生产工艺的负责人。自从这一切都落实好后，作为车间主要负责人的她，就轻松多了，腾出更多时间进行课题研究。尽管如此，她仍然每天上班时先到车间绕一圈，下班时从那里离开回家，以便那里的同事们与她联系。就这样，这个技术性很高的酶生产车间被她管理得井井有条。她也赢得了大家的赞赏和高度评价。

裘文英制作的墙报底稿是于立荣和几个领军同事商量拟写的。墙报不仅利用醒目的各种图片解说，还做了模型，形象而又逼真地展示包括地理位置、气候条件、资源探索等各方面的信息。在关于地球描述的一栏中，简练而扼要地叙述了人类第一家园的来龙去脉：据说它在四十六亿年前就已形成，属于太阳系的八大行星之一，离太阳不远也不近，排行第三。墙报中有地球模型的立体横切面，展示了它分层结构的特征：首先，它有维持生命活动不可缺少的水，百分之七十的地球表面由海洋覆盖，剩下的才是包括许多湖泊在内的七大陆地板块，外加正在开发中的南极洲；再就是它的巨大磁场，这个磁场起源于地球中心由铁和镍组成的外核，那里温度极高，可达五六千摄氏度，外核区充满了液态的金属对流，这个组成地球外核的金属层具有两千两百多公里的厚度，形成的大磁场，从发源地向外伸延几万公里，就是这个威力强大的电磁场，能使从太阳发出的带电粒子的流动变换方向，使地球免遭它的直接袭击。与此同时，挡住来自太阳辐射的紫外光并留住能温暖地球表层的长波光，营造了生命得以生存的基础。墙报还详细给出了地球大气层的组分：氧气（20.95%），氮气（78.09%），氩气（0.93%），二氧化碳（0.039%），微量气体和水分。一定浓度氧的存在至关重要，然而，占有过半优势的氮气的存在也绝非偶然，因为它是所有生命有机体的主要部件，是诸如核酸，蛋白质等结构中的基本元素。

对于火星的介绍，墙报的描述相当详细：在很久以前，人们就憧憬着有一天让它成为人类的第二家园。这是因为火星所处的地理位置和空间构造的特征与地球有诸多的类似。它像地球一样，是一个陆地实体，既有高山峻岭，又有峡谷凹地，既有大片随风移动的沙丘，又有一望无际的平原。北端的一个大盆地占地面积达百分之四十。火星上的这些景观，在裘文英设计的立体模型中刻画得非常形象。

然而，火星的大气层结构却令人失望。火星没有电磁场，这就意味着，它失去了抵御来自太阳带电粒子流袭击的能力，它的大气层很稀薄，平均大气压只有地球的百分之一。不仅如此，大气层的组成与地球的相比也有很大差异，占百分之九十五的是二氧化碳，还有氮气（3%）和氩气（小于6%），而氧气和水却微不足道。由于大气层特薄，气压很低，它不能像地球那样将大部分来自太阳的辐射热量留下来，所以那里的温度很低，平均温度约负五十五摄氏度，在寒冬季节可低于零下一百摄氏度，盛夏最高也只有约二十七度。有意思的是，由于它在绕太阳转的时候，像地球一样沿着倾斜角的轨道，这就造成它与太阳间的距离随着时间而变化。进而，从太阳那儿获得的热能也就随着时间而有所不同，引起各地季节温度的不同：在南半球夏季时节，北半球却在过冬；北半球过夏天时，南半球却为冬季，与此同时，南北半球在气温变化的激烈程度上也有差别，南半球变化力度更大。

在太阳系中，按离太阳的距离而论，火星排在第四，它与太阳的距离是地球的一倍半，这是影响气温和季节交替的重要因素。地球绕太阳转一圈要花三百六十五天，就是我们的一年，而火星转这么一圈，要六百八十六天。

对于月球的介绍，墙报把着眼点放在了它对中国传统文化的贡献上。生活在地球上的我们，几乎每天都可以在天空中见到月亮，它有时圆得像一个球，悬挂在高空，有时却仅是圆的二分之一、四分之一，甚至更小，被称为月牙。其实月球不发光，可它却是除太阳以外最亮的星体，这是因为，太阳发射的光照到月球后折射回来，反射到我们的眼睛里，使在地球上的人们，总能肉眼看到它。在这个浩瀚的大自然中，每个存在的实体都与它的周围环境相互作用着。在太阳系中，太阳靠着重力作用，使地球和月球以及其他星体按一定轨道围绕它运转，月球在太空中的形状，是圆月还是月牙，是明亮还是暗淡，都是随着它在轨道上绕太阳和地球运转时所处的位置而决定的。从远古的时候起，人们就用它的运行规律作为时间变化的量度。就拿一个月的来历为例，月球绕地球转一周是需要二十七点三天，由于月球随着地球绕太阳公转时，轨道的微小差异，使这个时间拉长到二十九点五天，致使月份的长度，二十九天和三十天交替着。月球悬挂在太空上虽然千变万化，然而，它的运行是有严格的规律的，自古以来，这些运行规律早已被聪慧的人们看透，利用它作为把握时机、控制季节和掌握农时的法宝。不仅如此，基于天体运行的规律，古人还拟写出诱人想象的多则故事，并将它揉进了上下五千年的中国文化宝库，一代一代地流传。“正月十五元宵节”是阴历一年的第一个月里的第十五日，夕阳西下，圆月当空，人们边吃着又甜又香的元宵，仰望着又圆又亮的月球，欢庆新春佳节的美好时光；“八月十五中秋节”被喻为合家团聚的节庆日，每当这一天，全家老少围坐一堂，品尝味道鲜美的各式月饼，谈论民间流传的神话故事，其中，“嫦娥奔月”的故事可谓家喻户晓，它使得八月十五这一天，不但成为赏月亮佳时，还成为恋人间互诉衷肠的动人时光。

……

接下来对月球的介绍，墙报将重点回到它的基本数据上。那张巨幅圆月的画面上有着世界各国对月球探索的历程归纳：苏联在 1959年，第一次借助机器人对它实地探测，1968 年美国发射载人飞船，以后又有阿波罗登月，日本、俄国、印度和欧共体太空机构，投入巨资并起用最前沿技术参与探月工程。特别是2003年，神舟五号载人飞船腾云驾雾，遨游太空。如今，我们对这个昔日被称为梦幻天堂的地方，知道得越来越多：它像地球一样，是一个有分层结构的陆地实体，是环绕地球沿着椭圆形轨道运转的天然卫星，其质量仅是地球的八十一分之一。它也有高山峡谷，最高的山甚至高过珠穆朗玛峰，而凹地可低于地平线六七千米，坑坑洼洼的月球表面，又布满了环形山，包围着那些圆坑和凹地 ；月球有丰富的矿产资源，不但种类繁多，其储蓄量也异乎寻常的高，就拿钛铁矿而言，它的储量就可达一千五百万亿吨，而且极易开采；更令人难以想象的是核能燃料“氦-3”的储备丰富，它是人们求之不得的优质可控核聚变燃料。“氦–3”与氘的核聚变反应发生时，既不产生温室气体，又没放射性物质形成，是一种十分清洁环保又安全的能源。仅在月壳表层，“氦–3”就有上百万吨。一旦月球被人类掌控，那么由 “氦–3”所提供的能源就足以养活人类上千年。由此可见，开发它的重要性有多大。

“月球上有没有水存在？”半个世纪以前，人们就以各种方式观察到在终年不被太阳光顾到的北极和南极的陨石坑里有类似冰的固态物质存在，然而，这仅仅是根据所获得的资料推测出来的。直到最近，科学家们借助对探月太空船从月球带回来的物质分析，才断定了那里有水的事实。有水，才可能有生命！对于从事光合作用研究的工作者来说，这很有意义。

对于月球与地球的不同，墙报也做了详尽的描述。其中，最为重要的差异是它所处的环境，月球几乎是个真空，它的大气层中所有的物质加起来，其质量的总和仅有十吨左右，表面压强微不足道，仅为一个大气压的百万分之几的数量级，它的电磁场仅是地球的百分之一，而重力是地球的六分之一，由于月球缺乏大气层，太阳的辐射可以横冲直入，使这个星体上的平均温度，白天可达一百零七摄氏度，且各地的温差很大，在阳光直射的地方，温度高得可使水烧开，而太阳下山以后，温度可下降上百摄氏度。在北极和南极周围的凹坑里，终年照不到太阳，温度常常低到摄氏负一百五十度以下。月球上的温度，最高可达一百二十三度，可最低能至负二百三十八度，这是太阳系中低的温度极点。在那儿，没有季节交替的明显征兆。

这次墙报的展览，为两天的研讨会增色不少，会议开得很成功，气氛和谐，发言踊跃。刚刚答辩不久的博士后赵月霞（是旭骝春很欣赏的学生）在读时的专题是关于蓝细菌的基因调控，论文答辩获得一致好评，导师决定让她留下来继续这方面的研究，研究所批准同意给予两年半博士后职称。她作风稳重，性格内向，平时话语不多，可在这次研讨会上却一反常态抢先发言。她首先声明这次是代表导师发表议论的。她是会上发言最长的一个，有一段精彩的开场白，说了她与月球的缘分： 她出生的那日是一个不寻常的艳阳天，晚霞时辰，她来到这个世界。妈妈后来告诉她，就在她落地的那一瞬间，太阳西下，色彩缤纷的余光映照着大半个天，与此同时，一轮圆月悬挂在空，那天正是旧历八月十六，全家都为在这花好月圆的时刻得到了她而欢欣鼓舞。一家之主的爷爷发话，圆月当空，夕阳无限好，这个孩子就取名月霞吧。这就是她名字的来历。当她刚开始学认字的时候，妈妈教的是李白的《静夜思》：“床前明月光，疑是地上霜，举头望明月，低头思故乡。”她妈妈是中学教员，教女儿有一套办法，她首先将诗句详细解释给小月霞听，直到她点头表示已懂为止，然后要求她有板有眼地背熟，最后才领到爷爷面前表演。她学了许多首诗，像李白的《关山月》，至今她仍可以滚瓜烂熟地背下来：“明月出天山，苍茫云海间，长风几万里，吹度玉门关。”小月霞从小就喜欢读书，像那些描述天上人间的神话故事，她读了又读，手不释卷。读高中时，她的阅读视野扩展到外国文学作品上，每到寒暑假，她总会花上许多时间读书，每每涉及月亮的故事和传说，她更是如饥似渴。她曾读过科幻之父法国文学大师儒勒·凡尔纳的《月界旅行》，书中述说了一个法国人和两个美国人乘坐哥伦比亚号飞船飞向月球的冒险经历。这本书的精彩描述给她留下极为深刻的印象，还曾在校内读书论坛上做过关于这本书的讲演。在这次发言中，月霞告诉大家，她是多么喜欢月亮，从孩童时候起，对它就情有独钟，人能不能像嫦娥一样，奔向月球呢？在那儿营造家园……随着年龄的增长，随着自己所拥有的科学知识的丰富，她对人们提出的向月球移民的设想，兴趣日益浓厚。当听到旭骝春导师说出他与于立荣所长的谋略时，她内心极度欣喜。因为一旦这个大课题上马，她的专业是太对口不过了，加上有这样优秀的前辈耐心指导，月霞早就暗下决心，一定要在这得天独厚的环境里刻苦努力，做出成绩。旭骝春和于立荣的中心思想，是利用细菌和分子生物学技术改变月球的环境，营造一个类似地球的大气层和气候条件。赵月霞综合了两位老师的研究思路，将它融汇到自己的发言里，深入浅出地做了描述：“提起细菌，大家可能都有一个共同的感觉，就是讨厌，这是可以理解的。我们讨厌它是有缘由的，因为经常听到的是细菌带给我们的灾难。许许多多的疾病正是由于它的存在而生。可以说，细菌是许多疾病的元凶，这是千真万确的。其实，这只是它的一个方面，它还有另一个方面，那就是为我们服务而做贡献的一面：比如，我们肠道中有许多不同种类的细菌是有助于消化的。现今，不少领域所应用的生物技术，例如污水处理，废物降解，酿酒制药，细菌是关键步骤。尤其是蓝细菌，给地球带来氧气，使需氧生物得以生存发展。地球从一个死气沉沉、毫无生气的陆地实体才变成了我们今天的舒适的生存空间。事实上，细菌这一群体数目非常大，约有5×10^{30}之多。在改造开发月球的设想中，我们将利用多种不同类型的细菌，先从火山口喷射出的熔岩中筛选出耐高温的高温适应型嗜热细菌，再从这些嗜热菌中筛选出我们所需要的新陈代谢类型，它们的代谢产物必须是环境气体，诸如氮气、二氧化碳等；我们也要把蓝细菌经过热环境适应后作为氧气源；我们还需要用分子生物学和基因工程技术改造这些细菌，使它们的性状和代谢途径适合我们的要求。可喜的是，这些关键技术多数都已在我的导师，旭研究员领导的研究队伍中成功地应用多年。为了营造月球大气层的进程万无一失，可以先在人工气候室做小规模的模拟试验，我们将与上海植物生理生化研究所合作，这是至关重要的开端，等摸索出一些经验后，在财力允许的情况下，扩建这样的实验基地。让天上人间相呼应，做到一步一个脚印地掌握数据，我们可以推算出所需要的各类嗜热菌和其他类型细菌的数量。待到那时，运往月球的细菌该是多少，多大规模，都有的放失。”说到这儿，月霞停顿了一下，环视周围静静听她讲话的同事们，提高了嗓音，“大家可能都记得，选择月球为开发目标，还有一个极其重要的因素，就是月球是离我们最近的星体，只有三十八万多公里。”“是三十八万四千四百公里，”坐在月霞旁边的一位手里拿着一叠材料的小青年插嘴补充道。“谢谢，”她又接着说下去，“这是火星望尘莫及的，况且，细菌个头一般都很小，在微米数量级，这在运载方面是多么的有优势！一旦第一步成功，月球的大气层愈来愈厚，削弱太阳热辐射，致使月球上的平均温度逐渐下降，当这一温度降至人们可以接受的程度，并且大气层的结构也趋于地球大气层水平时，移民到月球的号角就将吹响了！”赵月霞的话音刚落，听众不约而同地站起来，热烈鼓掌。鸦雀无声的会议厅顿时热火朝天。

两天的研讨会接近尾声，最后是于立荣的总结发言。她首先高度评价了这次为期两天的研讨会和会前展示墙报的效益，归纳了四句话：“发言踊跃无先例，口述有据易服人，信誓旦旦赴征途，百尺竿头梦成真。”前两句是描述会议的热烈场面和墙报的实际意义，后两句则是形容探索和开发宇宙的坚定信念和不达目的绝不罢休的精神境界。她还选出了不少会上的精彩发言，并择录了墙报的片段举例，充实了这四句话。于立荣还向大家许诺，与会者提出的许多研究建议和构思都将体现在研究规划的细目中。

接下来，在谈科研规划之前，于立荣也讲了一段趣事，是关于那些构成生命的物质是如何形成的猜想。她说：“提到月球，我和月霞博士一样，充满情感，这不仅是因为它能发亮，每天可见，还因为它和我们的传统文化和节日相互交融。可以说，人们对月球的了解远多于对火星的了解。我这里要说的是，月球在生命起源这一大命题中也有一定间接的贡献：我们都知道，宇宙万物都受万有引力的影响，按牛顿的万有引力定律原理，两物体间的引力大小，与物体的质量乘积成正比，而与它们间的距离平方呈反比。月球是地球的自然卫星，绕着地球转，而地球是太阳的行星，绕太阳转，它们之间因而产生互相作用的引力场。而且，引力的大小又与它们三者在转动轨道上的相对位置不同而做着周期性变化。月球虽然与太阳相比，质量小得多，但它离地球的距离要比太阳离地球的更近得多，至此，月球对地球的引力比太阳对地球这一引力要大很多，大约是太阳对地球的引力的三倍。这种引力作用到地球的辽阔海面上，就成为'潮汐现象'，海水是涨潮还是落潮，涨和落的幅度有多大，都是由地球、月球和太阳在自转和公转时的相对位置而决定的。当太阳、月球和地球引力加合，海水就涨大潮，反之，就落潮。这一涨一退，正造就了生命物质最初形成的良好环境。因为潮水并不是由单一水分子组成，它里边除含有各种盐以外，还夹杂着许多物质和各类元素。涨潮时，海水冲击着高低不平的岸边，那里有大小不等的沙丘，也有附着厚厚一层贝壳的岩石和暗礁；当落潮时，水流急退，那些坑坑洼洼的地方，留下了退不走的海水。成年累月重复这样的过程，可以想象，有饱含氮、碳、氢、氧等元素的盐溶液做底物，有烈日高照提供的合适温度，有潮汐现象为摇床，化学反应无疑终将发生。随着时光的推移，从简单的氨基、核苷的生成到核酸、脱氧核糖核酸和蛋白等这些重要生命物质的合成，月球对地球的引力所引起的'潮汐现象'起着不可忽视的作用。

"这次研讨会预定的宗旨是统一思想、确定目标、欢欣鼓舞、踏上征途，可以说，我们圆满地达到了目的。我自己也受益匪浅。总括来说，对月球的开发在先，火星稍后一步。""对不起，问一句，人类不仅一次地登上月球，而对火星仅用发射探测器和无人太空船之类的先进设备来索取有关信息，这是不是我们先开发月球的原因呢？”石磊插话提问道。“应该是一个主要原因。”于立荣接着说，“暂且不提送人上火星，各国向火星发射带机器人的探测车，尚且还不是每次都能成功，成功率仅30%，若要发射载人飞船登上火星，那绝不仅是花销昂贵的问题，多项史无前例的复杂技术的获得需要时间，现在还做不到。月球离得近，早在一九六九年，人类就已经踏足月球，还在月球表面留下一块尺寸约为 23×18 公分的钢制匾，上边有三名太空人和当时总统尼克松的签名以及那次壮举发生的时间。此后又有多次人类登月的喜讯，这将是我们即将着手的事业的基础。”

“月球作为首选目标的第二个理由，大家发言时已说了很多，那就是我们有营造月球大气层的实力，墙报展示材料大家都已读到了。地球与月球之间的一个关键不同，就是地球有环绕它的大气层，这个大气层，应该说，是地球成为美好家园之首要条件。要想使月球成为我们的第二家园，首要任务是月球大气层改观，使它的结构完完全全成为地球大气层的拷贝。目前，地球上形成的是以氮氧为主体的大气层，按所占体积而论，78% 氮，20.95% 为氧，剩下的约1% 包括氩气、二氧化碳等，通常称为温室气体，负责调节温度。此外，氧气参与形成臭氧层，位于离地面二十到三十公里处，虽然只有几毫米厚的密度，却保护我们免受太阳的短波辐射。长期的演化，使地球大气层各组分有了自己的稳定比例，它们通过大自然生物圈中各自的循环，维持着平衡。比如，氧气有氧气的循环，氮气有氮气的循环，以此维持生态平衡。这些稳定比例，不多不少，非常合理。就拿氧在大气层的含量为例，百分之二十点九五，如果它的含量过高，就会造成负面影响，曾经有过历史的记载，谁能说说这段故事？”于立荣向下边听众提问，和美娟站起来，“在读光合作用发展史时，我读到过，一些在低氧情况而进化的早期微生物，曾经因氧浓度增加过快而毁灭，在当时，只有那些有足够抵御能力的微生物才存活下来并继续繁衍，它们还利用氧发展了新陈代谢的新途径。”“谢谢，正是这段历史。就是到现在我们可能都听说过，如果大气微环境中氧气含量变化多百分之一，那么，有机物的着火概率就容易提高百分之七十，就单凭这一点，氧的含量超值，就会造成周围环境的不安全，如果氧气的含量不足这个比例，人所共知，至少在生物圈中，植物、动物，包括人类在内，都将受到缺氧的威胁。说到底，地球大气层各组分保持的稳定比例和平衡是我们祖祖辈辈已适应的环境，是人类生存的必要条件。现在，我们已经有了一个在月球上营造地球大气环境的完整构思，包括切实可行的方案。接下来，我就简单谈谈营造月球大气环境的规划，希望在座同仁补充和指教。”

于立荣所谈的构思和可行方案，归纳为以下五个方面：

（一）筛选有特性化菌株，打造氧源、氮源和碳源 ：从火山熔岩和热带雨林中筛选出适应高温低压的多种细菌。这部分工作已在实验室进行一段时间了，对于几十个复合要求的菌株，正做着观察和培养。研究它们存活的过程和繁殖状况，从中选出它们的“强者”。然后，分别将蓝细菌的一整套光合作用基因和好氧固氮菌的固氮基因，通过重组DNA分子技术和基因工程技术，转化到“强者”细菌中表达，使宿主细菌获得光合作用和固氮能力。这两类细菌将成为月球新大气层的氧和氮的源泉。将用同样途径开拓碳源。

（二）利用“人造黑洞”，降温化水：在宇宙的星际中，有比太阳的质量大四百万倍的被称为“黑洞”的区域，它的特点是，凡是接触它的光线，凭借它巨大的质量所产生的强劲吸力，只吸收进来而不反射出去，为此得名。世界上有不少科学工作者，设想模拟星际黑洞的功能，人为地制造黑洞，为太阳能的有效利用开拓新路。令人可喜的是，东方大学的科学家们，成功地率先制造出来类似装置，能捕获光线，然后将所吸收的光线输送到位于其中心的太阳能电池里转换成电能，为工农医各领域提供能源。于立荣和同事们将与东方大学合作，利用人造黑洞，吸收月球周围的太阳辐射，然后，让它在终年不见阳光却冰冻三尺的两极地区，释放热能化冰成水。这样做可以一举两得，既可降低由于阳光辐射热而使平均环境温度过高的问题，又能获得光合作用过程中所需要的水，以及调节周围温度的水气。

（三）普及蓝细菌在月球上的生长发育：蓝细菌是让我们生存的这个世界首先获得氧气的原生有机体，它不但生长条件简单，相对光合作用效率也很高。等到刚才讲的那两部分工作开展到一定阶段，营造月球大气环境已初见规模的时刻，蓝细菌将从地球上引入月球各地。借助它的光合作用功能，进一步改善大气环境，增加氧气组分的浓度，力争月球大气层中氧的含量逐渐与地球大气层的氧浓度接近。与此同时，也为“于氏模型”在月球“登陆” 做准备。

（四）人造磁场势在必行：月球在初始形成阶段，所具有的磁场，虽然不像地球那样强势，然而，还是比现在的要强很多，大约高出现有的十倍。至于变小的原因仍不得而知，说法各异。

至今，月球就整体而言，其磁场微不足道，只限在局部地区，比如，雨海和澄海的岩石盆地仍保留相当强度的磁场。为了改造月球的环境，使它不受太阳风横冲直入的侵袭，我们将在这块方圆比亚洲稍小的地域铺设人造磁场。大家都知道磁生电、电生磁的道理。在我们日常生活中，天天都离不了它。更不要说各行各业了。它是工农医、航天航海、交通等的动力来源。现在，我们要将前辈科学家的这一原理搬到月球上去用，在那块约有三千八百万平方公里的球面上建磁场围墙，那里有丰富的资源为此项工程提供所需。就拿铁的储量来说，月球表层的沙土里含量可达上亿吨，而月海的玄武岩层中，铁矿的组分可达百分之十以上，这是人造磁场的必备原材料。当然，能源取自于前边谈到的核聚变电站。只要按规划细则实施，磁变电、电变磁在月球上必将成为现实。“磁偶极子模型和分子电流模型”最后决定采用哪一个，或两个方案同时并举，将在即要召开的高层次科学论坛上做出决策。

（五）就地取材，开发能源：在前几部分工作的进展和成功的基础上，可以预料，月球这片辽阔的陆地，将逐渐从酷暑转为人们可以承受的热带气温；那里的大气逐渐向接近地球大气层的水平挺进，一步步地趋向平衡；月球两极冠区域，由于人造黑洞的有效应用，期待着冰化水的嘀嗒声。为了加速这一切的进程，能源充足将是关键。于立荣对在月球上开拓能源之事，早有周密的设想，她主张就地取材，利用月球上的资源储备，构建激光约束型核聚变电站。“氦-3”作为核聚变原料，可以说取之不尽。这类核聚变，输出能量大，易于控制又安全可靠，实属最佳能源。至于诱发核聚变的激光束，她也早有成熟的技术准备，自从她首次研制成功叶绿素激光器以来，于立荣和她的合作者们，经过十几年的功夫研制出的激光器发射的激光光束，可以覆盖从近紫外、可见和近红外光谱区，并可将一百个以上这类激光器串连使用，放大信号的效果十分理想，它的末端输出功率已达一百万焦，脉冲宽仅在三十纳米以内，且频率可调，只要更换激光物质的类型和相对泵浦系统，既可获得所需激光波段。于立荣说到这儿，很有信心地告诉大家，一旦核聚变电站在月球上构建成功，那不但为在月球上现代工农业生产的开拓带来曙光，对家用能源、交通运输、建房铺路等，都可提供足够能源。到那时候，可以这样说，现今在地球上的最棘手的能源危机，在月球上将不复存在了。她描述那时候月球上空的美景，“将是缕缕炊烟，犹如造型酷似少女卷曲的长发，随风冉冉飘向蔚蓝的天空”。

当于立荣讲到这儿的时候，会议大厅里响起了一阵经久不息的掌声，大家从座位上站起来，一片沸腾。这时的她很激动，她看到满厅的同事们对她的构思和所提的方案的热情和支持，也深切感受到他们和自己一样憧憬着月球上的春满人间早日到来。

第十七章　人间情缘——石磊遇美娟

近些年来，于立荣负责的研究项目取得了令人信服的长足进展，研究队伍的规模和结构都发生了很大变化，周围的同事形容它是“人多气足现代化”。自从“于氏模型”完成中级试验并步入规模生产阶段以后，为了扩大研究基金的来源，人工光合作用过程的中间产物，葡萄糖和氨基酸都已批量生产，供销给各地的研究机构和工厂单位，由此所获取利润又反馈到研究课题，这笔资金相当可观。此前，科研经费多数来自于国家投入到科研领域的款项和私人捐赠。现在，有了自己的产业，钱源更加丰盛，这给招聘人才，增添先进设备以及扩大再生产等诸多方面都提供了可靠的保障。到目前为止，这项研究除了拥有一支强劲的科研队伍之外，还有两个试验场和一个酶生产作坊。最近，为了适应走向社会，投入救援活动的需要，新成立了“应急救援活动平台”，意思是，哪里有天灾人祸，这个平台就紧急出动，提供力所能及的支援。中国疆土辽阔，人口众多，气候类型多样化：从热带、亚热带、温带到寒带，覆盖面广且多变。既有终年积雪的青藏高原，也有四季如春的云贵山峦，既有全年无夏的北黑龙江，也有四季分明的淮河流域。居住在这块辽阔土地上的民族多达五十六个。如果把它比喻为当今世界自然环境的一个缩影，恰如其分。由于幅员辽阔，每年，南灾北病，东旱西涝，时有发生。“应急救援活动平台”（简称应急平台）的成立就是力求适应这多变的环境，为灾区提供可能的援救。这也是参考了那次记者招待会上有人提出的建议而设。“应急平台”配备了特制的专用大客车，车内组装有人工光合作用过程所需的应有尽有的设施，包括照光、供水以及各种固定二氧化碳的酶系统渠道和半导体粉末等。为了方便长途旅行的需要，车厢里备有可供至少两人生活起居的物品。这个平台的负责人是从师旭骝春研究员、已毕业三年整的博士，石磊。这个刚过而立之年的小伙子勤奋好学，踏实肯干，满脑子的学问给他打下了学什么都学得有成效的坚实基础。旭研究员在私下曾与于立荣议论过，对石磊评价很高，认为他是学术研究的好苗子，应该为他创造挑大梁的锻炼机会。经与研究室各方征求意见，就任命石磊为应急平台总管。这个小伙子姓石名磊，当初他的父母刻意为他取了磊字为名，以“石”为姓，已有一块石头，又加三块石头为名，硬上加硬，可见父母是多么渴望自己的儿子长成一条硬汉子。其实，他为人热情，性情温顺，平时关爱别人胜过自己，因此赢得周围同事的好感。石磊的博士论文是关于光合作用放氧酶的结构和功能，在这方面，他无疑是博学知深，可他又成为这个研究队伍中计算机的行家，请他帮忙解决计算机疑难问题的人，不仅局限在研究室内，别的部门的也大有人在。只要他力所能及，总会尽力而为。一来二去，石磊的人缘异乎寻常的好，尤其是周围的女同事，包括刚来的女大学毕业生和研究生，对他有好感，希望与他交往，甚至找机会暗送秋波。然而，这位膀大腰粗、男性十足的小伙子，一心钻进业务堆，对这些全然心不在焉，与同事好友聊天时，常被问起交友的事，他总敷衍了事。父母都很替他着急，他总是回复说：“爸妈不必着急，现在儿子最缺的是时间，要学的东西太多，要做的事儿也太多，等过些日子松快点，一定找个你们满意的儿媳带回家。”

自从负责应急平台的工作以来，石磊就更忙了，经常性外出。每年都有两三次去各地参加救援活动。在这两年中，他的足迹几乎踏遍了祖国的各个角落。这更使他成为一名见多识广的年轻学者。其中，有一件事使他刻骨铭心：那是在一次地震后的抢救活动中，他意外地从一堆废墟的石缝里救出一个奄奄一息的六岁女童。这件事使他十分振奋，更加热爱自己从事的事业。急救平台的工作虽然辛苦，但他深深体会到苦中的甜。

这两年，石磊开着在别人眼里像马戏团的大篷车，经常往云南省的各个角落跑，因为那里不是这儿水灾，就是那儿旱灾。有的局部地区，水涨起来淹没庄稼，造成农田颗粒无收；旱起来，土地干裂的像乌龟的背，不给庄稼生存的空间。每逢这样的坏年景，那里的农民只好靠政府的救济维持生活。石磊的大篷车开到那儿，常常能助上一臂之力。

有一回，石磊和小朱在丽江附近执行任务，经过半个多月的紧张工作，要做的事情基本完成了，准备打点行装返程回京。小朱说他要写封信给他的父母。石磊没什么事儿就走出大篷车，沿着丽江岸边溜达。刚走出不远，看到远处江边的大石堆上有一个模糊的身影，他朝前走去，才辨认出那是一个女人，站在石堆的高位上，面对江心，孤自一人。这情景在石磊的脑海里突然呈现一幕电影的镜头，那是在他小时候与妈妈看过的《青春之歌》的电影，一开场就是一个女青年，正准备投海自杀，她也是站在一堆石头的顶尖处，周围只听见海水冲击石堆掀起的浪花声。石磊预感不妙，快步向那个地方走去。站在那儿的是约莫十八九岁的少女，有一米六七的个头，黝黑的皮色显得很健壮，高鼻梁，大眼睛，蓬松的长发披在肩上，看上去不像汉族姑娘。石磊蹑手蹑脚走过去，她发觉有人，吓得瘫坐在石头上。石磊在挨近她的地方站住："我叫石磊，是从北京科学院来到这儿参加救援活动的，你叫什么名字？"那姑娘没有马上开口，只是抬起头来看了他一眼，石磊仍很耐心地重复着提问。"和美娟"，她终于用像蚊子那么大的声音回话了。"是不是和平的和？你家的邻居是不是姓木，树木的木？"石磊眉开眼笑。"你怎么知道我家邻居的姓？你认识他们？"少女紧皱的眉头舒展了，开始反问对方。"我是神算专家"，石磊半开玩笑地说,"我不但知道你家邻居的姓，还能预测别人的未来。"　这时姑娘有几分激动，欲提问又缩回去。石磊看出这位女青年一定有什么难言之隐，就又启发她，小和姑娘，你有什么问题，说说看，我可以帮你分析分析，说我会神算是假，根据具体情况做些判断是真。比如说，刚才你说姓和，我就估计到，你周围的人姓木的可能很多，才猜说你的邻居姓木，现在我还可以猜下去，你属于纳西族人，对不对？对方点头。"这是因为我听说过，纳西族主要有两大姓，一个是和，另一个就是木，这与汉族的姓氏很有差异"。和美娟看对方说话和善，认真也在理，就不由自主地打开了话匣子："大学统考已经发榜了，我没取上，落榜了。上大学是我一直向往的，心里很苦，不知该怎么办，真想一走了之。"姑娘抹着眼泪。

“小和姑娘，那样想就不对头了，人生不是每走一步就顺当一步，总有沟沟坎坎，这不,你刚碰到坎儿就退缩不前了？那可不应该，积极想办法迈过去才是正确的选择。比如说，今年没如愿以偿，明年再来，要有不达目的不罢休的劲儿，才能攀登高峰。”“那你说，我该怎么办？我妈和爸都是做生意的，开旅游用品商店，整天忙着柜台，进货，促销，没空管我，再说啦，他们对我的事也不在行，除了经济上资助我，其他的事，帮不上我多少忙，我又没有兄弟姐妹，实在很愁人！”“我倒有个主意，不知合适不合适你，你何不参加高考补习班？据我所知，北京就有好儿家这样的补习班，听说效果不错，经过补习后，考取的概率达到百分之八十以上。何乐而不为！”和美娟这时大眼睛眨巴眨巴，透出惊喜的神情，紧接着问：“我不是北京人，他们能接受外地人吗？”“我想问题不大，等我回到北京后，帮助你打听一下，包括报名手续等等，不过你得在北京找个落脚的地方才行。”“那是自然，我再跟我爸妈商量商量。”石磊感到很欣慰，又做了一件为人解难的事儿。女青年脸上的愁容消散了，露出微笑。石磊放心了：“天色不早了，你也该回家了，别叫你父母惦记。” 两人留下了各自的地址和电话就告别了。

事情进展得很顺利，石磊回到北京后，很快帮和美娟联系上了一家高考补习学校。入学手续很简单，将个人档案材料和高中毕业时在校考试成绩单一并寄去，并附上六百元入学手续费即可，外地来京的学生可以寄宿在学校，一切费用自理。和美娟的父母很支持孩子的这一选择，愿意承担所需花销。很快，一切手续就绪后，和美娟来到了北京，开始学习生活。她在北京没有其他熟人，石磊就成为她唯一的朋友。此后，他们来往密切，每逢周末和节假日，美娟总是请求石磊帮助她检查功课，巩固前一段的所学。他们复习功课的地点通常是选在石磊的单身宿舍，虽然只有十来平方米的小屋，周围却很安静。遇到天高气爽的好天气，他俩会选一个附近的公园，坐在草地上，一问一答或者一个解题一个判卷，还煞有介事地给个分数。为了解题的方便，石磊用厚纸板做了个可折叠的黑板，偶尔和美娟解不出的数学难题，石磊会在这块黑板上展示详细步骤，再给她一步一步讲解，直到她完全弄懂为止。看着自己面前这位实心实意为自己补习功课的老师，美娟心里热乎乎的，那种难以言表的感激之情，在她心窝燃烧着，她不知该怎么向他表达她内心的这种感受。有一次，石磊正在那块黑板上为她解题，她突然冲着他含情脉脉地说："以后我不叫你老师，改叫石哥行不？你接受我这个妹吗？"石磊转过头，微笑着瞟她一眼回应道："那是再好不过了，因为我真的缺个妹妹。"他放下手里儿说了起来："我没告诉你呢，我出生在青岛，爸爸妈妈都是中学教员，他们只有弟弟和我两个孩子，平时对我们管教很严，特别是学业方面，对待我们兄弟俩比对他们的学生还要严上加严。念初中时，有一次我的考试成绩没能在全班的前三名里，回家后就被爸爸一顿训斥，要求我找出这次成绩不够好的原因。他从来没动手打过我，那是因为等我察觉到父亲面色严厉时，我马上乖乖地向他服软，做出保证，于是乎，他就很快消气了。至于母亲，比父亲和善得多，更易于和解。我在青岛读完高中考取了北大生物系，大学毕业后又回到青岛，在中国科学院海洋研究所得了硕士学位。那时候，我深造的欲望很浓，特别是对植物光合作用过程的兴趣，万物生长靠太阳，植物利用太阳光能进行光合作用，将太阳光能转变为人类所需，你说，这个过程有多重要！为此，我考取了中国科学院北京植物生态所旭骝春研究员的博士生，论文做的是《菠菜光合作用放氧酶的结构和功能》。下次找一本我的论文集送给你。”“那太棒了！石哥，我的高考志愿也是北大生物系，想进植物生理专业，我喜欢大自然，非常着迷植物生长的奥妙，可惜没被录取，”她有些懊丧地说。“那你下次还可以报考这个志愿。”

经过这些日子的交往，和美娟发现自己对石哥有了不同寻常的特殊感觉，想多见石哥的愿望越来越强烈。每次与他分别后自己回到宿舍里，她总是很失落，像是丢了魂儿，内心空洞洞，离周末与石哥见面还有两天，她又按捺不住内心想快见他的急切，她暗地里笑话自己疯了。

有一次，石磊去外地出差，一去就是整整两个月，这可苦了和美娟，睡觉不实，吃饭不香，复习功课无心思。她索性去石磊的小屋，为他打扫房间，拆洗被褥。那些日子，她除了盼望石哥回来那件事儿，脑子里一片空白。石磊回京那天晚上，她在小屋焦急地等他，从食堂打来了晚饭，又从街头小摊上买了不少水果，葡萄、苹果、香蕉、鸭梨，应有尽有，摆在一个大的盘子里，很有迎接贵宾的派头。晚上七点钟，走廊上响起脚步声。她马上开门迎上去，正是石哥，她毫不顾忌地上去拥抱他，嘴里还轻声嘟囔着“想死我了”。石磊洗过手，不客气地拿起一个苹果吃起来，边吃边说起他这次救援的所见所闻。他从挎包里拿出一个精致的小圆盒，说是给小和的礼物。她接过来，迫不及待打开盒子，看到一副做工精细的耳环，马上戴在耳朵上显示给石磊看。石磊心想，真是姑娘十八一朵花，稍加打扮更是美上加美。

接着和美娟很认真地向石磊汇报了近来功课进展情况，两个人有说有笑，直到分别。和美娟来京补习功课，一晃就过去十个月了。有一天星期五，那不是美娟和石磊“法定”的聚会日子，刚一到下班的钟点儿，石磊就接到美娟电话，要约他见面，告诉他一个好消息。约定碰头的地方是石磊单位小侧门一角。原来，在这学期的期终模拟考试中，和美娟得了全班第一名。在五十多人的大班中得第一，实属不易。同时，班主任老师还当着全班同学的面儿为她夸下海口，为她能考上大学打保票。美娟的心情十分振奋，能得到如此优异的成绩，她石哥的功劳首屈一指。为此，她下了学就来找石磊报喜，还请他下馆子吃饭，以表达感谢之情。两个人去了东来顺分店吃了又烫又辣的涮羊肉。石磊很高兴，还要了一小瓶二锅头，美娟只尝了一口，剩下的都被石磊干了。他自觉头有点昏昏沉沉，美娟就陪他回到了他的小屋。两人共度了缠绵的一夜。原来爱的种子早已撒播在俩人的心窝子里。干柴烈火之后，石磊向美娟求了婚。这对情投意合志同道合的情侣，在爱河中畅游着，品尝着爱情的甜果。

石磊的父母迎来了他们日夜盼望的未来儿媳，满意的心情难以形容。美娟的家里看到这位准女婿，高兴得合不拢嘴。他们抢先提出主办婚礼的要求，石磊和父母商量后，成全了他们，同意按美娟父母的心愿办。

那年初秋，和美娟以高分考取了北大生物系。这就意味着，未来的五年，她将就读于那儿，留在北京。至此，两个人商量好了，将于九月前去丽江完婚。

纳西族人的婚礼，据和美娟父母介绍，是很传统的，也很趣味浓浓：在家里搭一个大棚，张灯结彩，四处装饰，特别稀奇的是在洞房里悬挂一个筛子，在它上边写上“麒麟到来”四个字，表示吉祥如意、福寿万年。同时还要找一个父母双全、姐妹兄弟多的男童，陪住在洞房，称为“压床”。更令人奇怪的是，出嫁的女子去男方家时要面挂泪水，这叫“哭嫁”。这对美娟来说实在太难了，因为在那时候，她无限憧憬未来的美好，要说“笑嫁”才恰如其分。他们的婚礼没照搬全套传说的规定，取消了压床、哭嫁等步骤。那天，来客上百，热闹非凡。相亲相爱的这对情侣在那儿度过了一个星期的蜜月才回到北京。

石磊出生在青岛，在那儿，他度过童年，又取得硕士学位，而后，辗转到北京，攻读了人生的最高学位。在负责“救援”工作以来，他走南闯北、奔东跑西。可以说，他打过交道的人相当多，可是他没有遇上他所爱的女人，成千上万的人都擦肩而过，唯独在丽江岸边遇上的和美娟，成为他的意中人，这才正是人们说的缘分。

后来的日子里，和美娟从北大生物系毕业后，在于立荣的大课题中拿到职位，成了她丈夫的得力助手。他俩心心相印，相亲相爱，肩并肩地在这个领域耕耘着，在开拓人类第二家园的宏伟事业中，功成名就，成为一代青年的楷模。

第十八章　美丽与瑕疵

于立荣和旭骝春去过许多地方，在国内，就省份而论，没到过的已是寥寥无几。比较边远的新疆西藏，他们也去过不止一次；在国外，涉足的名城、地域，算起来遍布大半个世界。不过，几乎全部是公差，不是参加国际会议，就是要去合作洽谈。所到之处应该都算是很有名气的城市，要么是某国首府，否则也是某个大学和学院的所在地。每逢这时候，东道主总是会组织一些会议之外的文化娱乐活动，比如参观当地的文化历史遗址、自然景点、名人书画展以及该地区的工农业项目等等。对于这些业余活动，他俩总是乐于参加，全身心地投入，哪怕第二天该他们做大会讲演，当天的活动也不情愿放弃。这是因为，在研究所的大部分时间投入工作，忙于科研，无暇挤出空间顾及这类活动。外地出差，能有机会了解各地的风土人情、历史文化和人文地理，正好是个机会弥补这方面知识的不足，何乐而不为！

有一年夏天，这对科学家夫妇决定休假两个星期去巴黎。提到巴黎，人人皆知，它是世界四大名城之一，政治、经济、历史、文化和艺术汇之一体，对整个世界有着举足轻重影响力的超级城市。虽然，于立荣和旭骝春去过法国数次，可多数是访问巴斯德研究院。这座研究院的创办者是路易·巴斯德，被世界科学领域誉为细菌学之父。凡是与医学、微生物学接触过的人，都会很熟悉这位科学界大师的卓越贡献：谁人不知，他的狂犬病疫苗的研制成功，为不治之症的患者带来了生存下去的曙光；他发明的炭疽病疫苗，对这类病的预防，提供了万全之策；广为人知的巴斯德消毒法一直被广泛应用，延续至今。这座研究院，在传染病防治领域，首屈一指，世界领先。

除此之外，这对夫妇常去那里。这得追溯到那两年旭骝春在美国加利福尼亚大学的伯克利分校进修的时候，幸遇肯特·史密斯。他是从法国来到这里进修的青年学者。碰巧的是，骝春和他被指派在同一间实验室，几乎做着同样的科研工作。两个年青学者虽然国籍不同，却一见如故，很快就成了朋友。在第二学期开始的时候，他们决定租一套位于校园附近的公寓，同享两室一厅，每个人独占一间卧室并共有一间小厅堂，每月分摊190 美元的租金，再拿出100 美元作为共同基金，水电和买菜的部分花销就从基金开支。一个会做法国菜，一个学做中国菜，住在一起，吃在一起，外出活动也常成为搭档，在异国他乡也不觉孤单。两人都是分子微生物专业，凑在一起时争辩各自的学术观点也是常事，在实验室的时候，他们也合作默契，效率非凡。这使他们在两年里发表了两篇学术论文，其中一篇是在顶尖杂志《核酸》上，以并列第一作者发表。在美国进修期间的好成绩，使这两位青年学者回国后均被重用：肯特回国后，在巴斯德研究院得到待遇优厚的研究职位，在那儿，他着手创建了一个应用微生物实验室，紧密与工农业和医院挂钩，在不长的时间里，像似一阵风，微生物的多种应用科普进了基层的许多单位，成绩明显；旭骝春回国后，直接受聘于光合和航天研究所，负责“微生物与大气环境改造的关系”这一实际应用课题的研究，成果喜人。肯特与骝春，一直保持密切的联系，即使天涯海角各居一方。那个年月，微信还没发展到如此完美，他们只能通过越洋电话往返信息、交流思想和讨论各自在科学研究领域的思考。这样一来，电话费成为家里一项不小的开销。特别是在旭骝春的那本《细菌的威力》一书定稿前后，这项开支令他惊讶，他对妻子立荣歉意地打趣道：“真像野马奔驰，怎么一搭上腔，就忘掉勒紧缰绳了”！立荣心里明白，电话费账单越来越大，家里承受这笔开支的确有点费劲儿，丈夫的担心可以理解，就安慰说：“必要的花费我们能支付，不必介意”。后来，移动电话、电子邮箱和视频对话问世，肯特和骝春如鱼得水，总算方便交流了。有时候，借在附近开会的机会，骝春常常和立荣一起去肯特那儿短访，但总是来去匆忙，参观感兴趣的一两个实验室，时间就飞逝而过，哪有空去巴黎名胜游览参观？唯一的一次机会是去院总部参加学术交流，时间较宽松。就在那次，他总算有机会去游览巴黎市的名胜古迹。他们最期待的一站是巴黎圣母院，因为两个人都在青年时读过译文版本的由法国文学巨匠维克多· 雨果所著的同名小说，后来还看过电影，印象深刻。就在这一站，他们就花了大半天，从楼上到楼下，甚至每个可以找到的角角落落，都看得仔仔细细，还拍下现场实况，其中采用特殊角度拍摄的那帧照片“怪兽吞铁塔”，在全研究所摄影展上荣获银奖。第二天，他俩去了埃菲尔铁塔。这座建筑，听说是为庆祝法国大革命一百周年和国际博览会而设计，果然名不虚传，十分壮观宏伟。立荣和骝春兴致勃勃地乘电梯先到了二楼，这是电梯能到的最高点，要想往更高层去，就得自己徒步攀楼，这是电梯能到的最高点，要想往更高层去，就得自己徒步攀登。他们哪肯就此罢休，一口气爬上能及的最高塔顶。鸟瞰巴黎全景，那条林荫环绕的两千米长笔直的香榭丽舍大街，繁华而别致。那驰名天下的建筑群尽收眼底。等回到住处，再次翻阅有关资料时，他们很遗憾地发现，白天的参观漏掉了重要一环，那就是铁塔在建筑领域的独到之处。其实，铁塔是一座金属建筑，在纽约帝国大厦出现之前，它是世界上建筑群体中高度之最。并且，铁塔的总质量达十万吨以上，但是，它对地面的重力微不足道，每平方米承受的压强只有一个成年人坐在凳子上的力度，这一定妙在其中。资料还细述了铁塔的总设计师，居斯塔夫·埃菲尔在整个塔身上用了二百五十万个铆钉，这也是前所未闻的创举。也许就是因为他独特而创新的设计，精益求精的科学用料，再加上与近百名的科学家的联手协作，使它成为法兰西共和国的标志。立荣和丈夫商量好了，这次去巴黎休假，若有足够的时间，将把观光不足的部分补上。

塞纳河畔上的罗浮宫有三万五千件收藏，无论如何也不可能在一天中都细看，他俩当机立断，将看点集中在那三件“压宫”之宝上，其余的走马观花即可。没想到，当他们刚刚步入展馆，三宝之一的“胜利女神”正屹立在显眼的进口处，他们一边读着文字介绍一边对照实物的构造细节，早已忘记时间，半个小时一眨眼而过。第二尊宝是“爱神维纳斯雕像”，他们边听着希腊神话中爱与女神的传奇故事，边梦幻着神话中的细腻情节与眼前亭亭玉立、美丽无双的爱神雕像的内在联系，哪里还顾得上时间的流逝！当馆内工作人员通知只剩二十分钟就打烊闭馆时，两人顿时惊醒，赶紧奔到顶楼，因为那幅达·芬奇杰作“蒙娜丽莎画像”的真品还没来得及欣赏。只可惜，人山人海围得水泄不通，他俩只能踮起脚在远处张望，一直到闭馆铃声响起，带着遗憾离开罗浮宫。

两个人说好，这次休假，一定补上头一次巴黎参观的不足，还在计划中加上了一个新景点，那便是诺曼底登陆战役纪念馆和遗址。旭骝春早就向往去那里参观，他对立荣说：“那是多么伟大的海上登陆战！至今是人类历史之最，曾经有大约三十万将士通过英吉利海峡神降诺曼底，通过两年多的浴血战斗，盟军以胜告终。这就敲响了德国法西斯的丧钟，最后解放了巴黎城。”“最使我欣赏有加的是，以总司令艾森豪威尔为首的指挥部采取了无与伦比的战略战术：使用了魔术师一样的特工人员和庞大的电子干扰系统以及声东击西的军事布局，使德国指挥总部摸不清盟军登陆的时间和地点，错误判断导致错误指挥。结果，盟军占了主动和优势，赢得了第二次世界大战决定性的胜利……”立荣听了骝春这么一讲，对这次去诺曼底参观也很期待。

两个人出国单纯休假，这还真是头一回，感到异乎寻常的轻松和惬意。他俩打理行装的时候，骝春对立荣说“这回可算轻装上阵了，不用带幻灯片、文献资料，只带夏天替换的衣服，加上一本巴黎旅游指南就足够了。”“是不是在信用卡上多加些钱备用？还得准备点儿现金，以防万一。”立荣补充道。“当然啰！要去那么多地方，诺曼底那一站估计很费钱。巴黎是个高消费的大城市，不能与北京比呀，每天的膳食和交通花销，得准备足！”他们从北京飞往伦敦，顺访一位在帝国理工大学生化系任教的老朋友，罗芳博士，然后乘“欧星”隧道快速火车前往巴黎。

他俩坐在宽敞舒适的现代化车厢的并排软椅上，体验在地下150米坐火车过英吉利海峡的感受，火车虽然每小时以三百公里的速度行进，却非常平稳，不知不觉就浮上地平面。窗外是如世外桃源的欧洲田野，乡间小路以及偶尔闪现在远处的高楼和厂房；正当盛夏时节，大朵大朵的白云镶嵌在碧蓝的天空上，绘制出各式各样的造型。这是何等美妙的大自然景色！于立荣情不自禁地发出赞叹，虽然声音微细，旁边的旭骝春却听得真切，便搭腔：“快看！那朵白云像不像《音乐之声》中，玛丽亚在青山绿草的田野里独唱着出场的镜头？”“真有点像，蓝天白云是画家的画纸和笔，可以画出任何你想象的精彩图画来。”俩人你一句我一句，两个多小时一溜而过，他们准时抵达巴黎。

下了火车后，俩人带着行李随着人群走向候车大厅。大厅里热闹非凡：人们穿梭在狭窄的过道中，有的正背着包，手里拉着行李，三五成群，来来往往，急切地寻找着各自的起始站台；有的看上去疲惫不堪，歪歪斜斜躺靠在角落里打着瞌睡；有的围坐在地上，嘴里哼着小调，打着扑克牌，不时发出阵阵大笑声。大厅周围有多部电动扶梯，满载人群，不知疲倦地上下移动着，饮料和快餐小卖亭到处可见，穿着各异的男男女女正挤在窗口，踮起脚，提高嗓门儿，与小卖亭里的营业员交涉着，像是在抢购着稀奇的东西……于立荣和旭骝春站在进口附近，扫视大厅里这热闹如潮的场面，真有点像刘姥姥进了大观园，不知往哪儿走。说得也是，他们虽然经常旅行出差，可多是跟随团队，乘坐飞机，有接有送。只要跟着领队或向导走，用不着自己动脑筋找路。

这回可不一样了，他们是自己休假旅游。按原来的打算，他们得去买市内地铁票，尽快抵达下榻的旅馆。他俩看到旁边一位穿着警察制服正维持秩序的中年男子，就急忙上前问话，因为说的是英语，对方没回答，只用手势示意去对面的一间小木屋。他俩按指的方向走去，原来那是一个问询处，这下子他们终于得知要乘扶梯下楼去地下室，那里可以买市内交通票。地下室也是人群拥挤。嘈杂的声音使两人面对面说话也得抬高嗓门儿才能听清。立荣和骝春刚排上队，一个亚洲人模样的中年女性就排在他们后边了，她身材矮小，看上去很精干，在她背后有一位高大男人抱着一个婴儿，还有一个年龄大约十四五岁的男孩紧跟在后。她挤到立荣身旁自我介绍说：“我叫周阿男，是印度尼西亚人，也是来这里休假旅游的。”伸出手表示友好。于立荣和旭骝春也都有礼貌地握手回应。接着她介绍了跟在她一旁的丈夫和两个孩子，就开始滔滔不绝地操着广东口音的中国话说起来：“我家就住在巴厘岛上，其实，那里风景幽美，是避暑胜地，可是，家境富裕了，还是想到世界各地看看，特别是像巴黎这样的名城。我那十四岁的儿子，刚一放假就吵着要到外地旅游休假，现在全家出动，把两岁的小女儿也带上了，爸爸整天得背着她。”她打量了一下站在那儿满头大汗的于立荣继续说：“你肯定是从中国北方来的，看上去很怕热。说起来，我的父母就是早年从中国北方移居印尼的，他们都是中学教师，教中文，我们中文就是从小在家学的。我猜你们也是教师吧？要不，也许是大学教授？”立荣回答说“是从事科研工作的。”那个周姓妇女马上又喋喋不休地说下去：“小时候，父母希望我多念书，上大学，以后成为科学家，像你们一样。可是我不争气，念完高中就停了，当上一名小职员，在超市做营业员，没能圆父母的梦想。不过我很崇拜科学家，他们是我心目中的偶像。对了，你们去过巴厘岛吧？那可是一块儿挺美丽的旅游胜地，每年都有世界各地的男女老少到那儿休假观光，这也是我们家乡致富的主要渠道。要不，我们这四口之家哪有这么多钱到这儿来玩儿。你们什么时候去巴厘岛，预先告诉我一声，我可以帮助你们安排既好又便宜的旅馆，如果不嫌弃，也欢迎住在我们家。”她随手就写下了她的电子邮件地址递给于立荣，那种好客和热情，使立荣很感动：“刚刚认识就提出邀请去她家做客，实不多见。”不过，立荣的脑子里也曾闪过一个疑问：“她一口广东腔，怎么是中国北方的祖籍？”一向诚实厚道的于立荣也没继续往下想，更没产生任何警觉和戒心，只是连声说谢谢。平时待人接物内向的旭骝春，也不时地点着头，似乎对那位中年妇女的印象不错。周阿男的丈夫一直站在与她有一段距离的背后，从未搭腔，像是琢磨着什么，不时与在他一旁的男孩交头接耳，说着什么不得而知。这时，于立荣想去卫生间，与她打招呼，示意聊天先中断一儿，周阿男马上跟着说，她知道厕所在哪儿，主动要与立荣一起去，也想方便一下，她牵着她的手离开队伍，有说有笑地向角落处走去。差不多时间，那个男人也带着两个孩子，说去卫生间，与旭骝春招呼了声，就消失在人群中。于立荣回到站排的队伍，找到骝春，惊慌失措，“他们人呢，都去哪儿了？天啊！周阿男帮我拿着背包，我一出厕所就不见她了！那里边有我的手提包哇！” 旭骝春一听知道出事了，顾不上站了这么长时间的队，眼瞅着就可以买票了，只得放弃。他俩匆匆离开队列，踏上找人的厄运之途。那一家儿口人早已不见踪影。偌大火车站，拥拥挤挤，人声嘈杂，他们走遍了角角落落，没有得到任何有价值的线索。他俩失望地回到问讯处，乞求帮助。那里的工作人员建议他们去地铁警察处报失，还指引了去那儿的路。令他俩震惊不解的是，警察办公的地方是一幢四面无窗的封闭式金属单间，当站岗在外的警卫送进信号后，铁门才自动打开，显得神神秘秘，他俩进去后，又开始足足两个时辰的等待。那个接待室里还有两三个中老年妇女哭哭啼啼。总算轮到他们，一位青年警察手里拿了一台小型电脑，招呼他们围坐在一个办公桌旁，打开电脑，请立荣和骝春叙说细情，两人用英语将来龙去脉描述了一遍，立荣又着重强调了，丢失的物件中有两本护照，她的银行信用卡、手机和一千欧元，那钱是去诺曼底旅行的花销。最令人焦头烂额的是，没了护照，回程怎么办？年轻警官一边听他们讲述，一边将英文译成法文写进计算机，成文后打印出一份由他签署并盖有警方官印的文件，交给旭骝春和于立荣，作为日后向保险公司索取赔款的证据。警官告诉立荣和骝春，这些扒手和盗贼要的是值钱的东西，对护照不感兴趣，很可能将它扔进垃圾箱。建议离境前，经常来这里询问，幸运的话找回护照也不是不可能。与此同时，他俩需尽快去中国使馆办理临时护照。

一天的旅行再加上这突如其来的横祸使两个人疲惫不堪，他们只能去预订好的旅馆，脑子里一片空白。

第二天，两人醒来后决定先去咨询处看看，小偷拿到了那么多现金和物品，也该满足了，说不定，护照已扔进垃圾箱被人交到警方了。如果护照近日找不到，他们也好及早去领事馆，在回程之前得拿到临时护照，否则，麻烦更大。俩人抱着一线希望，朝着旅馆附近的地铁站走去。在通向自动取票机前的水泥台阶

巴黎市内的凯旋门

上，他们碰见一位正在扫除的青年人，身穿深蓝制服。他满面堆笑向他们打着招呼，当时是大清早，周围还没什么人。青年人停下工作，凑到旭骝春身边，用英语说 ：“早晨好！你们是从中国来的吧？”旭骝春因心里有事，回应了一句就沿阶梯往前走去。那个人跟随他又说 ：“我去年去北京观光，在那儿逗留了一个礼拜，对那里的印象太好了！我还想再去，正攒钱呢。”这时，旭骝春才回头瞄了他一眼，说了声 “欢迎”。两人到了地铁检票口。于立荣先到了，她顺利通过，已在另一边等着，当旭骝春将地铁卡放入检票口后，不知怎么回事，通道仍然关着，紧跟在他背后的那个人热情地过来摇动着通道的两扇门，将那张卡拔出来又放进去，门突然开了。旭骝春这才通过去了，谢过帮助他的那个人，就在另一边与于立荣会合了。立荣口渴得厉害，他将背包打开拿水瓶，这才发现他心爱的佳能相机不见了。那一瞬间，他脸上的惊讶和失望，难以言表，真是祸不单行！“现在追出去找他已无济于事了。”旭骝春从嗓子眼里嘟囔出这句话。 两个人垂头丧气，先去了警察局询问处，一无所获，然后又去了旅馆附近的警察办公室报案。一个刚刚买来不久的新款式照相机就这样落入小偷之手，那里边上百张还没来得及下载的珍贵摄影和照片，也就一去不复返了。头一次不带业务的休假旅游，就遇上两次倒霉事儿，丢失钱财和珍贵物品。俩人仔细商量了 一下，达成一致意见：“既来之，则安之。” 根据现有的经济实力，修改原计划。幸亏旭骝春的银行卡没丢，除了去诺曼底参观这部分放弃以外，余下的旅行休假的计划仍可力争圆满完成……

巴黎，它多么像一尊光彩夺目的巨型花瓶，一个蕴蓄着千古文明的无价之宝！殊不知，它也会有瑕疵，尽管微不足道，那也是当今社会的产物。总会有一天，“小偷”这个晦气和令人讨厌的活计不再有人感兴趣。那是因为，当月球成为人类舒适的第二家园，那里蕴藏着足够丰盛的资源和使人满意的生活所需，人们陶醉于自己追逐的事业，享受着无忧无虑的甜蜜人生，谁还愿意冒天下之大不韪做小偷呢。

第十九章　巨额基金和人才培训
—朋友圈犹如一盆火，烤上去就有热能给你

开发和征服月球的计划，正按着设想的方案，一步一个脚印地挺进着。在这段时间里，启动人才培训方案已提到议事日程上。谁该第一批参加培训？在哪儿进行？培训的具体内容都包括什么？聘请谁主管？一揽子细目都在积极落实中。这个项目的第一个步骤是完全参照航天局医疗中心设置的规定，对全研究所人员进行的一次包罗万象的体格检查。虽然，对员工体检是一项年年进行的常规事儿，可这次却大不一样，大大小小的项目加起来足足上百。大家都说，这是前所未有的一次经历，特别是那个叫做“对特殊环境因素的忍耐力和适应力的测试”，全研究所只有少数人能全程通过，而大部分都在中途被淘汰出局，就连曾经参加过飞行员训练的何谦也感到这次体验非同一般，要全程通过实不容易。对于那些梦寐以求参加航天培训的人们，体检是第一大关，只有通过者才能报名，然后再经各方考核和领导批准，最后定夺。五一劳动节前夕，在全所大会上，于立荣所长宣布了首批参加培训的十人名单，他们是石磊、何谦、芮意飞、和美娟、

赵月霞、张晓新、邝昊、王家印、 史国强和黄继业。由石磊和赵月霞分别担任领队和副领队。在会上，于立荣简单扼要地对选拔的原则做了说明：“根据任务的需要，这批首选人员将要承担随航天飞机登上月球，吹响进军月球的号角，这一光荣而非凡的重任 ；还将由他们启动和营建月球大气层这项史无前例的巨大而辉煌的工程。为此，他们应该具备优秀的健康素质和业务能力，坚韧不拔的奋斗精神和锲而不舍的钻研毅力，以及团结互助、自我牺牲的高贵品德。这十个人的选拔是根据体检结果、各方反复酝酿和与本人沟通的一系列程序后才定下来。当然，这是首批，以后将继续这项程序，看大家还有什么补充的。”于立荣话音刚落，石巧妹迫不及待地举起手要求发言。得到会议主持人许可后，巧妹这才将憋在肚子里的话一吐而出，其中心意思是要求能考虑她加入首批培训，她身强力壮、吃苦耐劳、愿意献身。于立荣很耐心地听完她的话后，告诉她，室里专门研究过她的申请，至于未能编入首批的原因，是希望她抓紧时间，补习文化课和有关专业知识，为下一次选入做好准备。巧妹听后点点头，朝着大家说了句“我一定加倍努力”，小拳头捏得紧紧地坐下。接着由石磊和赵月霞分别谈了培训的初步计划。先是由石磊发言：“于所长宣布的这十位都已通过了基本条件审核，包括心理素质、临床医学指标、对特殊环境的忍耐力以及适应性等的一系列考核，他们将参加一整年的专项训练，包括在人工气候环境里对大气压强和气温的梯度变化适应能力；与此同时，也要经受失重、噪声、辐射等各种特殊因素下的反应的测试。集训时间既长，项目多且难度甚大，为此，大家得有充分的思想准备。下星期，我们集中在一起，开个学习班，为期一天，咱们首先务虚，思想先行，做好充分准备。同时，有什么实际问题可及时提出，能当场解决的绝不拖延，不能马上落实的，我们负责上传并力争尽快给予回答。”接着赵月霞重点谈了有关培训班的后勤事宜，她告诉大家，集训地点是中国科学院上海生理生化研究中心。那里有一个规模不大的人工气候室，前几年海军潜艇研制局曾借用过，反应不错，装备和设施都可满足我们的需要，收取的费用还算合理……她边说边将一份打印好的集训计划分发给每个人，要求大家仔细阅读，拟在学习班上展开讨论。与会的那八名年轻人一直聚精会神地倾听着，个个激动非常，已是摩拳擦掌跃跃欲试的神态。几位长辈，旭骝春、滕小刚和裘文英，也做了简短的发言，表示对大家的祝愿并提出了殷切期望。会后，不少人迟迟不肯离开会议厅，三五成群地谈论着，看上去都在为开拓第二家园这宏伟课题的进展而欢欣鼓舞。

为期一天的学习班结束后，这十位年轻人抓紧向自己所在的研究组移交了手头的科研工作，就马不停蹄地赶到火车站，乘上了去上海的特快列车。到火车站迎接他们的是来自北京体育学院、即将作为这次培训班教练的江涛、隋珅和冉月玲。对石磊他们来说，这三个名字已不陌生，他们早已在学习班上有所耳闻。江涛是这次集训班的负责人兼主教练。据书面材料的介绍，他在北体已工作多年，现任特殊体魄训练教研室副主任，教授职称，初次见到这位已过知天命年龄段的长辈，印象非同一般：他浓眉大眼，刮得发青的络腮胡须，膀大腰粗且身材笔直，个头足有一米九十，穿着一身海军蓝紧身学生装，高高的领口上一排装饰纽扣，使他显得气质不凡落落大方，不乏当年体育英才的形象，现任体育大学教授之职确实恰如其分。随同江教授一旁的那位名为隋珅的助理，形象却相形见绌：他瘦小身材，脸色白嫩且少胡须，开口先笑，温文尔雅，谁能想到，他竟然是从事体育工作的大学毕业生？这第三位，冉月玲，是一位天真可爱的妙龄女子，她身材高挑，面色黝黑，那对炯炯有神的大眼睛清澈如水，一面之交，足已可见，这位姑娘是多么热情可爱、活泼大方！据资料介绍，她是三年级的学生，护理专业，曾经是不错的明星，因在一次比赛中髌骨骨折而未能治愈，从网球球坛上退下来。其实，她与隋珅是同一个系的同学，这个系培养的目标是体育硬伤急救和诊断护理方面的专门人才。他们三位是在石磊一行起程的同一天从北京来这里的，只是乘坐的飞机，比石磊他们先到达上海。这会儿，竟成了他们的向导。

上海生理生化中心的人工气候室旁边，有一座二层小楼，那就是这次培训班学员和教练下榻的场所。楼上是宿舍，楼下整整一层专供日常活动，其中一间是会议厅，可容纳上百人开会讲学和接待来客。江涛将石磊一行带到大厅，茶点招待。随后就开始介绍今后的培训计划："首先得告诉大家，为了适应今后登月的航天飞行和月球上条件艰苦的特殊需要，将对每个学员加大力度，进行增强体质的常规训练，除了坚持每天早操以外，长跑、短跑、跳高、跳远、爬高，跳绳、越野障碍等将无一遗漏地安排在内。至于特种培训的详细内容，将有书面教材发给大家，简单地说，这里边包括对不同大气环境和不同气候条件的体验和耐力；在地面模拟太空飞行；前庭功能的训练，其中对由转椅秋千等特制设备牵引的旋转和摆动产生的线性加速的适应，其目的在于预防在实地飞行中的运动病；到后期，训练课程中将加上失重飞机抛物线飞行中微重力的体验，以及由离心机模拟的超重适应性。有些项目由于装置的不足，将与其他单位合作进行。”说到这儿，他头转向旁边的两个助手继 续道 ：“我们三人除了确保整个培训的流程顺利进行以外，隋珅总抓后勤，冉月玲负责医药和安全。今天我们先讲这些，大家可以随时找我。此外，每周有一次全体成员碰头会，大家到时可以自由发言。”江涛讲话结束后，隋珅宣布了每天起居膳食的时间表和注意事项；冉月玲介绍自己的职责所在 ：硬伤、急救、护理和诊断，随叫随到。那天碰头会的最后一件事，是由石磊和赵月霞商量妥的卧室分配方案 ：两人一间，谁跟谁住在一起自由结对。这样，大家就都忙着去整理内务和安顿各自的小窝去了。

这个小型规模的培训班，虽然只有十几个人参加，却有着丰富多彩的生活：既有军训的风格和节奏，又不乏培养航天员的规范，其中，高深的理论教程，严格的技术指标，理论联系实际的作风，使每个学员都能做到脚踏实地，一丝不苟，学以致用。果然，这十个人，经过三个月的磨炼，不负众望，他们的本事与日渐增，个个英姿飒爽，表现不凡，博得江涛的好评。尤其那两个女生，表现更为突出：男生能做到的，她们从不逊色，还常常帮助做些男生做起来笨手笨脚的事儿；和美娟虽然与石磊是夫妻，但在平时，视若一般同学，没有任何特殊的举止，他俩在这近三个月中仅有的一次相聚，还是培训班宣布放假那天，每个人都可外出探亲访友，他们这才约会活动。

原计划一整年的培训班现今已进入第二个季度，本来各方面都很顺畅，突然由于停电给打乱了。因为他们的训练实在太依赖电的供应了！除了常规的健身项目以外，许多课程都需要电启动的机械化设备协助。电源出问题常带来严重干扰。这几个月里，曾发生过一次大事故：那天突然发生停电，有一半学员正体验着线性加速的适应性感受：有的坐着转椅旋动；有的打着秋千；还有两个强壮的男生，由于训练的课程比其他人超前，那时刚好开始体验长臂快速离心，测试自己身体的承受能力，冉月玲和她的两个助手都在现场陪伴着。停电的那瞬间，这两位小伙子受到猛烈“煞车”的严重伤害，还被悬挂在半空中，上不着天下不着地。在一旁的冉月玲马上动用急救软梯，和两位助手一起爬上去，卸下他们身上的安全带，将这两位男生扶下来并用担架抬到医务室。这次停电给赵月霞的细菌培养箱也带来了惨重的灾难，她培养箱内的嗜热菌，承受不了温度的骤然下降，几乎全部奄奄一息。月霞为此极为伤心，为她的那些“宝贝”细菌的丧亡而伤心。后来石磊与赵月霞写了一份书面材料，将这次事故的原原本本向于立荣做了汇报。于立荣也已收到江涛的报告，他详细叙述了情况的始末，还提出了一项建议，他希望领导能考虑增建蓄电储能设备，一旦发生类似停电的先兆，人工气候室的所有装备均可自动跳闸接通蓄电设施，以防止因停电造成的损失和培训人员的可能伤害。其实，这些日子，于立荣已在考虑与江涛的建议密切相关的一揽子计划。随着科研工作迅猛异常的进展，在月球上营造人工大气层的课题从上马到现在，已具备一定规模，急需快速培养合适人才，一旦地面与月球的航道开通，科研人员将自由往返，到那时候，就急缺既具备专业知识和独立工作能力，又具备航天旅行的身体素质的人才！为了应对这一时刻的到来，于立荣和她的同事已琢磨了一个详细计划，包括建造能自动调控气候和环境因素的大型培训中心。这一计划的蓝图已在各个课题组酝酿和讨论，并做了多次补充和修订。需要的巨额投资成为当前急待解决的难题。第一批培训班所获得的基金，虽然绝对数不算小，半个亿，可对于兴建大型培训中心来说，怕是小巫见大巫了。经过多方调查、摸底和各处联络，他们终于找到可能的“钱”源，国家基础研究投资局，它可向这类基本建设提供巨资。不过，为要想拿到资助，除了向该机构递交上百份申请拷贝以外，还要经过多层次的审核、论证，包括最后申请者面对该机构的核心领导做现场答辩，然后才是十一名执委成员无记名投票决定取舍，获得三分之二赞成票的申请者胜出。据说，这个机构办事利落，一旦决定下达，专款在一个月之内就能到位。殊不知，得钱快速，可失去它也并非迟缓。因为从得到拨款那日算起，一年以后，要向该投资局报告课题的进展，如果在一年期内，科研成绩没能达到申请中所承诺的条款，其结果，轻者，该投资局将延缓下一年度的款项拨放，直到再度报告展示已达标，才会将迟拨的资金补回；重者，停止对该科研项目的经济支持。

于立荣在递交申请前就得到了这些详细信息，这多亏了她的挚友郑嘉陵，她在航天部居领导高位，还肩负航天动力研发的重任。她的这项研究，似乎与于立荣的研究大目标息息相关。提起她的这位闺蜜，于立荣有一肚子话想说：她头次与嘉陵相识还是在大学毕业以前，尔后，两个人一直保持着密切的联系，久而久之，两个人成了莫逆之交。不管什么事，工作上的还是私人生活上的，没有她们不商量的。那年，郑嘉玲与现在的丈夫武翼飞第一次约定在北京天坛公园会面，是于立荣陪她去的；而于立荣与旭骝春从恋爱到结婚，嘉陵也曾操心不少。近些年来，随着各自都走上领导岗位，肩负着一大摊子组织科研攻关项目的重任，她俩在工作上的联络就更加频繁了。现在，两个人工作在同一个城市，每逢节假日，两家聚会同庆是常有的活动，大大小小加起来也有十来口人。嘉陵常说起，她与立荣能有这样的至交是天赐良缘，要不是那次在敖德萨相遇，哪会有今天？立荣也这样认为。那些年，在苏联读书的时候，虽然都就读于莫斯科大学，眼瞅着就要毕业，可两人从未认真交往过，即使是在哪儿碰见过，比如在中国驻苏联大使馆经常集会上，那仅是擦肩而过一笑了之。谁能预料，毕业班的实习课却给她俩提供了交往和熟悉的良机。其实，表面看来，这两位女大学生的所学科目差异很大，一个是属于物理系而另一个是生物土壤系，然而，她们攻读的专业却有着共同之处：嘉陵是物理系的光学专业而立荣的却是生物土壤系的生物物理光学,都以光学为主科。这就是为什么俩人能在毕业班实习课上相遇相识的原因。

那次敖德萨短训班的中心内容是关于激光的原理和应用前景。在敖德萨实习课之前，这两位女大学生，对激光所知甚少。激光是单色光，第一台红宝石激光器发射的光，异常纯净，只有一条谱线（6943埃，一埃等于一亿分之一厘米）。与此同时，激光光波能相互叠加，相位相干，使其能量无止境地放大增值，亮度可以无限增强，功率大到威力无穷，第一台激光器的问世开启了激光广泛应用的大门。

培训班是国际性的，为期三周，说起来也很巧，来自莫斯科大学仅有于立荣和郑嘉陵两位女生。她们住在同一间客房，实验和讨论课也分到同一小组，又都来自中国。平时，在大街上相遇，要是模样像是来自祖国的，都会主动上前打招呼，攀谈攀谈，聊上几句中国话。这回，立荣和嘉陵居然有三个星期在一起，谈吐又投机，很快就热乎起来。到后来，两个人竟形影不离，成为无话不谈的好姐妹。有一天晚饭后，两个人趁自由活动的时间，在会议大楼周围散步，聊得十分开怀。立荣问起嘉陵的名字的来历：“你的名字正好是一条江的名字，这里边有没有什么典故，说来听听。”立荣这一问，勾起了嘉陵对自己童年的回忆：“是啊，那的确是一条江的名字‘嘉陵江’，位于四川省境内。”郑嘉陵开始讲述她不平凡的身世，脸色也显得几分激动：“听妈妈告诉我，嘉陵江畔正是我来到这个世界上落脚的地方。你听说过吗，立荣！在红军长征的历程中，不知有多少艰难险阻和惊涛骇浪，红军一个又一个地征服了它们，创下了举世闻名的奇迹，像‘巧渡嘉陵江，击溃五十三’就是其中载入红军长征史册的精彩一幕。前半句意思是说，这次战斗取得全胜是凭借智慧，重头在于一个巧字；而后半句告诉我们，敌军集中了五十三个团的兵力防守，却被红军打得溃不成军。妈妈曾经讲过那次战役的详细情况，我想了解得更多，后来又查阅了不少资料，毕竟那儿是我出生的地方，牵着我的心！我父亲叫郑智洪，母亲与父亲同姓，叫郑凤琴，都曾经就读于南开大学中文系。他俩从中学时代就有远大志向和抱负，从大学二年级下半学期开始，两个人都已成为南开的地下党发展对象，常在一起活动，他们志趣相投，恋爱并许下终身。一年后双双秘密加入中国共产党，从事地下党的工作。有一次，他们在营救狱中同胞的行动中暴露了身份，上级组织指示他俩和另外三位同志一起迅速转移，历经千辛万苦，他们终于找到了正在与军阀浴血奋战的红四方面军。当时的根据地称为川陕苏区，那是一九三三年的事儿，说起来话长，当时我爸妈抵达那儿的时候，正赶上大家欢天喜地庆祝胜利，据说，这支红军队伍在几个月里连打胜仗，粉碎了四川军阀的几路进攻，不但根据地大面积扩大，红军的人员编制也迅速增加充实，号称十万大军。爸爸妈妈都编入了战地宣传鼓动大队，爸爸的职务为战地快报编辑，妈妈做上了记者。在这段时间里，他俩从白区地下活动转眼间就成为自己梦寐以求的红军队伍的一员，那种激奋心情真可以说是无法形容。白天和战士们投入战场拼杀滚打，夜里放下枪杆，握上笔杆写报道，夜以继日地工作着，按妈妈的话说，‘像是有用不完的劲儿！’嘉陵江战斗打响那会儿，我妈妈已有八个月身孕，她挺着大肚子仍坚持着工作，从不顾及我在她肚子里吵吵闹闹，她认为，女人怀孕生子是本能，决不能为此而落伍掉队。爸爸支持她的想法，他心知肚明，要是妻子真的为此离开队伍，日后再见面将是难上加难。爸爸心可真细，早就准备了剪刀、纱布等应急物品，还向部队的卫生员请教了接生的有关知识，万一妈妈突然生产了，他打算亲自上阵。在这场嘉陵江战斗中，敌人错误地估计了形势，他们以为，沿江有多个团布防把守，再加上两岸深谷急流的自然天险屏障，红军要想偷渡过江比登天还难。可敌人万万没想过，红四军智勇双全的总指挥，经过战地秘密察看和详细研究，找出了敌方薄弱的防守突破口，一举获全胜。正当红四军渡过嘉陵江，胜利号角响彻大江彼岸的时刻，我在一条船上呱呱坠地。爸爸真不简单，充当助产医师，井井有条地将我接到这个世界，还来不及将我身上的血迹清洗干净，就用一条军用布单包裹着，抱给了已经折腾了一天一夜的妈妈。她抱起我，那种从未有过的激动从内心深处迸发出来，一下子都浮现在她的面颊上。爸爸说，那就是母爱的伟大源头。立荣！细细听吧，我的故事多着呢。”她顾不上喘口气又接下去说 ：“嘉陵江战役结束后，红四军主力在沿江附近的北川县暂时休整。这个县是少数民族的集中居住区。当时我爸爸属下有一位刚刚参军不久的羌族战士，名叫龙木丹，他思想进步打仗勇敢，曾荣获嘉陵江战役三等功。他一心想学文化，与我爸爸来往很多，他洞察出爸爸那阵子为哺养刚出生的我的困惑，就找了个机会与爸爸商量，表示愿意将我送到他家哺养。爸妈本来就十分困扰，不知如何是好，总不能背着婴儿上战场？听了龙木丹这番肺腑之言，两个人感动得不知如何表达内心的感激之情，就趁部队休整的机会，将我抱到龙木丹家。原来，他家已有三个幼儿，只有一个是他自己亲生的，刚满两岁的小男孩儿。另外两个是一岁左右的男婴和差不多大小的女婴。木丹的妻子冉彩云，是当地妇女救国会的负责人，还和大约五十多岁的双亲一起住。我的加入，使这个家庭更像小小的幼儿园了，因为我最小，刚满一个月。这样，彩云的奶水就优先于我了……这些细情都是后来妈妈说给我听的。一直到我十四岁，北京和平解放了，那里急需大批人才和各个阶层党的负责干部，我的爸爸妈妈就一起被调进京。爸爸当上北京航空学院流体力学系的党总支书记，妈妈派往高教部下属的对外联络司任司长。就在那年，我才离开龙木丹的家，被送到北京。在养父母家，我也学认了些字，一入学就从四年级开始，成为插班生。即使这样，我也比同班同学的平均年龄大两三岁。我非常珍惜上学的机会，学习很努力，再加上爸妈的重视，尽力为我补习功课，我的学习成绩一直保持优良，后来还考取了留苏生，有幸与你成为同学。”“嘉陵！你的童年和少年成长经历真可算传奇！这可能对你终身都受用匪浅。人们常说，‘苦尽甘来’，意思是说，只有经历过许多磨难后，才会格外珍惜，并会更加严格要求自己，百尺竿头再进一步，我很羡慕你。

其实我的名字也有来头，我曾听妈妈告诉我，我满月那天，家里来了不少亲朋，大家为我过满月，其中有一位德高望重的近亲奶奶，已年过八十，一进门就看我对她笑个不停，她非常高兴，旁边围坐的后生们，你一言我一语地冲着奶奶奉承‘这是吉祥的兆头’‘福星高照，预示老人家长寿百岁’……老奶奶满脸带笑，寻思一会儿问孩子的名字是不是已起好了，妈妈告诉她只起了小名，于是，她脱口而出，‘这孩子日后会立业发家荣耀祖辈，就叫立荣吧。’我爸妈很尊重这位长者，就真的采纳了她的建议，这就是本人得名的来历。”那天晚上，两个人越唠嗑越起劲儿，一直到钻进被窝里，还在继续聊着，直到迷迷糊糊进入梦乡。

在敖德萨短训班的相遇相识，奠定了她们友谊的基础。自那以后，一个分到中国科学院生理生化研究所，从事植物光合作用机理的研究工作，另一个分配到航天部所属的保密单位，做航天动力开发方面的应用探查。尽管如此，她们来往不断，交流平凡。近些年来，他们联系更加频繁，自从于立荣所负责的开拓月球的科研计划启动以来，她和嘉陵有了更多的共同语言，嘉陵似乎也将自己置身于这项研究之内。这个与自然界息息相关的大课题，牵涉面广，又正处在初创阶段，需要来自各方的支援，包括出谋划策。后来他们决定成立一个叫做“献计献策”学术论坛，聘请了国内外的同行朋友和熟人，作为固定成员，不定期的开会研讨这个课题的进展，意在及时拨正方位，避免误区，以利再战。开始成立那会儿，国内的成员只有郑嘉陵，国外的有瑞典的波尔·阿尔伯特和拉斯·比杨两位教授，俄罗斯的娜塔莎和柳德米拉·爱沙里，以及美国的苏珊和大尉夫妇共七位。自从研究室扩展为光合航天研究所以后，又将于立荣的几个老同学增聘进来。这几年的实践证明，“论坛”的贡献确实非同小可，通过论坛这种方式，专家学者围坐一堂，集思广益，确保了课题的平稳进展。论坛的几个成员，都像是局内人一样，将这个课题视为自己的分内工作。郑嘉陵尤为突出，就拿这次于立荣向国家基础研究投资局递交申请这件事来说，郑嘉陵自始至终都在关注，予以力所能及的帮助。立荣为自己有这样的挚友，感到无比骄傲，她将朋友圈比做一团火，说“火苗四射，温暖八方。可不能辜负了他（她）们。”那天，当投资局的联络员来找立荣，预告她申请获得成功的消息后，她拿起电话，将这个好消息在第一时间告诉了嘉陵。

比上海生理生化中心的人工气候室的规模大上两倍的航天培训中心的地址，选在秦皇岛市科技园旁侧。因为于立荣毕业于秦市一中，那里是她事业起步的第一个台阶。从莫大毕业后，她曾回校探望老师和同学，从那时候起，她就打算，如果有机会，一定不忘为家乡办上一两件事。后来，自己的同窗成了市级领导，敦促她为秦皇岛创造机会，为科技发展添砖加瓦。当立荣将建一幢航天培训中心的事儿与他们磋商时，得到了他们非常积极的响应，双方很快落实了地点和相应事宜。就这样，全国最大的航天培训人工气候中心，从竣工到落成仅花了两年零八个月。回想起这段往事，于立荣常常是又兴奋又得意，对自己的同窗好友心存由衷的感激之情。有感之际，写下小诗一首：

谚称"独木不成林"，缺友办事怎能成？！
亲朋好友实资本，投向哪里哪就灵，
虽说天下无难事，关键得助朋友心，
并肩挺背有依靠，莫愁路险难攀登。

第二十章　基因重组课题的起步
——苏珊的单恋心曲

旭骝春研究员正在酝酿用分子生物学新技术来生产光合作用过程所需的主要酶系。诸如铁硫蛋白酶、羧基歧化酶等。虽然这是一个难度很大的题目，然而，他充满信心，多年打下来的分子生物学功底，在克拉格文特尔实验室学到的实验技巧，应该说都是他攻克这一科学堡垒的坚实后盾。他现在急需的是组建一支能力较强的团队来承担这项任务。当他开始物色人选时，首先想到的是滕小刚。旭研究员很欣赏滕小刚，说他分子生物学基础扎实，作风雷厉风行，是一个可信赖的科学工作者。能对小刚如此了解，还有他的私下渠道，小刚的妻子，裘文英，是于立荣的得力助手。她们不但上班在一块，相处和谐，下了班，两家走动也很频繁，情同姐妹，他们的一对子女，滕飞和裘真真，是旭家两个男孩儿打羽毛球的伙伴。正当童年的滕飞，懂事儿很多，又爱说话，不管是旭伯伯还是于阿姨，他都能搭讪插嘴和聊上几句。有一次，滕飞对他们说起自己的志向时，两位教授都笑起来:

“我爸妈在家，话不离口的不是遗传基因，就是光合作用，他们在家的研讨会不断，这些也无形中钻进我的脑子，我很感兴趣他们做的事儿，以后也想做科学研究，当你们的学生行不行？……”妹妹真真却与哥哥性格大不相同，喜欢唱歌跳舞，是他们妈妈小时候的拷贝。旭骝春对小刚和文英这个其乐融融的四口之家有极好的印象。为了能争取到滕小刚加盟到自己的科研行列中，他先与小刚私下聊了聊，详细谈了他个人的想法和打算，征求他的意见。滕小刚当时就表示很感兴趣并愿意参与这个课题的研究工作。旭骝春一贯办事很稳妥，虽然从小刚那儿得到肯定的答复，但他仍找裘文英征求过意见。之后，旭骝春才正式发函给滕小刚所在单位“北京遗传所”，聘请滕小刚参与基因重组的项目。基于小刚仍可兼任该研究所的职务，又投身到人工光合作用的研究这个与国民经济息息相关的大课题中，遗传研究所的领导自然很欢迎。滕小刚身跨两个研究所，日后合作的机会当然前景可观。就这样，“重组 DNA”课题有了第一大员，领班带队。除了滕小刚，两个博士研究生和两个硕士研究生加盟，共五人开始启动。

不久，滕小刚召集了第一次业务讨论会，旭骝春到会并详细阐明了课题的目的、任务和前景。他特别强调：“于氏模型在起始阶段，光合作用过程所需的多种酶，均是从植物叶子中提取纯化而得，费力大、耗时长、效率低，与于氏模型的远景计划的需求距离很大。基于此，用现代分子遗传学技术替代传统的那套，早有考虑，势在必行。”他告诉大家，要用到的关键技术就是重组 DNA 和克隆技术。原理上，就是根据编码每种酶的基因（DNA）序列，将这些基因与一种具有自我复制能力的，通常叫做质粒的 DNA 分子重组，这些细菌质粒是细菌染色体外的一个小的环状 DNA 分子，可以用它作为基因载体，把感兴趣的基因通过转化带到受体细胞中去，让它们在那儿表达，产生这个课题需要的蛋白产物，再通过合适的分离程序获得这些蛋白。三言两语，简单扼要，旭研究员将这个研究组的任务交待得一清二楚，要做的每一步骤也都做了清晰的提要。在场的四位研究生，听了导师的讲话以后，对要做的研究任务心里有了数，都从开会前的那种丈二和尚摸不到头脑的心态中解脱出来。他们兴致勃勃，在开始自由发言提问的时候，争先恐后，围绕技术细节展开了热烈的讨论。有一位硕士生问到，克隆技术是不是关于体外婴儿的那些事儿？针对这个话题，旭骝春告诫大家，克隆技术包括三个方面：其一是重组DNA 克隆技术，第二是复制克隆技术，还有第三，称做治疗法克隆技术。务必分清它们的区别所在，不要混为一谈。

自由讨论过后，主持会议的滕小刚组长介绍了该课题组近期的主攻目标，就是用重组基因（DNA）克隆技术生产光合作用过程中所需的多种酶，包括光反应所需的锰蛋白酶和暗反应中二氧化碳固定的一系列酶。接着他又宣布了分工情况和各自所负的责任。最后，旭骝春强调了一下，这个课题的研究进展将作为在座的两位博士生和两位硕士生毕业论文的主体，滕小刚组长将作为他们的副导师共同指导。

散会后，滕小刚跟着旭骝春走到他的办公室。他告诉旭骝春，他在美国有四位大学同窗，都在从事分子遗传领域的研究。其中在路易斯安那州立大学的那位，在重组基因克隆技术方面很有建树。那里在这项研究上起步早，经验丰富，特别值得关注的是，这个实验室，在从细胞中分离蛋白技术方面，已全部采用顶尖的计算机编码程序，用时少，效率高。他希望到那儿去看看。旭骝春听后很为高兴：“这个建议很好，我们需要向各方取经，可以安排尽快成行。”他还提出，小刚可以顺访位于加利福尼亚的圣地亚哥，那里有一个人工合成基因实验室，可以先与他们沟通一下，为日后合作吹吹风。旭研究员顺便说到他的打算：为满足“于氏模型”将来的规模生产需求，准备两条腿走路，不仅用基因克隆技术，还要启用基因合成技术，根据需要，在体外人工合成基因为我所用。

滕小刚在路易斯安那州立大学分子生物学系的同学叫苏珊，是他的异性同窗好友。苏珊于去年刚刚晋升为教授，主要成就正是重组基因克隆技术。这与滕小刚现在承担的研究课题十分对口。他决定去苏珊所在系作为期三个月的访问研究。他在电话中表达了自己的意向，得到她十分热情的回响，欢迎他任何时候光临。这两位科学工作者，成为如今这样好的同行挚友，在那漫长的路上，充盈着许多鲜为人知的故事，原来他俩在复旦大学遗传系时曾是同班同学。那时候，滕小刚是校长兼遗传系主任的独生子，长得帅、人缘好。不仅如此，他学习成绩还名列前茅。至于苏珊，这位从上海郊区来的女生，父母都是当地一所小学的教师，从小家教严格，学习从不松懈，一直成绩优异，她以高分顺利考入复旦大学遗传系。苏珊初见滕小刚时，他就给她留下了难以忘却的好印象：长相不凡，这是其一；她更看重的是，一个出生在留美遗传学专家家里的孩子，言行举止中没有半点家庭背景带给他的优越感，丝毫没有那种常见的趾高气扬的傲气。他待人是那样地随和，与同学关系是那么融洽友好……苏珊看在眼里喜欢在心里。可是，那时候的她，把学习放在压倒一切的位置，不敢想得更多更远。只能将对滕小刚的那种爱慕之情深深藏在心底。一直到三年级上半个学期，她与滕小刚接触才多了起来。因为她被班里同学推举为学习委员，而小刚任班主席。他们常在班委开会时碰头，研究全班的许多事儿；有时他俩一起为一些学习困难的同学补习功课；有时，教课老师也要将他俩一起叫到办公室，了解对课程进度的意见等。就这样，时间一长，本来对滕小刚就有着好印象的苏珊，心灵深处对他的好感与日俱增，逐渐膨胀的好感终将酿造成巨大的吸引力，苏珊下意识地感觉到，她很失控，常常都在盼望能快点见到他，教室、餐厅，甚至课间短暂的休息，哪怕瞥上一眼也好。有时她还会掐着指头算着，哪天该给同学补习功课，那正是天赐良机，可以与他单独在一起，享受那难以言表的惬意，这种感受总能延续一段时间。在她脑海里，还会浮现些天方夜谭式的遐想……有一次，班主任宣布考试成绩，她得了第一名，接着的第二名就是滕小刚，她顿时的反应是S 和 T，脑子里嘀咕着，S 和 T 本来就是永远一个跟着一个排在一起的，这是英文字母不变的顺序，苏（su）和滕（teng）也该如此。有时，她痴情发作，可以坐在那儿长时间地翻阅英文辞典，查找S和T排在一起的词汇的含意，看着那些词句，她面带微笑。

苏珊，一米七五的个头，皮色略带黝黑，眼睛大而明亮，显得聪慧健壮。她是复旦排球队成员，在比赛时常做副攻手。人们都叫她“体坛黑珍珠”。滕小刚是网球运动员，在校内很有名气。一到网球比赛的季节，只要滕小刚参赛，遗传系的女生都会去助威捧场。苏珊自然夹杂在其中，欣赏她仰慕的男性偶像的风范，然而，使她大为沮丧的是，当她在场打排球时，老是找不到滕小刚的影子，除非是遗传系集体来观赛助兴。

时间飞快逝去，苏珊和滕小刚大学就要毕业了。由于成绩优秀，苏珊提早就被中国科学院北京遗传所选中，毕业后她将直接去该所报到；而滕小刚，十有八九留校。毕业前夕，校方宣布了全系同学的去向，总共五十五位毕业生，分配到全国四面八方，三十五个企业和事业单位。滕小刚，正像估计的那样，成为本校的遗传系教师，兼任研究工作。这批青年学生，经过五年同窗的大学生活，现在将面临新的征途和前程，在兴奋的同时，不免有些离别的苦滋味。在那天晚上的毕业告别会上，大家放声高歌，狂欢起舞，有几个多情爱哭的女生流下了泪水。这时的苏珊，曾几次想找滕小刚谈心，向他敞开自己的心扉，却都没成功，每次都是话到嘴边又咽回去，然后说些不痛不痒的话取而代之。那时的她，还没足够勇气向滕小刚表白，女人的羞涩困扰了她。那仅有的最后一次机会就像天上的流星一划而过。她最后决定“等”，等到自己条件更充分、资本更雄厚的时刻。这个“等”字，了却了她长达八年的单恋生涯。

庆祝告别晚会到午夜才结束。苏珊回到宿舍，躺在床上翻来覆去，无法入睡，脑子里一幕一幕回放着有关滕小刚的画面，她深陷情网，不知不觉地睡着，又进入梦幻的海洋：那是在一个装饰华丽的大礼堂里，周围布置得精彩夺目，种类繁多的鲜花、五颜六色的彩灯和彩绸到处可见，大厅的中央，吊挂着一盆鲜红的玫瑰花篮，一张美丽的婚纱照竖立在花丛中。苏珊认出来了，那位男士不是别人，正是滕小刚，旁边那位手捧鲜花的少女，应该是自己，可又有些模糊。她向四周望去，挤满了人，她的爸爸妈妈，满面笑容，坐在人群中很显眼的位置，她的姐妹们，都簇拥着爸爸妈妈站在那儿，着装得体……当温柔而有喜庆的音乐响起的时刻，她头戴皇冠式的发夹，身穿白色镶嵌的婚纱，由同班的两位好友伴随着走进礼堂。刚一进门，她一眼就看到身穿白色燕尾服的滕小刚迎面走来，他英俊潇洒，满面红光，他走到她的面前，揭开她的面纱，热烈地亲吻着她，就在这一瞬间，她感到一种从未体验过的快感，像一股热流，涌向周身……就在这时刻，她突然惊醒，这才知觉到自己在做梦。这时的她，多么想继续这个梦！她贪婪地回味着这一切。这时天已蒙蒙亮，她无意再睡，就蹑手蹑脚地从床上爬起来，收拾东西打理行装，准备上路回家。

苏珊到北京遗传所不久，就被通知去培训英语，准备出国。据说，这次出国机会是该所所长在美国的同窗朋友提供的。这位美籍华人教授主动写信给他在遗传所掌权的同学，委托他提供一位品学兼优的博士研究生人选，一切费用由美方供给。苏珊幸运地被选中。

经过三年零六个月的埋头苦学，苏珊以优异的成绩获得博士学位。这时的她，感觉良好，认为自己条件成熟了，不需要等了，是时候向深藏在自己心里的白马王子敞开心扉了。于是，一股无法按捺的力量，驱使她在开始新的职业生涯前直飞上海，到复旦大学找滕小刚去了。不巧的是，滕小刚已调离上海，到北京遗传研究所任职。苏珊马不停蹄地飞回北京，直奔遗传所，急切去找小刚重逢。使她万分惊诧和无法面对的一则消息是滕小刚几天前刚完婚，正沉浸在新婚的幸福之中。看到苏珊来找他，他满心欢喜，先是热情地款待这位同窗共进午餐，叙谈别情，然后又邀请她晚上去他新家做客。这时的苏珊，内心苦涩难忍，平时口齿伶俐的她，沉默无言，心不在焉地倾听着滕小刚山南海北的谈论。她无意晚上赴约，便说要去拜访老所长和几个老同事，勉强脱逃。那天晚上，她哪里也没去，坐在北海岸边的一块青石上，面对静静流逝着的水，大哭一场。悔恨自己没有及时向他表白，一步之差，懊悔至极，时至今日，她一筹莫展，给自己留下终生的遗憾……很久后，约是拂晓时刻，她毅然决定，第二天就飞回美国，与追求她多年的同窗、大尉完婚。这位滕小刚，她暗恋整整八个年头的男人，后来竟成了她职业生涯中的搭档。

滕小刚到达苏珊所在单位访问研究的第一天，就去她的重组基因（DNA）实验室。她在这一领域成就斐然，得以在世界瞩目的科学刊物上发表过多篇论文，名扬国内外。平日里，来自各地科研单位和有关制药公司的人流不断。为了适应这种情况，苏珊和她的同事们，将这个实验室设计得很独特。滕小刚一迈进实验室，首先进入他眼帘的是醒目的图片解说。这些图片，不论对于那些专业人员，还是外行学者，都可以说一目了然、倍增兴致。

图片从脱氧核糖核酸（缩写为 DNA）说起，二十世纪四十年代，艾夫赖（Avery）发现 DNA 是携带遗传信息的物质，而遗传信息就是 DNA分子上核苷酸的序列；到五十年代，沃森（Watson）和克里克（Crick）确定了这种携带遗传信息的DNA具有双螺旋构型，是由两条核苷链有规律地绞绕在一起而成；到六十年代，尼伦伯格（Nirenberg）和科拉纳（Khorana）揭示了遗传信息的传递是以密码的方式来实现的，遗传密码的本质就是基因上的核苷酸序列与蛋白质上的氨基酸序列的对应关系的规则。简介了历史之后，接着的图片展示了DNA 所携带的遗传信息是如何传递下去，一直到最后在生命体中表达出来的细节。科学家归纳并找出密码传递的规律，称它为中心法则：它包含六十四个密码，每三个核苷酸组成一个密码子，而一个密码子对应着一个氨基酸。按照中心法则，通过这些密码，遗传信息从DNA 分子转移到信使核糖核酸（缩写为 mRNA）分子上，再从这里，翻译形成由氨基酸组成的蛋白分子，最后，遗传信息就以蛋白的形式表达于生命有机体。以上两部分图展，在分子水平上，由浅入深地阐明了，原来神秘的“子女像父母”的遗传现象是有着坚实的物质作为基础的。

图片解说的第三部分是关于DNA重组的全程。简单地说，首先采用多聚酶连锁反应技术，获得所需要的基因组DNA片段，由于这种 DNA片段没有完整的复制自身的能力，在第二个步骤中，就得将这类DNA片段接到有复制能力的载体分子上，然后转化到受体细胞，让它在那儿复制扩增，并使遗传信息从分子转录到信使核糖核酸（mRNA）分子上，最后再转译成蛋白质的形式表达在生物有机体里。如果组成DNA的碱基发生突变,就会使组成蛋白质的氨基酸在顺序、构形、种性等方面发生变化，从而改变蛋白质或酶的功能，对生命活动产生影响,这与人类的疾病包括癌症都有密切关系。自2003年科学家完成和发布人类基因组全序列以来，科学家推测人体有2万多个基因，DNA 除转录出信使核糖核酸外，还转录出小分子RNA，它起调节基因表达的作用。时至今日，还有许多DNA顺序的功能未知。苏珊和她的团队，最拿手和享有盛名的技术正是基因重组和蛋白质结构与功能这两项，其技术细节都被编制成计算机操控程序。为了便利来访者，使远道而来的他们回到自己单位后容易掌握和操作，他们还将图片及详细解说制作成 DVD光盘，其中包括慢动作示范操作的电影短片，每位来访者均可廉价获得。由于这套光盘很实用，一些大学的相关实验室和医药公司，靠它就可以初步建立全套分离纯化蛋白质系列流程，为此很热门。甚至，有的单位千里迢迢专程来这儿购买，顺便短访这里的实验室展览厅，也是相当实惠的事儿。

整整一天的参观，滕小刚对苏珊实验室有了个轮廓的了解。他打算下一步投身具体试验操作中去。如果他感到哪一步有疑问，就记录下来，抽空亲手再重复操作，一直到完全掌握了为止。这样安排时间，虽然显得忙碌，却心里踏实，等回到北京与他的学生做起这类实验时，他希望能得心应手、顺畅自如。周末，他除了给妻子和一双儿女挂个长途电话以外，大部分时间是与苏珊和大尉度过的。他们对他非常热情，周末两天中总有一天是与他们夫妻一起共进晚餐，餐桌上会摆满苏珊和大尉亲手下厨做的中西大菜。苏珊做起中国菜可算的上得心应手，鱼香肉丝、糖醋黄鱼、香菇炖鸡、油焖笋块、香酥鸭胸、茄汁大虾等有名有姓的美味佳肴，苏珊都很拿手。这对滕小刚来说，连想都不敢想，他的妻子文英也只会做个红烧肉之类的。过年过节去饭店聚餐，才能尝到叫这些名字的菜肴，味道也不一定比得上苏珊做的。小刚想到这些，从心底里佩服这位里里外外一把好手的女科学家。在做西餐方面，大尉也有两手，诸如速烤鳕鱼、辣味欧鲽、精选炸牛排，加上各色调味汁料等，小刚都觉得很入味。他还从苏珊要好的小姐妹那里听说，苏珊和大尉的“月下老人”就是菜谱。那是她刚刚来到这个大学的时候，她曾邀请系里同事聚餐，她做了许多中国菜，摆满了能坐几十人的餐桌，惊呆了前来进餐的美国人。因为在西方，请客吃饭，即使是十分正式的宴会，上餐桌的也只不过三道菜 ：餐前小吃、正餐和甜点。就在那次聚餐中，大尉对主人的能干赞叹不已。从此，他开始对苏珊长达三年的热烈追求。在那些日子里，苏珊由于心里有别人，从未正式接受大尉的爱，可这位美国小伙子，没有退却，仍直追不舍，终于如愿以偿。现在，大尉已晋升为副教授，与苏珊有了志同道合的美好家庭。

新奥尔良是一个驰名天下的旅游城市。每年都有数千万来自国内外的游客，这使它成为美国十个顶尖旅游发达城市之一，给它带来了百分之四十的税收来源。这里有许多名胜景点，最受青睐的应数爵士音乐。新奥尔良这块地方，融合了欧洲、拉丁美洲和非洲的文化，在美利坚建国前和建国初期，这里已有了用欧洲乐器弹唱非洲曲调的混合乐队。那时候，当地有钱人多数是法国人和欧洲人后裔，他们喜欢更为休闲式的生活，常常让自己的农奴弹唱起舞，享受生活，一来二去，推动了当地音乐和娱乐业的发展。就此，使这个城市成为爵士乐的源头。滕小刚在来访这里之前，曾翻阅过介绍这个城市的小册子，对这段历史有所了解，又在他抵达这里的当天晚上，在为他洗尘的聚会上，聆听了当地一个爵士乐队的演奏，这使他大开眼界。他打算，在这逗留期间，至少听一次正式音乐会。

苏珊和大尉利用周末假日，常带小刚出去参观游览。这个城市景点太多而小刚在这儿只待三个月，即使每周都利用上，也不过十几处，为此，他们常在餐桌上讨论，选择周末的去处。大尉是土生土长的新奥尔良人，他似乎对这里的一草一木都了如指掌，提起哪个游览胜地，无他不晓。那是第一次共进晚餐的时候，他们三个凑在一起，谈起业务来，既热烈又投入，尤其是滕小刚，对于他的基因重组的课题，从建立这个研究组的初衷，到任务以及今后的前景，讲得滔滔不绝，在旁边听的苏珊和大尉，都被深深吸引，很少插话，一直到饭后，大家坐在客厅的茶几旁喝咖啡时，苏珊才捞到机会问："小刚，你头一次来到这个城市，有什么打算？我们可以做你的向导，去一些景点观光游览。"大尉是个热情又快嘴的人，马上将话题抢过来，"当然有很多地方值得去，你不熟悉，我可以帮你选。美国奥杜邦水族馆当为第一站。那里太美妙了！不仅有成千上万的不同品种的鱼类，花色极全的稀有鸟类，还有罕见的爬行动物，更令人惊讶的是，那里有精心模拟的包括加勒比海和亚马孙雨林的环境，以及在那样独特环境里，植物的生长和动物的栖息，参观者就像是身临其境……"大尉还说到他第一次参观的感受，后来又与苏珊一起去过多次，每次都有新的体验。苏珊在旁边插话说："小刚，你可能还不知道水族馆名字的来历，奥杜邦是一位美国著名鸟类学家，他在十九世纪中叶编著了一套七卷本的《美国鸟类图谱》，因此名扬全美和世界。为了纪念他，这座水族馆以他的名字命名。"滕小刚听了这些介绍后，表示很有兴趣。第二天，正是星期日，他们三人就付诸行动。他们在馆内足足逗留到闭馆时刻为止，滕小刚还嫌不够尽兴，打算再来。就这样，每周一个景点，滕小刚说，长这么大还是头一次无牵无挂地尽情游览。在三个月不到的时间里，滕小刚几乎走遍了这个城市的角角落落，他对这次短期访问研究由衷地心满意足，不仅圆满完成了来这儿之前对旭骝春的许诺和预定目标，在这儿生活得也很丰富多彩。

剩下最后一个星期了，他准备写出个总结来，同时可以详细检查一下，缺点儿什么，趁起程之前，赶紧补上。

最后一个周末，滕小刚照例去苏珊家吃晚饭。大尉在星期五那天去了外地开协作会，本应星期六晚上就返回家中。苏珊说，刚接到他的电话，得明天才能到家。这样，只有两个人，吃过晚饭后，看看时间还早，他俩决定去密西西比河畔划游船。那时正值旅游旺季，岸边有大游船服务，专供游人观赏两岸景色，也有仅容纳两个人的手划桨小船出租。当苏珊和滕小刚到达那儿时，大游船正准备售票，等待买票的队伍很长，他们转了一圈，无意排长队，就走向另一个窗口，租借了一条手划小船。一开始，两个人都争着要先划，一个说自己是熟手，周末常与大尉一起在这儿划船；一个也不甘示弱，说曾在北海公园划过这种类型的船。争执不下，两个人决定“石头剪刀布”，谁赢谁先划。结果，男士得到先划的机会，苏珊无话可说，乖乖地坐到他背后的位子上观景。小船缓缓地驰向河心，渐渐远离人们的嘈杂声。这时正值晚霞时光，西落的太阳映红那边的半边天，红彤彤的彩云投影到微澜的水面上，美妙而壮观。滕小刚得到先划的机会，显得很兴奋，这是他很久没摸过的活计，虽然看上去有些僵硬，不太适应，但却划得认真努力，坐在他身后的苏珊，似乎正在欣赏美景，殊不知，她的思绪却回到多年前的复旦校园。她曾是那么执着地热恋着他，开班委会，因为是他主持，她总是兴致勃勃地出席并积极发表意见 ；给班上学习成绩差的同学补习功课，因为是与他在一起，她总是盼着那一天的到来……可惜，她错过了向他表白的机会。也许至今，他仍还蒙在鼓里，全然不知她对他的一片心。一切都晚了，她现在是已婚女子，从他来到这儿的那个时刻起，她无时不在警惕自己，尽力控制着自己，在脑子里默默地重复着那些句子“我是有夫之妇，已婚女子”，“我与他只是朋友关系”……他短访三个月期限已接近尾声，这些日子，各类活动，总有大尉在场和参与，平时三个人在一起，讨论工作，游览名胜，倒也正常；周末一起下厨，共进晚餐，说东道西，谈笑风生，她没觉到自己哪儿有失控的迹象。而今天，无论在脑子里怎么重复那些“警句”却都无济于事，她多么想扑过去，从背后抱住他那宽厚的腰，偎在他的怀里，述说这一切！找回那份本应属于她的情和爱……正在这一刻，忽然一朵巨大的浪花，打在小船的一角，水滴正好溅到她的脸上，她顿时吓了一跳，像是从遐想的天堂降落到俗世的人间，她意识到，自己差点失控。于是，有些扭捏地凑在他的旁边，示意他歇一会儿，她来换班撑船。对方没有同意放手，这时的苏珊，灵机一动换了话题，与他商量起到加利福尼亚大学参观人工合成基因的事。就这样，他俩度过了没有大尉介入的周末。

滕小刚在离开美国返回北京之前，要做的最后一件公事，就是去加利福尼亚的圣地亚哥一趟，与那里的人工合成基因实验室的负责人沟通一下，为下一阶段能来这个室学习争取机会。这是他出发前与旭骝春讨论制定的计划。那天晚上，他与苏珊商定了日程。就在周一，苏珊就为他电话联系上了，两天后的星期三，苏珊、大尉和小刚一起飞往那个研究所，与负责人洽谈约两个小时。　对方与苏珊已有协作关系，对苏珊的业绩很为欣赏，经她的介绍，对方格外看重并热情接待，还许诺，只要北京那边准备好了，他们实验室随时欢迎小刚的短访。就这样，滕小刚的美国之行，打上了一个圆满的句号。

时间飞逝，由旭骝春负责，滕小刚为组长的基因重组课题，从上马至今已有四年多了。在滕小刚带领下，全组同心协力，已初步达到预期的目标：锰蛋白复合体的三维空间构型的成功，铁硫蛋白复合体的人工组建，以及其他光合作用过程的所需各种酶的人工合成，都已通过了小样鉴定。下一步的工作就是扩大规模，从小样到“中试”的过渡，提高效率和样品纯度等也要紧紧跟上。组里从上到下，都为这样的成绩欢欣鼓舞。现在，人工光合作用所需酶，不再仅仅依赖从植物叶片中提取这样一条路，重组技术开创了另一条途径。从此，人工光合作用就可以摆脱作为主要原料的多种酶的限制：阳光、水、二氧化碳，加上光合作用过程所需的酶的足量供应，开拓了“于氏模型”的广阔应用前景。

滕小刚牵头的与美国加州联合进行的用基因合成技术生产光合作用所需酶的研究项目也有长足的进展，课题的计划中声称，再花两至三年，依靠基因体外合成的第三条生产线即将问世。

第二十一章　寻找嗜高温细菌的历程

在那次全所研讨会上，于立荣最后做总结时提到了即将着手的各项工作，并在会上宣布了大体分工。这次分工的原则与往常略有差异，不是按任务分摊，而是按各项任务所需要的专长实行“专家负责制”。这样一来，旭骝春总管分子生物学和基因工程与之相关的项目；裘文英负责涉及酶及酶制剂生产的各项目；对外合作的事宜，要求知识面宽又擅长与各种人打交道，大家一致认为，非滕小刚莫属；于立荣除了负责整个研究课题之外，兼光合作用方面总管，石磊的任务是调研寻找嗜高温细菌。虽然他们实验室已经培养了一些这类细菌，但是耐热活性仍达不到运往月球的指标，需要进一步获取更优秀品种，包括耐高温程度、扩增培养条件简便以及经济实惠等。于立荣和其他几位负责人都十分看重这件事，因为它涉及营造月球大气层的关键步骤。为此，他们不惜工本，将调研的范围扩展。于立荣答应，只要有必要，世界各个角落都可前往。为了完成这项不平常的出差任务，实验室组织了一支强悍的五人小分队，石磊带队，其他四人均是从各部门抽调来的年轻有为的小伙子。其中，除石磊年过三十以外，古诗欣，二十五岁，硕士研究生第二年；芮意飞，二十四岁，刚刚踏上工作岗位的大学毕业生；王友善，二十五岁，实验员，主要负责细菌的培养；还有何谦，二十八岁，是一名心灵手巧，任劳任怨的工程师，这次将配合石磊做小分队的总务。预期花时半年，他们计划要去的地方有位于我国东北和朝鲜边境的长白山、台湾岛、意大利南方的海底火山以及美国黄石国家公园。这四个目的地是从石磊上报的十二个中最后敲定下来的。他们对每个地方都有独特的理由和预定的设想。于立荣还许诺，如果这四个地方调研下来仍未圆满达到他们预想的结果，小分队可以提出其他调研目的地，延长出访时间和扩大踏足地盘。总之，一切取决于要完成预定的任务。

五人小分队经过反复讨论，决定第一站是黄石公园，理由很简单，那里比较肯定能找到突破口。照古诗欣的话说，“万事开头难，我们要选一个把握性大的地方，迈出第一步，争取一个好的开端。”石磊也赞成这样的观点，大家取得一致意见以后，就整装待发，向黄石公园进发。

黄石公园作为调研首选，确实有它的道理，因为那里有一个庞大的火山口，虽然在人类有史以来，还没爆发过，但它确实是一座活火山。那里有各式各样的热喷泉，水温高得可以煮熟鸡蛋、蒸出馒头，在这样的热气高温的环境里，生活着数以万计的各类细菌。小分队的着眼点诚然就在这其中。“温度高，细菌活跃在这样的环境里，无疑有多类嗜高温菌株存在。”石磊这么想着，满怀信心，急不可待地希望早到那儿开始工作。起程前一天，他给大家一天的空余时间，自己却整天没离开办公室，查阅着资料。只抽空给正在外地出差的妻子打了个电话，简单告诉她这次旅行的大体路线，嘱咐她不必惦记，保持联系等等。小分队的其他四个人都是单身，除了父母以外别无牵挂，他们对这次出差旅行梦寐以求。要周游异国他乡，这对古诗欣、芮意飞和王友善来说，都是第一次迈出国门，何谦只去过俄罗斯，随于立荣所长到莫斯科大学洽谈工作，在那儿逗留过半个月左右。新鲜事儿总是多数年轻人愿意干的，这次外出任务，按这几位小伙子的话说，“够刺激！”要去那些地形险要的火山喷口，海底热泉，热带雨林以及豺狼虎豹出没的山区，他们心里明白，随时都可能遇到危险，谁也无法预料。在临行前，于立荣和几位长者都千叮万嘱，要求他们安全第一，石磊和伙伴们私下也几经讨论，在精神上都有了充分的准备。

石磊一行按预定日期到达了第一站“黄石公园”，那日风和日丽，蔚蓝的天空中悬挂着形状各异的白云，映衬着弯弯曲曲的黄石河，河流的弯口处镶嵌着尺寸不等的草坪绿洲。放眼远望，连绵不断的山脉起伏不平，与黄石溪水和林木恰巧构成了层次分明的大自然风景奇观。这五位年轻人刚进公园，进入他们眼帘的竟是这幅如此动人的画面，他们惊叹不已，欣喜若狂。还是平时爱开玩笑的何谦先开腔：“我们是不是走错了路，误入仙境？”老实巴结的王友善马上接过去应声道：“没错，这真像神仙住的地方。”“古诗欣！顾名思义，你叫诗欣，想必会欣赏诗，一定也善于作诗，怎么样，来一首?”石磊半开玩笑。“本人既不会作诗，也不会欣赏诗，很抱歉，使你们失望了。不过呢，这里的风景美色确实令人心旷神怡，我编上几句顺口溜听听怎么样？”“欢迎！”大家异口同声。古诗欣思索片刻就出口成章了：“天水一色淡蓝纯，青山绿洲郁葱葱，谁不惊叹黄石美，科研尖兵入仙境！”啪啪啪，大家一致称赞说，这四句很贴切，构思这么快，确实没辜负自己的名字。这五个清一色的男子汉，边走边有说有笑，直奔公园的“热泉地域”，这里有种类齐全的各式泉水源头，按喷射的不同方式分为：喷发出滚烫热水的热泉；喷射的像锅炉水开时蒸气四溢的蒸气泉；隔一段时间喷发一次的间歇泉；以及喷泥泉等等。其中，应当数间歇泉最为瞩目。园内不但有世界最大的一个间歇泉，而且全球半数的间歇泉都集中在此，这也是黄石公园被誉为世界第一国家公园的根据之一。由于泉水温度高又富含营养物质，至此成为多种细菌安居乐业的场所。那些落脚在这儿的细菌色彩缤纷，看上去，像是将热泉的水给染上五颜六色，尤其当水喷向上方的瞬间，那种美不可求的景观，人们无不为之叫绝。小分队来到这儿的目标,就是想从这些细菌中采集嗜高温菌株，他们随身携带着小型测试仪，可以在短时间内获得数据，决定取舍。

美国黄石公园热泉地域：那里的蒸气泉和间歇泉驰名天下。薛伟锋摄

经过几天的辛勤工作，他们选出几十枚耐高温菌株，这些菌株在嗜高温的性能方面，虽然还不能确定，但已超出实验室已有的那些。他们十分希望，在其他特性方面，它们或许有更优越之处。为此，小分队决定都带回北京，做进一步详细鉴定。

石磊的小分队在黄石公园的第一站，虽然没有得到他们期待的“酸性硫化型自养细菌”，它嗜热可达一百摄氏度，不过，到这儿来迈的第一步是有收获的。万事开头难，他们获得了留待回北京后进一步研究的新型菌株，闯过了这个难关，为下一步鸣锣开道。队友们都赞成队长的看法，总管何谦还逗趣说 ：“只要领队有方，走遍天下谁还怕！”大家瞅瞅石磊，都慧黠而笑。

下一个目的地是台湾岛，它是一块南北狭长的地域，北部位于亚热带，而南部却属热带，基本常夏无冬。自然景色优美动人，虽然总共才三万六千多平方公里，却有大小温泉一百二十余处。这些温泉所在的地区，往往是嗜热菌存活和繁盛的地方。近年来，嗜热菌在科学研究和工业各领域的广泛应用，引起台湾相关科学部门的密切关注，投入了科研精兵强将和巨资，建立了台湾岛嗜热细菌种源库。这样一来，台湾岛成了石磊小分队必去之处。小分队事先已做了个计划，要在那儿获取几种菌株，重点是好氧性嗜热菌，这是于立荣实验室最缺乏的，而那里的种源库中却已收藏几千株。负责对外联络的滕小刚研究员，早在半年前就与相关的研究单位洽谈过，并商榷了此行的程序和预期可能达到的目标。这使石磊他们感到轻松，“诸事已安排妥善，只欠赴征途了。”石磊这样想，和队友们休整了一天，就从黄石公园直接取道向台湾岛挺进。小分队在台湾岛停留了两个星期，走访了台湾大学植物所、微生物和免疫研究所、台湾海洋大学等五个单位。石磊对他们的评价归纳了十六个字：资源丰富、专家汇集、投资巨款、成果斐然。他们在那儿得到了一株叫做厌氧嗜高温糖类分解菌，最适生长温度为七十五摄氏度，从DNA序列分析判断，它含有二千七百零三个基因，这是于立荣实验室迄今为止急需找到的。他们准备借助基因工程技术改造它，将它用在月球大气层的营造和组分的调控方面。小分队还十分幸运地得到另一株好氧性嗜热菌，可生长温度在六十五到九十五摄氏度，最适温度在九十五摄氏度。经形态、生物生化、遗传及分子生物学等的特性分析表明，它具有热稳定性和高温脱氮活性，而且培养条件简单并可厌氧性生长，是运送氮元素去月球的最佳菌株。当石磊将这些好消息报告给于立荣以后，全研究所上下无不欢欣鼓舞。此外，石磊一行十分顺利地与台湾嗜热菌种库签署了协作契约，今后开展在这一领域的合作。

刚刚花了一个多月，小分队已走访调研了两个地方，进展很顺利。这五位小伙子都感觉良好，轻松愉快，吃得下睡得着，精力充沛，出发前那点恐惧感早已烟消云散。他们聚在一起又研究了下一步计划：石磊觉着，台湾岛距意大利南方有万里之遥，还不如选择先去国内的长白山更省力省时。队友们一致同意他的想法，就进一步定下了行程。长白山是一座绵延千里的山脉，横贯辽宁、吉林和黑龙江三省。幅度这么大，取道哪儿作为突破口？他们意识到，第一步找对地方十分重要，说不定一步到位，否则，在山上到处游荡，目的性不强，到头来一无收获。在出发之前，石磊他们就盯上了长白山顶的天池，那是一个火山口湖泊，它的旁边有一处叫做白山黑水野峡谷的地方，那里盛产人参、鹿茸、灵芝等名贵药材，吸引当地和全国各路人前往采集，如能挖到一株野山参或者灵芝鹿茸什么的，可以说，这是走上发财之路的头一步，谁不想试一试！然而，说起来容易做到难，要能得到这类名贵药材实属不易。即使经历千辛万苦，也难以心想事成。这其中的主要原因之一是环境险恶：到处布满原始森林，千年老树比比皆是，藤本植物的细而长的茎秆，要么匍匐满地，要么攀附在老树上，苔藓地衣铺天盖地，正好挤进它们的缝隙中，踩上去像吸足水的海绵，泥水四处飞溅，行人每走一步，不得不猫下腰，清理掉那沾满荆棘的裤脚和加厚了的鞋底；遇到热气泉水的地方，温度剧烈增高，蚊子、飞虫、马蜂围着你嗡嗡叫，赶也赶不走……在这样的自然环境里徒步，即使对于壮小伙子来说，也会精疲力竭 ；还有更令人毛骨悚然的，据说这里是豺狼虎豹出

石磊小分队一行，向“白山黑水野峡谷”区进发的路途中
踏足长白山顶的火山口湖泊天池，摄下此景。

没的地方，传说曾经有人被狼咬伤致死，有人遇上豹子，逃命未遂，等等，这些都是传闻，可一传十，十传百，越传越像确有其事似的。这使来到这里的人，无论是抱着什么目的，但凡胆识欠缺的，都会不寒而栗。

石磊和他的四个伙伴，对这些情况早有耳闻，不论在精神上，还是物质方面，都做了充分的准备。他们说，“兵来将挡，水来土掩，无论遇到什么情况，我们都有对策。”他们的直觉告诉他们，像这样一个又有火山又有温泉的地方，周围环境特殊，他们所需要的微生物非常有可能在此地繁殖生息。他们个个摩拳擦掌，信心十足，等到进入野峡谷地段的时候，每个人都全副武装：石磊是领队，身上带着全队唯一一把猎枪，一台微型电脑和指南针，每到一个生疏地方，他总要在电脑上标出小分队的实地位置；何谦背着一台小却五脏俱全的检测仪，随时都可以鉴定所采集到的样品是否合格，决定取舍；王友善负责保管经鉴定后决定带回实验室的样品，因为刚出发不久，采集到的样品还不多，他的负载还不算重，于是，就主动为队友分担些锅碗瓢盆杂物；芮意飞是队里最年轻的一个，他常自告奋勇地捡重的挑，各类食品和帐篷都在他的旅行袋中；古诗欣提着一个电炉，看上去体积不大，实际可不轻，那几节电池着实有分量。大家谈笑风生。古诗欣一会儿背诵几句著名诗人的警句，一会儿是他自己即兴创作的顺口溜，那种颇有幽默感的表情，常常逗得大伙捧腹笑个不停。就这样，你一言我一语，大家一点也不疲倦。

在前进中常有短暂间歇：休息片刻，歇歇脚，喝口水，如果还赶上进餐时刻，他们就卸下行装，架起电炉，做上一顿美餐。有时候，温泉水的温度就足以热饭菜，省了支起电炉了。温泉水还可以洗澡洗衣，清理内务。那会儿的他们，常常是赤身裸体跳进水中，五个大男人，毫无顾忌，不必遮掩，放肆地玩耍，直到队长下令停止才作罢。

进入野峡谷已经快两天了，他们还一无所获，没有找到什么有兴趣的东西。石磊心里琢磨，是不是应该物色个向导或者向当地人了解些情况，更有目的性。跟队友商量后，他们开始奔向周围有人烟的区域。第二天傍晚夕阳西下的时刻，在野峡谷右侧的坡上，总算看到两户人家。走近一瞧，果真不错，有两幢截然不同建筑风格的房屋：大的一幢是大石块加水泥砌成，屋顶用油毛毡封盖，油毛毡下边的材料很难断定，像是用漆漆好的树干镶嵌在一起，看上去很牢固。大门两侧都有一扇窗，木制的，带有长形格子。细看那扇大门，聪明的古诗欣已有评述，他根据门上开出的那两个一上一下横着排列的窗口断定，里边至少住着两个高矮不同的人，这两个窗口很小，分明为向门外窥视所用。另一幢房屋是用竹子和草垛巧妙地编织而成，看上去很像一个造型奇特的艺术品，面积大约十几平方米。石磊和同事们咕噜了几句，就向那幢大房子走去。他刚踩上略高出地面的台阶，预备敲门，忽然，听到响亮的门铃声，因为出乎意料，他惊讶地叫了一声，站在离他几步远的伙伴们，马上抢步而上，询问究竟。原来，他脚下踩的这块台阶是门铃的触发器，只要一碰，就会发出清脆的尖叫声。石磊镇静片刻，向大门的方向望去，看到大门下部镶有玻璃的窗口里，一对溜溜的眼睛正在向外张望，过了不大功夫，窥视的眼睛不见了。大门开了，站在门前的是一位膀大腰粗、面色黝黑、留有络腮胡须的中年男子。他开门见山地问“找谁”，石磊立刻说明来意，并一五一十地解释了他们的任务所在，以及急需一个向导帮助。那男子踌躇了片刻说："天已黑下来，进屋说吧。"就将他们领进屋。那是一间宽敞的起居室，虽然不像城里有钱人家的客厅那样华丽，可电视机，成套沙发等一样不少。坐在沙发上的一位姑娘看到生人进来，就忙站起来。那男子介绍说，"这是我的女儿，叫巧妹，我姓石，石岳虎，乳名石头，你们叫我石头就行了。""不，您比我们年长，称呼您石大叔好不好？"石磊接着说。"您与我们队长同姓石，很亲切，"何谦补充一句。进屋不多一会儿，每个人都一一介绍了自己的姓名。那个叫巧妹的姑娘，看上去也不过十七八岁，小巧玲珑，滚滚圆圆的大眼睛。她热情地招呼大家坐下喝水，使人一见如故。就这样，大家围坐细谈了好一阵子，越谈越投机。最后，石岳虎很激动，站起身表态："我很愿意配合你们完成你们的科学研究的任务，巧妹和我可以随时做向导，带你们去需要调查的地方。"石磊也马上站起来，抢握石大叔的手说："石大叔，真得谢谢你，能马上接受我们的请求，有你俩的帮助，我们信心很足。看来，我们很有缘分，是一家人。"何谦、古诗欣、王友善和芮意飞也都站了起来，握着石大叔的手，说着类似的话。站在旁边的巧妹，眯缝着眼，只顾着笑。也许家里很长时间没这么热闹了，看得出来，她内心深处是非常欢迎这几个不速之客的。

石磊和他的队友就这样在石岳虎家里暂住。白天，石岳虎和巧妹分别带领这几个北京来的研究人员在周围考查，有时候去地形险要又易于迷路的地方，这父女俩就合伙做他们向导。石岳虎对方圆百里非常熟悉，哪个地方都有些什么，四个季节植被的变化情况以及大大小小温泉的分布等都了如指掌，巧妹也不逊色。

他们父女俩对这一带动物的生息和出没更是无不知晓。因为除了采药以外，狩猎是他们重要的生活来源。对于石磊小分队而言，在这儿，他们最想得到的是嗜高温脱碳菌株，无论是好氧型还是厌氧型的，都是他们急待获取的。如能采集到这类微生物，带回实验室，就可以经过基因工程的各种手段，改造成完美的有放碳能力的嗜高温类型，为下一步组建月球大气层时提供碳源。石岳虎和巧妹虽然对石磊解释的那些细情不能完全听懂，但说到要改造月球环境这个大目标，父女俩都很理解，表示很乐意出力。还不到一个礼拜，大家相处得既和睦又默契。

就在小分队扎营在石岳虎家的第二个星期的头一天，他们决定兵分两路，由何谦和王友善跟随石大叔去一个远处的峡谷温泉，其余三个人与巧妹去天池西侧的高坡，探查在那儿生长茂盛的植被。他们观察到，那里的各类生物长势繁茂，与周围稀秃的状况对照明显，说不定能发现点什么有用的。巧妹带他们钻山洞、爬陡坡，专去那些没人踏足的偏僻角落。巧妹单独做向导已有多次，她刚刚十八岁出头，作为导游却很老练。一路上，她都向比她大好几岁的“哥哥们”讲着该如何征服高山险阻，如何面对野兽不惊慌失措，以及如何在得不到外援的深山老林里处理突如其来的危机……每次外出，她总是全副武装，带有保险锚的长锁链，锐利的尖刀，钢制抓手钩等。每到一个地方，只要队长石磊发话休息，她总会依着他，还招呼大家喝水，让身体放松一下，她有一句口头禅：放松自己以利再战！大半天下来，他们采集了不少样品，准备带回去斟酌后决定取舍。当太阳快要下山的时候，石磊从望远镜中发现远处有一个地方雾气腾腾，虽然看不清楚烟雾的出处，但估计那儿有温泉或热湖之类。大家传着望远镜看过后，一致认为有必要去那儿观察一下。巧妹告诉他们，自己还没去过那个地方，听爹爹说起过，那里有一处极陡的悬崖峭壁，地形比较险恶，神话传说中叫这个地方“天池玄武坡”。快走过去也需一个多小时，巧妹很感兴趣，石磊本来以为天色已晚，巧妹可能要收兵回府，可听到她这么一说，正合自己的意思，便立刻招呼芮意飞和古诗欣，四个人开始向玄武坡进发。几人一路爬坡，越走越陡。芮意飞到底年龄轻，走得很快。古诗欣可就不一样了，每走几步就得喘上几口大气。巧妹看他这个样子，就主动走在他的旁边，助上一臂之力。石磊边走边四处观察，走在最后压阵。忽然间，古诗欣脚一软，没有站稳却一股脑往坡下滚去，旁边的巧妹机警而快速地甩出带锚的长锁链，那锚向坡谷方向飞去，正好绊在离古诗欣不远的一块大石头上。它锐利的钩爪铆进地里，巧妹这个动作，干脆利落。比预先计算过的还要准确无误，这哪里像一个毛丫头所为？在旁的两个小伙子十分惊讶，从心里佩服。古诗欣抓住了那根飞过来的钢链条，稳住了阵脚。巧妹又将身上带有钩子的两根短绳分别挂到石磊和芮意飞腰带上，三个人协力将古诗欣往上拉。人是上来了，可浑身上下都是擦破的伤痕，有几处流着鲜血。他面色苍白却仍带点苦涩的微笑，未失往常诙谐的禀性：“石巧妹，你真是名副其实，不愧为灵巧无比的好妹子，我得好好谢谢你。”巧妹扶着他慢慢移着步往前，眯缝着眼笑，没作声。石磊说道：“这样吧，意飞在这儿照顾诗欣，巧妹和我继续向前，离雾气腾腾的那块地方不远了，我们回来与你们会师，然后返程怎么样？”古诗欣点点头，同意等在这里，大家就这样分手了。大约过了一个多钟头，石磊和巧妹回来了，汗流浃背但脸上带着喜悦：“告诉你俩一个好消息，采到好几个样品，它们很特殊，按我的初步看法，说不定其中有脱碳菌株那一类，回去仔细鉴定就知道了。”四个人一边聊一边往回走，古诗欣遍体鳞伤不便快走，大伙儿一直到午夜才回到住处。石大叔和何谦已早到家，做好晚饭等着他们。芮意飞已是饥肠辘辘，洗了洗手，就急不可待地钻进厨房。石磊将古诗欣扶进客厅，与何谦和石大叔打个照面后，也去厨房进餐。巧妹没马上去吃饭，拿了药箱回到客厅给古诗欣消毒伤口，上药包扎，然后才搀扶他去吃晚饭。她告诉诗欣，她从年幼起就跟爹外出采药和打猎，虽然没闯过大祸，但经常有蹭破皮，摔破膝盖的情况。每逢有这样的事儿发生，她爹回家后第一件事就是为她消毒上药。据巧妹说，石大叔一生有两次化险为夷死里逃生的经历：一次是遇到狼，他从狼口脱险；另一次就是外出采药，摔伤腿没及时消毒上药而化脓溃烂，漫延整条腿。后来，一位有经验的医生给治疗了整整半年，总算保下了那条腿。从此以后，他有了沉痛教训，只要哪儿伤着，即使不严重，也注意消毒，还要求女儿也这样做。

那一天，对于古诗欣来说，真可算是平生中最奇异的一天，差点掉进峡谷一命呜呼！他回想着有点后怕。他往下滚的时候，拼着命地挣扎，多想抓住什么，可惜到处光秃秃的，什么也抓不住，手指甲都抠出血了，正在此刻，一根钢绳从天而降，他抓住了它，像抓住了一根救命稻草，他终于停止往下滚，只听到耳旁的声音，加油！加油！加油！那是尖声尖气的女孩的大喊大叫，那声音是那么熟悉，怎么一时想不起来了，噢！记忆回来了，那是巧妹鼓动自己加把劲儿往上爬……古诗欣清醒了，紧握绳索往上坡攀登，已精疲力竭的他，忽然间振奋起来，周身的力气都集中到手和脚上。后来，他描述那时的状态，说是经过了回光返照的瞬间。那天晚上，等到他躺到床上的时候，已是半夜两点多钟了。他翻来覆去不能入睡，兴奋、后怕、侥幸、感激，错综复杂地交融在一起。交点最后落到了巧妹身上：是她，准确而迅速地投出锚钩救了他，否则，他说不定滚到峡谷深处，喂了狼；是她，一路上搀扶着他，照顾细腻，直到住处；又是她，不顾疲劳，忍着饥渴，为他包扎伤口……她是多好的姑娘啊！他越往下想越激动，心里热乎乎的。不同场合里巧妹的身影，在他脑海里像走马灯似的演示着，睡意已消失得无影无踪。他睁大眼睛，望着天花板想着心事 ：一个二十五岁大男人，还从来没有谈过恋爱，在大学里，虽然班上有一半女同学，大家关系都不错，却没有对哪一位上心过。女性中能倾吐心声的，只有母亲一个人。母亲对自己不仅无微不至，对自己的修身养性影响也最深。她常说，她能从一个地方小报记者起步，成为省报主编，不靠天不靠地，靠的是自己的努力。妈妈用她自己的进取精神，告诫自己，要坚持不懈地求学上进。从孩童的时候起，他认定，这个世界上，他最爱的人是母亲。这些日子，另一个女性走近他的生活圈儿。每天，他们一块爬山越岭、穿峡走谷、采集菌株，巧妹显示了她出色的才干。古诗欣怎么也想不到，一个刚满十八岁的姑娘家会这样勇敢智慧，不论遇到什么难题，她都有法子对付，这使古诗欣惊叹不已。而今天，她在千钧一发之际抛锚救他的行为，更使他佩服得五体投地。不知怎的，近些天来，他总是不由自主地想多见到她，哪怕仅仅瞬间，他都感到由衷的满足。这种感受是他过去不曾有过的。他疑惑自己是不是爱上她了。此后的日子里，古诗欣鼓足勇气，对巧妹紧追不舍，不限于暗送秋波和甜言蜜语，还多方照顾体贴和身体力行。一来二去，这个刚刚步入青春年华的姑娘，将自己的初恋奉献给他。周围的人都看在眼里，为他俩高兴。当石磊一行整装待发去意大利的前一天，巧妹突然来找队长，说古诗欣还不能马上跟队，因为伤口还未完全愈合，要求他批准古诗欣再留几天，否则，到天热的地方更易感染发炎。石磊理解，正在热恋中的她，是多么盼望有更多的时间与自己心上人在一起，况且巧妹提出的理由也是合情合理。于是他同意诗欣留下来继续疗养。

意大利是石磊小分队试图获取不寻常的超高温嗜热微生物的地域。出发之前，他们曾经做过详细的调查，意大利南方的海底火山马尔西利，不论从火山的巨大规模，还是它的火山喷出口的深度和广度，都属欧洲第一号。不少专家预测，这座火山正处活跃期，深藏在海底的岩石在极高的温度下已熔化成泥浆状态，承受着高温和高压，到处流动。一旦流动过程中遇到地下板块间隙或薄层夹缝，就有可能从这些地方喷出而引起火山爆发。曾经有不少报道，在火山喷出的岩浆里寄宿着耐高温的微生物，最适成活的温度可以在几百度不等。石磊和他的伙伴们就是冲着这个来的，他们期待着机会，争取到现场采样。

马尔西利海底火山离意大利南方著名的旅游城市那波里很近，它位于这个城市的海域约一百五十公里处，藏身于海平面四百五十米以下，山高三千多米。石磊一行四人，落脚在那波里附近的旅馆，每天在附近海域岸边游荡，搜索着关于火山的近况，虽然天天都有火山可能喷爆的各类报道，可他们抵达这里一个星期后仍没动静。石磊怕大家松懈下来，说这是黎明前的黑暗，大战前的肃静，决不能掉以轻心。队友们都保持着最佳的精神状态。这可能是拿到特种微生物唯一的机会。一直到第十五天的晚间十点多钟，一声巨响，震动了整个南方海域，喷射出的烟云碎片布满天空，那种造型不像原子弹爆炸时的蘑菇云，却酷似瞬间绽放的玫瑰花蕾，一个接着一个地托衬着，从马尔西利的火山平台上蹦出，伴随着那些暗灰色云层中夹杂的像仙女散花似的亮点，向四面八方飞溅着，那种壮观的场面，惊呆了在几百米之外观察的石磊和他的同事们。他们个个都非常振奋，忘掉了危险，一直向前快速移动。特别是王友善，简直发了疯。他是摄影好手，是北京市摄影俱乐部的成员，曾经荣获北京摄影大师的光荣称号。遇到这样一个千载难逢的好机会，他实在想牢牢抓住。就在这会儿，他忘掉一切，远远跑在他那三个同伴的前头。石磊大喊："停止前进，友善！再往前就太危险了！"他嘴里答应着，可两腿仍没减速。突然间，冰雹大的亮点铺天盖地，从天而降，来势凶猛，其中一颗像微型榴弹炮正打中他的右腿，顿时间，他感到一阵剧痛，接着麻木，他瘫了下来，躺倒在地上。他心爱的佳能相机连同机架也都不知去向。远处的同伴们赶紧奔过去。石磊立刻打了急救电话，过不多时就来了一辆救护车，芮意飞陪着友善驶向那波里城附近的医院。石磊和何谦留在现场继续工作，他们坚信，这是采集超高温嗜热菌的极好机会，无论如何得尽力多搜索到各种样品，带回去鉴定。就这样，他们忙乎了整整一夜，收集到上百个样品，才回到住处。王友善的右腿多处骨裂，臂部深度烧伤，医院已为他做了尽可能的处理，现在稳定，芮意飞留在床前照顾。

此后，他们在当地又住了五天，因为王友善执意要与队友同日回北京，那里的医师勉强同意，不过要再接受五天的治疗和护理。就在这五天里，他们也没闲着，用随身带的仪器，对所搜集到的近一百个样品做了初步鉴定，结果使他们喜出望外，那里边有两株超高温嗜热菌，至今还没见过。还有十多株嗜热程度也不非凡，生活温度都可在一百摄氏度以上。四个人都为这样的成绩欢欣鼓舞。

北京实验室闻讯这一切，大家都为此欣喜若狂。于立荣说：“石磊小分队外出采样，成绩斐然，营造月球大气层的细菌，应该有的都已齐全了，特别是那株能释放二氧化碳的微生物和两株在咱实验室至今缺乏的超高温嗜热菌，为全方位开始月球环境的改建提供了坚实的基础。两位队员王友善和古诗欣，光荣负伤，我们一定尽全力为他俩的康复负责到底。”她与旭骝春、滕小刚、裘文英等商量妥，要为小分队的凯旋开一次隆重的庆祝会，邀请石岳虎和他的女儿参加。根据石磊早些时候的报告，石巧妹在这次任务执行过程中，担任向导，做出了显著成绩，考虑她个人的愿望，研究室决定录用她作为实验员的候选者，近日将安排她做文化培训，等文化考核合格以后，届时正式录用。这消息传到古诗欣那儿，他高兴得流下眼泪，周围的同事也纷纷向他表示祝贺。石岳虎为女儿有如此理想的归宿，特地跑到于立荣办公室当面致谢。听到喜讯的石巧妹，第一时间是请古诗欣办了一件事，诗欣按她口述的意思，为她写了一份决心书，表示要刻苦学文化，努力掌握技术，争取尽快达到实验员标准，早进实验室早做贡献。她拿着写好的决心书，让诗欣领她去了于立荣办公室，当面呈上。

第二十二章　细菌的威力

自从在北京环保研究所做了题为“于氏模型与温室效应”的学术报告以来，于立荣就陷入对大自然元素循环的思考中。近些年里，地球大气环境的变化，特别是二氧化碳浓度的急剧增加，使气候变暖，影响到国计民生。这里边除了自然因素外，各国工农业的快速发展，使二氧化碳气的排放失控，应该说是重要因素。人们对人为造成的温室效应的升级需要控制的呼声很高，世界范围内的科学机构以及各国政府都在努力，谋求改善环境，寻找减少排放的灵丹妙药。就在那次报告中，于立荣也将“于氏模型”归于其中：她提到，“于氏模型”是一个完全用人为掌控的方法，模拟植物的光合作用过程。它进行时，不受大自然的束缚和依赖。也就是说，在阳光普照的大地上，提供于氏模型所需的原料，能使光合作用过程在人工操作下高效率地进行。当然，作为这个过程消耗的主要原料，二氧化碳，被固定到光合作用的产物中去，生成了碳水化合物。大气层中的二氧化碳浓度随之减少。人工光合作用效率越高，规模越大，二氧化碳的消耗自然越多。人所共知，二氧化碳是温室效应的诱发气体，它的浓度减下来，温室效应的强势应该有所缓解。无形中，“于氏模型”成为当前广被人们关注的抗衡温室效应的一剂良药，这就是于立荣报告中力图阐述的中心思想。然而，她心知肚明，通过“于氏模型”，一部分在空气中的二氧化碳被固定到光合作用的产物中，形成了碳水化合物，这并不意味着被固定到碳水化合物中的二氧化碳，从大气中永远消失，而只是转换了形态，投入到生物圈的碳素大循环中，先前曾是气态的二氧化碳，转换为含碳化合物。当这些碳水化合物被人和动物食用后，经过消化吸收过程，最后以粪便的形式排出体外。这些废物其实又参与到碳素大循环中，在细菌的作用下，以二氧化碳的形态回放到大气层中。在日常生活中，碳素的这种转换和循环到处可见：燃烧现象就是其一，那些起火的物质，它们的组成中，碳元素占主导地位，燃烧时消耗氧气而释放出二氧化碳。这就是为什么，在现场的人常常感到空气郁闷而窒息。

人和动植物停止新陈代谢以后留下的残骸，经细菌的分解作用，释放的也是二氧化碳及其他气体。在海底沉积多年的被称做化石燃料的生物衍生物，它们主要由长链的碳原子加氢原子构成，通常叫它为石油的有机化合物，提供能量的同时，将二氧化碳回放到大气中。在渤海之滨，造型各异的石灰岩小丘、妙如仙境的桂林石窟，在漫长的风化过程中，散发着二氧化碳。就连动植物的呼吸，也是吸进氧气，将二氧化碳气排出体外，加入自然界的碳素循环中去。

关于碳素从存在的一种形式转换为另一种形式的现象，于立荣在报告的第二部分做过披露，还在最后语重心长地得出结论：由此看来，仅靠人工光合作用的“于氏模型”，对抗当今越演越烈的温室效应，实在有些力不从心。在社会高速发展的进程中，二氧化碳排放急速增加。与工业革命前相比，在大气层中的二氧化碳浓度增加约百分之三十，致使气候变暖，冰川融化，整个生物圈的环境多变，就连过去常年冰雪覆盖的格陵兰岛，如今也已冰层融化。这样看来，今后的状况还真难于预料。这给全球生态平衡造成负面影响，并波及国民经济和人民生活的方方面面。由此看来，放慢人为造成的二氧化碳的排放势在必行。与此同时，寻求除了人工光合作用的“于氏模型”以外的其他途径来对抗温室效应，是完全必要的。

万物皆由元素构成。而各种元素，不管处于固态、液态或气态，都会通过自身的循环而永存于世。肉眼看上去，这样东西不见了，误以为它消失了，其实不然，它只是变换了存在的方式，从一种状态转化为另一种状态。就像一桌丰盛的宴席，客人入座时，满桌子鸡鸭鱼肉，退席时，残羹剩菜，寥寥无几。谁能说，那些从餐桌上消失的食物不复存在了？当然不能。它们只是进入胃肠，经消化系统变为组成人体的细胞活动所需的能量和营养，剩下的废物和残渣排泄出体外。不管这些食物经过人体的新陈代谢变化为什么状态，可它们原初所含的各种元素一个都不少。这些元素经过这般的旅行后，又回到自身的大循环中。在那里，经过化学反应及各类细菌的分解、发酵和代谢，周而复始地变换着存在的方式，维持着生物圈的动态平衡。那些经消化而遗弃的残渣废料中的同一些元素，经过时间的流逝，或许又回到宴席的餐桌上呢。

碳元素，在生物体内，它组成生命大分子，核酸、蛋白、脂肪和糖类的主要成分；在非生命世界，比如大气和岩石土壤，碳元素都含量不菲。这造就了自然界中碳循环的广泛性。周旋于生命世界与非生命世界的元素循环，除碳之外，氮循环的意义一点也不逊于碳循环。因为它也是生命遗传基因和蛋白质的主要化学元素，且在地球大气层中具有优势的含量。遗憾的是，空气中那么丰富的氮气，几乎不能被生物体直接吸取利用，非得借助于细菌的帮助，转化为含氮化合物以后，才能被生物体摄取，参与生物大分子的构建。实现这类转化的细菌种类很多，诸如根瘤菌，就是一种小有名气的菌种，它能将氮元素固定到氮化物中，为植物获得氮元素出力。此后，在细菌的参与下，生物体的残骸又被分解而放出氮元素单体，到非生物世界中去。就这样循环往复，运作自如地维持氮元素的永存。

磷元素的循环，在自然界中也有着举足轻重的意义。它是组成骨骼和牙齿不可缺少的元素，它还是组成脂质和核酸的元素之一，生命世界缺不了它。磷元素又是到处可见的岩石、土壤和化石的构成组分，当它以磷酸盐的形式被植物摄取后，又被动物食用消化，周而复始，生物与非生物之间对磷的循环使用就联成网络。在这个全过程中，细菌的作用不能被忽视。

说到硫元素的循环，于立荣对它情有独钟。硫在任何生物体中都占有位置，特别是在蛋白质、辅酶和维生素等大分子中，非常重要。当她早期研究氧气在地球上出现的来龙去脉时，对光合作用的各种类型做过详细的考察，她总觉着，地球从一个无氧环境自然演化成如今氧含量相当稳定的大气层，值得一探究竟。她的考证开阔了她的思路，成了她谋划营造月球大气层的根基：根据科学家们对化石结构研究所获得的数据表明，细菌是原始出现在地球上的生命体。细菌要生存，就得有维持生机的微环境和能量。早期，它们通过将无机物氧化获取化学能来养活自己，后来，无机物来源少了，怎么办？适者生存。它们得变脸，实现体内基因的转换，那就是利用轻而易举且源源不竭的阳光作为能源，以硫化氢或其他有机物作为氢供体来还原二氧化碳，进行厌氧型光合作用而维持生息，紫硫细菌和绿硫细菌就是这种类型。正是这类不放氧的光合细菌，在地球形成后又过了十二亿年以后，开始活跃在硫元素循环的自然界中。此后，又过了十亿个年头，能够放氧的兰细菌才从容登场。从不放氧的光合细菌过渡到能放氧的蓝细菌，经过了如此漫长的岁月，是自有其缘由的：虽然，它们都以光为生存的能量来源，却走着不同的代谢路途，前者是以硫化氢为电子供体，来还原二氧化碳获取碳水化合物；而后者则要氧化水，经过一系列步骤才能做到。要知道，从硫化氢中拿走电子易如反掌，要将水分解为氢和氧，那就难多了。这可能应该是兰细菌姗姗来迟到这个世界的理由。也许，在前者与后者之间那段时光里，存在过承上启下的中间型细菌群体。

兰细菌，这株能分解水放氧的光合细菌在地球上的产生，诚然是划时代的事件，为需氧生物开辟了生存发展的新纪元。于立荣从接触兰细菌的那时候起，就对此感慨万千，她常想，地球，从它形成的那天起，一直经历着千变万化，它周围的大气层也从无氧气存在演化为氧气含量相当稳定的环境。这正意味着，世界万物，变是本性、是历程，科学研究的宗旨正是通过各种手段、技术和方略，揭示万物的本质和变的历程，弄明白和掌握其内在的规律，然后利用已知的知识、技能，缩短万物在自然发展变化过程中所花费的时间，甚至改变其途径，最终为繁荣世界和造福人类服务。“一万年太久，只争朝夕”应该是我们的座右铭。立荣的这些想法都揉进了她为争战月球所拟写的设想报告中。

元素分布在大自然的各个角落，并永不停息地循环，这是维持生机、确保生物圈生态平衡的必然过程。毕竟，自然界的元素是有限的，而生命活动需要营养和能量消耗。如果没有对有限物质的循环使用，怎能使这个世界繁茂昌盛！物质一旦耗尽了，人类生存也就渺茫无望了。其实，不管哪种循环，都悄悄地在人们的生活中瞬息变换着，只是没人刻意地去想它罢了。于立荣却成为这个话题的热论者，她早就注意到，在元素的循环中，都离不开细菌的参与。她常和在她旁边的丈夫，《细菌的威力》一书的作者，旭骝春，讨论这个领域的许多问题，她还查阅文献，广听众议，终于明白，细菌，这个生物中最为庞大的群体，几乎无穷多，个头却小到肉眼不可见，它确确实实是元素循环的驱动者和主力军。就碳素循环而言，细菌将动植物残骸腐生发酵和转化分解，到头来，碳元素以二氧化碳的形式返回了大气层，重新参与植物的光合作用过程，形成碳水化合物，成为人们的主食，维持碳素在非生命世界与生命世界之间的源源不竭的循环。至于其他元素的循环，诸如氧元素、磷元素、硫元素、氢元素循环等，无不与细菌有着千丝万缕的联系，并由细菌一手操办。细菌又是大自然的清洁工，依靠它的分解作用，遍布各个角落的废水废物、垃圾残骸可以降解为单体，然后回归到大自然的元素循环中。可以想象，如果没有细菌昼夜不停地辛勤工作，这美丽动人的大自然，将要变成日益泛滥的巨型垃圾山！到那时，何谈生命现象和发展昌盛！“细菌不声不响地为我们清理和净化环境，我们可真离不开它。” 于立荣常常为此感叹。自从她把研究的目标集中到开发月球、为人类第二家园的前景规划以来，她对周转于地球五大圈层中元素的循环使用更加看重，那里发生的一举一动，她都要琢磨一番，想一想，能否在她从事的这项宏伟大业中派上用处。

说到细菌在世界上的举止和行为，无论它是将有机化合物和无机化合物解离成单个分子，驱动各种元素在大自然界中的循环使用，还是充当环境的清洁工和有害物质的消毒剂，归根结底，都是为了它自身的成活需要，它可从中获得营养，繁殖后代，延续生息。虽然，细菌的代谢途径五花八门，有的只需要二氧化碳维持生存，有的以光为能量来源，利用硫化氢为还原剂，固定二氧化碳等等。由此足可见得，在自然界中，元素的循环与细菌之间有着相互依存的密切关系，相辅相成，相得益彰，谁也离不开谁。否则，哪一方都无法逃脱衰亡的厄运。

于立荣早已看中细菌与元素循环两者相依为命的关系，她已谋划很长时间，打算在营造月球大气层中用上它。她还将充分利用细菌的另一个得天独厚的本事—“内共生”。细菌既能自由自在地生活，又能闯入别的生命体，与“房东”共同生活在同一个宅院里，只是进驻的细菌仍保持有自己的全套基因和功能独立性。众所周知的例证，就是植物细胞里含的细胞器，叶绿体，它是高等植物细胞的一个组分，如果将叶绿体从植物细胞中分离出来，它仍能独立地进行高等植物的光合作用全过程。这是因为，它是早期兰细菌的复本。通俗地说，兰细菌就是叶绿体的前身，通过 “内共生”，它成为植物细胞里细胞器的一个组分，它放弃了原有的细胞壁而与植物细胞联为一体。就这样，原本是原核生物的兰细菌，就变为真核生物的细胞器。兰细菌的这段经历，常常成为人们关注原核生物演变为真核生物的绝好教材。殊不知，细菌内共生的才能在营造月球大气层中，被发挥得尽善尽美。于立荣和她的同事们，在实验室里，培育了独一无二的多种细菌群体—嗜热菌、固氮菌、固碳菌、热兰菌、热好氧菌、热氮菌、光合菌和双相功能菌落群等，将这些菌落通过航天穿梭机，从地球运往月球的个个角落，充当种子菌体。此后，让它们在那儿存活并绽放结实，繁殖后代，为月球大气层添砖加瓦。届时，元素在大自然中的循环流程，将成为养活这些细菌的营养源泉。

于立荣与旭骝春，晚饭后常常外出散步，放松自己，除非因事外出或者实在腾不出身来，否则他俩都尽量坚持这个散步的习惯。花上半个多小时，绕着小区的林荫道，一边走一边山南海北地谈论，话题丰富多彩：有时是近期发生的新鲜事儿；有时是两个儿子的趣闻；有时讨论大大小小的家庭琐事；更多的应该算科学研究的想法和思路的交流。他们的小儿子风趣地给他俩的这类讨论取名为迷你论坛。有一次，晚间散步长了点，回到家，小儿子马上问：“今天散步大大超时，是不是迷你论坛碰到难题？如果不是保密级的，说说看，兴许在我脑中有解呢？如果有什么争执不下的问题，本人自愿做评判。”旭骝春听了，笑了笑，没马上应声。于立荣却认真做答 “今天我们继续讨论了细菌在月球上成活和繁殖增生的问题，我和你爸达成共识了，打算利用自然界中物质循环来养活细菌，物质的大循环套上细菌新陈代谢的小循环，相依为命，共求发展，细菌就以此获得生存和繁殖的一切了。”听了妈妈三言两语的解释，旭阳，这位中学生，从心眼里佩服自己的双亲。

其实，将细菌不断运往月球各角落的程序，光合与航天研究所早已大功告成并已投身实践。他们遇到的最棘手问题，却是如何使细菌获取永久性培养基，从而落户在月球上生根发芽。现在，这个问题终于迎刃而解。

最初，当于立荣将自己关于这个问题的解决草案公布于众并征求意见那会儿，大家都觉得那是一个完美无缺的方案。几位研究所里资历老的同仁还伸出大拇指，夸她天资高超，所设想无懈可击等等。立荣对此只微笑着说了句：“那不过是学习学习再学习的回报而已。”

第二十三章　一步之遥——踏足月球的第一位女性

营造月球大气层的研究项目，这几年进展喜人。光合与航天研究所联手俄罗斯航天局的紧密合作，一直没有间断过。这得益于俄方航天局的主要负责人，谢廖沙·巴达波维奇博士，他是于立荣在莫斯科大学读书时的同窗好友娜达莎的长子。几十年如一日，于立荣与这位学友保持着跨越国界的友谊深情。娜达莎在给于立荣的信中常常赞不绝口："立荣，你们是怎么构思出这样的'狂想'！大胆地选中月球为开拓宇宙的目标？我太佩服你们的智慧和能力了！我虽然不是这项目的直接参与者，但我一定敦促谢廖沙，让他把你们的需求摆在头等大事。他与我经常互通消息，当我听说这个项目进展是那样顺利，真为你们，也为我们，由衷地喜悦和兴奋。"

俄罗斯航天局有一架小巧玲珑的太空穿梭机，谢廖沙可以直接调动。只要于立荣说声需要，就会及时得到满足。月球距离地球那么近，你可以想象，这架太空穿梭机往返地球与月球之间有多频繁。运输的物质主要为各类微生物。该研究所的科技人员，将现代分子生物学技术与传统的生物物理和生物化学手段磨合妙用，为构建月球大气层提供了足够种类的细菌：其中有嗜热菌和蓝细菌共生的新类菌株，取名为热兰菌，这种菌既耐高温生活，又能在合适条件下由蓝细菌进行光合作用放出氧气；有嗜热菌与多种好氧细菌共生的另一新类菌落，被称为热好氧菌，它们不但在高温环境中活泼，还能在氧环境里释放二氧化碳；还有嗜热菌和放氮菌共生的热氮菌，为大气层提供氮源，等等。更令人瞩目的是取名为二联体的双相功能菌落群，将热兰菌和热好氧菌巧妙地构建在一起，在上面安装了两个纳米数量级的自动阀门开关，其中一个是与热兰菌连接的二氧化碳微型发生器，一经触发，发生器就会将带着水汽的二氧化碳，源源不断地供给二联体上的蓝细菌，让它开始光合作用放氧。另一个阀门是控制放出的氧气，将蓝细菌释出的氧气输送给旁边的热好氧菌。当它得到氧气后，进行化学反应，耗氧而放出二氧化碳。这就是二联体内运作的微循环的关键步骤。当然还安装其他附件，诸如控制光暗开关的微型光电二极管堆等。双相功能菌落群的一头是消耗二氧化碳放出氧气，另一头则是消耗氧气放出二氧化碳，此起彼伏，循环运作。当这一循环足以强化时，无论是氧气还是二氧化碳，均会释放到周围环境中，为月球大气层添砖加瓦。虽然如此，但月球的重力远远不像地球的重力那么强悍，因此，月球周围所获得的各种气体，会得而又失，随意离散。然而，随着能释放气体的各类细菌的数量迅猛增长，能留在月球大环境中的气体分子就会与失散离去的气体分子达到动态平衡，这种动态平衡将会反复发生，从开始的低水平到逐渐的高水平，一浪高过一浪，在新的水平上达到新的平衡。光合和航天所的任务是跟踪测定月球周围气体的组分和压强，以及这些参数随时间而变化的动力学。通过调节运往月球的各类细菌的数量和释放气体的类型，促使保持在月球周圈十公里内大气层的气体组分趋向地球大气层。这几年，该研究所不间断地跟踪实验表明，月球周围环境，不论就组成而言，还是气体压强，都在随时间推移向预定目标变化着，这是营建大气层趋向成功的曙光。于是，俄罗斯航天局又提供了第二架太空穿梭机，为项目专用。可以想象，两架太空机就这样成年累月频繁地往月球运送所需菌落，经过近十个年头的漫长岁月，那些个头仅有微米量级的微生物，在月球上的数量该有多少！况且，它们获得繁殖生长的合适条件，在那儿繁茂增生，其数量早已年复一年地翻倍。开头那几年，太空航天机的运作是完全依赖自动控制，将细菌撒放到月球的各个地方，然后分别取回样品，提供给跟踪测试实验室，取得数据。近年来，由于细菌在月球各地域的生长发育和代谢活动，月球周围环境随时间增长急剧地变化着，在环绕它十公里的空间中，气压逐渐增高，其组分也朝着预定的目标缓缓逼近。月球地面的平均温度也随着往下滑。七年之后，出乎设计者的预料，对月球大气层跟踪测试的各项指标，都比预定的要好，特别是那几个关键参数，诸如大气压强，已相当于在地球二千五百公尺高度时的状况。这是十分可喜的成功，这样的环境，人虽然还难以适应存活，不过借助航天装置的帮助，可免于危险。大气中氧的含量也有相应增加，只需稍加补充氧气来源，就可避免由于氧气不足而危及生命。还有第三个参数，那便是月球周围的平均温度大有改善，不再使人感到烈日炎炎，那时候温度已在 40—45摄氏度，与地球上热带平均温度相比，相差无几。月球大气层获得如此惊人的改观，光合与航天研究所的职工们，无不为之欢欣鼓舞，对“细菌的威力”坚信无疑。

自那以后，太空航天机开始载人航行。每次二到三人。这不仅使反馈信息更为丰富和确切，也实地训练了航天人才。这些随机旅行的科技人员都在人工气候条件下接受过半年至一年的特殊培训，上天飞行时全副武装，除了通常需要的航天服、头盔、手套和靴子以外，都有一台小巧玲珑的生物放氧发生器。这是早些时候，于立荣和旭骝春合伙研制的，将蓝绿藻悬浮液注入一个配有微型圆球灯泡的外套夹层中循环使用，让它进行光合作用放氧，作为氧气来源。灯泡四周装配有晶体冷却器件，以调节反应温度。这台氧气发生器，已在人工气候室缺乏氧气的空间里多次使用，经受了实际考验，证明技术指标合格。另外，每个人还有一副特制耳塞，里边装有对内耳和外耳之间的鼓膜起保护作用的弹性薄片，可承受外界的巨响而不至于击穿鼓膜，也有调控咽鼓管开放闭合的附加装置，帮助调节内外耳的气压平衡。

近十年里，这个研究所几乎百分之九十的精兵强将都投入与“细菌”有关系的大协作中，对不同菌株的采集、筛选、培养和性能的测定，以及为适用需要所进行的修饰和改进，是他们工作的重头。月球大气层环境的改进，每前进一步，都得有新的菌落去适应，还得在新的层次上达到新的水平。为此，研究所需要的不仅是雄厚的财力资源，还必须不断补充优秀人才的加盟。这支队伍从当时组建到今，已从十几个人扩充到二百多人，这项碑记于人类史程的科学研究一直有条不紊地进展着。

裘文英，这位研究所中倍受尊重的女强人，自打宣布航天飞机即将载人去月球的消息宣布的时刻起，就奋勇报名争当第一批。她的愿望得以实现，不仅带领两位助手踏足月球整整二十四个小时，还在那儿获得了令人振奋的第一手数据。更为珍贵的是，他们三位亲身体验了今天的月球环境，那边已经具备了人们存活的必要条件。她不顾疲劳，刚下了太空机，就迫不及待地随迎接她的于立荣、旭骝春，还有石磊等去了研究所。她的丈夫滕小刚，两个孩子，腾飞和裘真真，都紧跟不舍。自从她被批准为首批登月第一人的那天起，她的丈夫就开始为她的人身安全捏一把汗。尽管滕小刚很清楚，先前的一揽子研究依据足已显示，那里一切就绪。可毕竟是头一回尝试，他有些紧张，万一有什么不测…… ，可两个孩子的想法却与他截然不同，他们好奇地想知道，妈妈到外星旅行一大圈，会不会发生什么变化，会不会染指外星人的体征呢？

研究所的里里外外，鲜花满院，盛况非凡。大门口早已挤满了欢迎人群，当裘文英等三人凯旋，刚刚抵达门前时，八名男子汉，抬着看上去十分舒适的自制大红轿子，快步走过去，将他们抱上轿，绕大院一周，还有吹打弹拉伴随着。周围的人群开心地谈论着。那种热烈场面，叫人热泪盈眶。

第二十四章　延年益寿的喜悦

北京协和医学院是一座享誉国内外的高等学府。自从二十世纪初建院至今，不知培养了多少名人学者，为人们的健康长寿奉献着他们的一技之长，为医学事业的接班人呕心沥血。高中毕业后的男女青年，但凡将来的志愿是从医的，十有八九都仰望着这所大学，不过常是望而却步。原因之一是大学的教学大纲严谨而高超，很难通过入学考试；其次，临床医学专业实行八年一贯制，花三年打好基础，然后五年才是临床实践课，成绩合格者授予医学学士，其中优秀者继续深造三年，通过论文答辩才成为专家级的人才，称为理学博士。这对入学后的每一个学生，不能说不是严峻的考验。那些经历到最后的佼佼者，大多数成为这一个领域的栋梁。

于立荣和旭骝春的小儿子，旭阳，就曾是这座大学的学生。不少他俩的朋友和熟人常会问，为什么小儿子学业那么优秀，不继承父母业绩，却考入协和医学院呢？回答这类问题的时候，于立荣会滔滔不绝地讲到小儿子的许多童年逸事。

旭阳小时候是一个顽皮好动的孩子，家里人叫他“多动毛头”，他天真可爱，三四岁时就能歌善舞。电视台播出的歌谣，他酷爱模仿，还总能很快学会并表演给大人看，像电影《霍元甲》的主题曲，他能一字不漏地背唱，无论是抑扬顿挫，还是广东话的腔调，学得都十分得体，学姜昆说相声更是他的拿手本事。他依靠这些小本事，博得爷爷奶奶的喜爱，逢年过节，得的压岁钱和礼物，自然比别人多。他十分乖巧，不像比他大上八岁的旭昊哥哥，一旦受到批评就一声不响，有时还会哭鼻子。而他对待批评指责，则常常是以央求的口吻说“别生气了，我以后不这样做了”等讨人原谅的话，大人听了也就气消云散。这使他从小到大，未受到过任何处罚。到四五岁以后，他开始爱好读书。他把大人给的零花钱攒起来，买儿童读物和通俗科幻童话，全套《十万个为什么》《丁丁历险记》他都读了再读，大人的许多书刊，他也会拿去翻阅。老爷爷给小孙子讲各式各样的小故事，小孙子问着千奇百怪的问题。旭阳上小学以后，迷上了游戏机，各种型号的他都玩过，不玩到顶级水平绝不罢休。虽然消磨了他不少时间，但收获也不算小，这类游戏机训练了他的手和脑的配合、机灵和反应快速；他的打字本领，就是从那时候奠定了基础；他的英文词汇量也有长进；在中学和大学期间，他的计算机科目一直在班里名列前茅，这与起步早可能有密切关系。

旭阳从来到这个世界至今，闯过一次大祸也生过一场大病，都是在童年的时候。他四岁那年的一个星期天的中午，全家人去街上买东西回程，骑着自行车逛了大半天，爸妈和哥哥都很累，急着赶路回家吃午饭，小阳阳坐在爸爸车的后架上，到了家门口，爸爸将阳阳抱下来就随其他人上楼了，当时他们住在公寓宿舍楼十层，大家从电梯里出来，不见小阳阳的影子，于立荣和旭骝春马上掉转头又乘电梯下来，看见阳阳正坐在他爸爸的自行车座上，玩着车铃。听妈妈急促喊他，就从车的座位上蹦下来，突然他大叫一声，两手抱着一只脚，坐在地上。原来，当他往下跳时，正巧踩在放置在地上的为自行车加油的油壶尖嘴上，锋利的嘴尖从他的脚心穿到脚背，将脚背的皮顶起足足有半寸高。看到这情景，爸妈都吓昏了，爸爸抱起他直奔大街，拦住急驰的运输大卡车，司机见此情景，二话没说就转头向儿科医院驶去。在那儿，一位看上去很有经验的中年医生不慌不忙地为小阳阳做了急救处理：先将伤口仔细消毒和打麻药，然后在油壶入口的旁边切开一个小口子，以减小尖头埋在肌肉里造成的压力，再利索地拔出插在阳阳脚上的油壶嘴，最后注射了防破伤风针剂。整个过程中，小阳阳没有哭，眼睛一直盯着医生为他所做的一切。后来他告诉妈妈，当时伤口不太痛，回到家以后才感到有些疼了，那些日子，可忙坏了旭骝春和于立荣，单位里正值基金申请，两个人都急待定期交出申请报告，每两三天还必须带小阳阳去儿科医院复查伤口和换药，每次都得两个人同去，小阳阳放在自行车后架上，一个推车一个扶着孩子，从住处走到儿科医院，至少花半个小时。一个多月后，阳阳的伤奇迹般地愈合，两个人轮流值班，乘公共汽车去医院，省了不少事。又过个把月，小阳阳完全恢复了，像是什么事都没发生过一样。不过，他并没忘记他闯下的大祸。有一天傍晚，阳阳拿着一本画册，走到妈妈面前，满面愁容，对妈妈说："你知道吗，我再也不能做飞行员了，因为我脚板儿上留下了伤疤，不合格了。"说着，他的眼泪就流下来。于立荣看着儿子伤心的样子，马上安慰说："不会的，你还小，那小小的伤疤，会慢慢长出新组织填满伤口，不会影响上天飞行的。”

旭阳刚满六岁那年，先是得了病毒性感冒，多日高烧不退，后来转发急性肺炎。有一阵子，他得经常去儿科医院打针，当时为他治病的是刘豫雁医师，她医术高明，对病人和蔼可亲，像对待自己的孩子。刘医师享誉很高，她治愈过许多重病患者，其中濒临危难的也大有人在，为此，孩子家长们视她为神仙，只要自己孩子需要就医，争先恐后抢挂刘豫雁医师的号，不惜排长队花时间。小阳阳在刘医师面前显得很平静，他常常很专心地听刘医师说话，刘医生夸他勇敢，打针不哭鼻子，他很得意。就这样，他在刘医师的精心治疗下很快痊愈。他为刘医师唱了拿手的《霍元甲》插曲，可以看出，他对刘医师已有着深情厚谊。此后，他常对妈妈说，他长大要想当医生，像刘医师那样，为人治病解难。于立荣和旭骝春对两个儿子长大后的去向，一直主张因材施教，顺其自然。他们将来从事的，一定得是他们喜欢的，只有这样，他们才会心甘情愿地下苦功夫投入其中。大儿子旭昊，曾表示将来志向是经济财贸，于立荣和旭骝春不但支持，还为他收集有关资料，开阔他的眼界；小儿子旭阳，说要立志学医，他俩同样十分赞成，还常开导他，要做一个好医生不容易，不仅要有治病救人的强烈愿望，还要有扎实的医术为基础。就这两方面而言，刘豫雁医师全都具备。他们还告诉小儿子，刘医师早年毕业于北京协和医学院，有八年的医学本科和临床的丰富知识以及实践，又花了三年深造，获理学博士学位。毕业从医这么多年，一直精益求精，这是她成为一个卓越的医生的先决条件。爸爸妈妈的话，小阳阳铭记在心，多年以后，他高中毕业选择志愿的时候，毫不犹豫地报考了北京协和医学院，并如愿以偿。

就在于立荣正与瑞典隆德大学光合作用研究室阿尔博特教授联手合作的时候，旭阳在妈妈的帮助下得到去这个大学医学系干细胞研究室从事博士后的研究职务。主持这个室的带头人正是一位干细胞研究领域的知名学者史蒂芬·佩尔森教授。旭阳在大学学习期间，对干细胞的神奇功能就已入迷，能得到去佩尔森实验室工作的机会，是他梦寐以求的。在大学上医学基础课的时候，他了解到，人体里有几百万亿个细胞，在身体各个组织和器官维持着各项功能，这些细胞通常称为功能细胞。随着时间的推移，这些功能细胞经受着发生、发育、成熟、衰老和死亡的自然规律，就像每个人都必须经历生老病死过程一样。不过，组成人体组织器官的功能细胞，由于承担的功能各异，其寿命的长短有很大不同，有的以时或天计算，也有的伴随人的一生。无论哪一种，它们的凋亡是每时每刻都在进行的。与此同时，必须再生功能细胞，来替代死亡的那些，才能维持人体组织器官各个部门的完整生理功能，使人体保持活力和健康生活。在人体里，能不断产生这些功能细胞，并能维持他们的数量和质量的组织机构，正是干细胞。它们分布在每个组织器官中，遵循机体的需求，不停顿地诞生出年轻和健壮的功能细胞，取代那些衰老、病变和死亡的细胞。一旦哪个组织器官的干细胞衰变和凋亡加快，其质量和数量不足以执行新生功能细胞的任务时，那个器官就会生病或走向衰老，濒临死亡。干细胞的重要性不言而喻。旭阳从那时候起就已经意识到，干细胞在保持人体健康这个大命题中的重大使命。他常常分出时间如饥似渴地阅读相关资料来充实自己，还在茶余饭后与他的父母探讨这方面的问题，渴望得到更多的启发。

那几年里，旭阳集中思索的问题是：如何利用干细胞具有的自我更新和分化的潜在能力，培育出所需要的崭新的组织和器官，然后利用它们，通过体外移植的手段，取代衰老和生病的组织和器官，为移植医学开拓新路；如何利用各类干细胞，在为抗衰老延年益寿中发挥作用；癌症是人类死亡的主要杀手之一，每年都有令人震惊的数目因患有癌症而丧命，利用干细胞治疗癌症，目前已显示出亮点，如何使亮点光芒四射……。壮志凌云的他期待能有机会投入到这一领域，亲自实践！妈妈对儿子的心思了解得十分透彻，早已为他物色了一个适合他的博士后去处，那就是隆德大学干细胞研究室，从师于史蒂芬·佩尔森教授。这位知名教授曾在美国斯坦福大学完成博士后研究，由于在干细胞治疗血液病领域里做出了突破性成绩，回国后破格晋升为正教授并主持这一前沿课题的研究，还与瑞典国最大的医院—隆德大学医院建立了密切的合作关系，在血液病、脑肿瘤、老年痴呆、糖尿病等多个领域，研究干细胞的作用机理和可能功效。佩尔森和他的助手们，通过研究信息传递的多种不同途径，通过应用血液和骨髓的移植手术，以及采取不同手段改善移植后的干细胞的生命力等途径，使干细胞在上述列举的多学科中发挥它的作用。他们取得了令人惊叹的进展。这样一来，佩尔森教授在干细胞这一研究领域中成为名家。由于与阿尔伯特教授在光合作用研究方面的长期合作研究关系，于立荣经常往返于北京和隆德这两个城市，她对隆德大学的专业设置很为了解，对干细胞研究中心以及佩尔森的背景早就关注有加。她建议旭阳，可尝试申请佩尔森教授实验室的博士后职位。妈妈的主意正合旭阳的心思，他递交了简历和申请博士后职位的材料。不久，就得到了录取的通知。

旭阳得到为期三年的博士后研究职位，他的课题重点集中在糖尿病的研究和治疗方面，当教授与他商量是否愿意承担这一研究时，旭阳二话没说，就欣然接受。事后，他告诉妈妈，他非常渴望得到机会研究干细胞移植医学对糖尿病的治疗课题。糖尿病在我国的蔓延趋势迅猛异常，按绝对数计，中国已成为这类病发病率最高的国家。作为一名青年医生，保卫人类健康，是义不容辞的责任。糖尿病已成为肿瘤、心血管病之后，威胁人类健康的第三大慢性疾病，而目前的医疗现状急需改善和开拓新路，旭阳认定干细胞移植手术对糖尿病的治疗将起到非常好的作用。旁边有高人指导，又有从隆德大医院源源不断送过来的各种类型的糖尿病病例，在这样优越的研究环境中，他很有信心，只要持之以恒，努力进取，一定能在干细胞治疗糖尿病领域摸索出一条可行之路。

在旭阳博士后研究的第三年，他遇到一位不寻常的糖尿病患者。这位病人叫黄皆皇，刚过八十高龄，半个世纪前移居瑞典，一辈子都立志于汽车元件的创新和生产，成果非凡，成为知名度很高的实业财主。他在二十年前患上轻度的糖尿病，在药物治疗和控制饮食的条件下，血糖指标保持平稳。可是，就在刚过八十寿辰不久，他的家人发现他的下肢有水肿并日渐严重，就慕名而来投奔佩尔森教授，当时佩尔森忙于手头已排队等他确诊的数位病人，无法抽身，就将黄皆皇介绍给旭阳，黄老听说旭阳是国内名牌医科大学的优秀生，已在隆德大学从事博士后研究两年有余，背景不错，又见他气度不凡。他思潮澎湃，油然而生对这位青年医师的尊重和信赖。他放下心来，请旭医师全权主治。

旭阳接过黄老的病例，给他做了全面检查后，很快将目标集中到糖尿病并发肾脏疾病上，采用活体组织病理检查，确诊了他得的是糖尿病并发早期肾小球部分硬化症。旭阳反复研究思考，做出用干细胞治疗黄老疾病的详细方案，他与佩尔森教授讨论了方案中每一个步骤，得到教授的认同。

第一步利用移植胚胎干细胞先治愈糖尿病，因为糖尿病是肾小球硬化症的主要起因，当血糖指标上飘后，使肾小球的负担加重，表征为进入肾小球的流体增加，需要过滤的体积加大，这就导致肾小球和肾小管在不正常的负担下受损，肾小球动脉就会逐渐硬化。治病先治本，他认定，移植干细胞这一步骤，必然会有良好疗效。

按原定的治疗方案，旭阳对黄老细心护理，再加上药物的配合。跟踪检查结果表明，黄老身上发生着变化：首先，能分泌胰岛素的胰岛 ß 细胞增加了，胰岛素的分泌量随之增加，而血糖值下降，逐渐趋于正常水平。随后，他将肾的专能干细胞移入黄老体内，让这类成体干细胞发挥修复已经受损的功能细胞的作用，与此同时，再生新的肾功能细胞。这些治疗措施不但使得黄老的糖尿病指标消失了，就连肾病也止住了。老先生喜不自胜，逢人便说，他遇上了华佗。

治愈黄老的病，使旭阳很受鼓舞。他对干细胞移植术信心十足。他又做了下一步打算：不能停留在给他治好了病就万事大吉上，我要为他在延年益寿上下功夫。“为病人排忧解难，救死扶伤；为老人延年益寿，活有其所；钻研医术，造福于人。”这些念想早已扎根在他的脑海中。他还清楚地记得，在他幼童那些年，外祖母常常说起她的双亲都很长寿，活过八十五岁高龄。那年月，在那个小镇上实属不多见，人们议论说，这对寿星能享有不寻常的长寿，是他们在世时积福积德的回报。年幼的旭阳，还不能理解 “回报”二字的含意。后来，上中学时，他听教生物的老师讲到，人的理想寿命可超过一百岁，只不过很少有人能达到这样高龄。当时的他，只感到很惊讶，对寿命究竟怎么定义却知悉甚少，直到上了大学，基础课程给他提供了答案：原来，一个人的生长发育，衰老和死亡，是由这个人从父母祖辈继承的基因系列决定的，基因的组合对人体的组织和各器官提供着各类生物信息，支配着人的整个生命过程，据推测，这个过程的平均里程可达一百二十到一百三十年。这就是理想寿命。遗憾的是，没有人能活到一百三十岁。原因很易理解，因为每个人都不是生活在真空里，而是存在于大大小小环境中：大的像世界范围，一个国家、一个城市，小的一家一户。千变万化的环境影响 无法保障每个人的基因系统都全职表达和发挥充分。至此，环境的干扰缩短了应有的平均寿命。与环境因素同等重要的还有各种疾病和每个人的生活方式以及营养因素。这样一来，人的实际寿命大大减缩，平均寿命为七十到八十岁。旭阳明白了，人的理想寿命与实际寿命之间如此巨大的缝隙，正是他力图缩小的空间。他意识到，改善环境，让它朝着有益于人们健康的方向发展；救死复生，将人们从疾病的痛苦中解救出来；科普知识，引导人们确立健康的生活方式和饮食习惯，这些都是一个医生的职责所在，只有沿这条路坚定地走下去，才能使人的平均寿命向理想寿命靠拢。也许，若干年后，外祖母双亲罕见的八十五岁高龄的记录，不再是稀奇的事儿了。自那时候起，旭阳一生的夙愿和理想，像是融化到他的一腔热血中，指引着他的行动。“延年益寿，造福人类”，就成为他永恒的追求。

生老病死是每个人的生命过程，人的衰老自然是不可抗拒的规律。组成人体并维持生命活动的基本单位就是功能细胞。这些功能细胞，数量庞大，可达几百万亿，五彩缤纷，尺寸各异，与它们千变万化的功能息息相关。说到底，每个人的生命历程正是伴随着这些功能细胞的发育、成熟到凋亡。其中，最重要的是血红细胞：年轻人的血红细胞，就像打足气的球，滚圆饱满、柔韧可塑，即使随着血液循环，通过比它的直径还窄的微细血管，都通畅无阻。随着年龄的增长，血红细胞的立体形态变化了，不再那样地饱满可塑了，在微细血管中流动的速度也放慢了，有时还会挤在一起，阻塞血液流动的通道，引发疾病。就是这些血红细胞，分秒不停地维持着周身的血液循环，带给每个人赖以生存的氧气，排出废物和毒素。一旦血红细胞衰老或受损，体液的循环降速，阻塞毛细血管，其引发最直接的结果是供氧不足，以致危及生命。旭阳意识到，能拯救这种危险局面的就是干细胞。因为干细胞是原始的还没有分化的细胞，它保留着分化的潜在能力和延续下一代的功力。每天，有成千上万的功能细胞生病或濒临死亡的时候，各个组织和器官的干细胞，就会走马上任，根据它们得到的指令，产生新的功能细胞，以此替代衰老的或凋亡的功能细胞。以骨髓和脐带血中的干细胞为例，这些干细胞专称为造血干细胞，当它们得到指令后，不但能自我更新，还能分化成各种功能细胞，诸如红细胞、白细胞和血小板。同样，神经干细胞、间质干细胞等均根据所获得的指令，分化出那里所需要的功能细胞，使新生的和衰变的细胞保持动态平衡，来维持正常的生命过程。这样说来，普遍存在于组织器官中的干细胞，就是产生那几百万亿维持人体正常生机的功能细胞的种子和源头。追根究底，五脏六腑、肢体发达的每一个人，原本竟由一个干细胞发育而成！可以想象，干细胞是何等重要。旭阳深知这一点，要给黄老延年益寿，关键是延缓干细胞老化和维持干细胞的质量和数量，这才是延年益寿的根本。旭阳早就盯准了那个向干细胞发号施令的司令部。那是由多个基因组成的基因大家庭，在这个大家庭里，每个成员都承担着各自的活计，同时还得与周围成员牵手协作，组成一个严谨而有序的网络系统。通过这个系统，将指令以信息的形式传播开来，指挥着全身的干细胞。比方说，哪个组织或器官发出呼救信息，传递给这个司令部，那么，司令部里的相关基因就要传指令到干细胞，让它生产新的功能细胞来拯救，维持新老功能细胞的动态平衡，生命过程得以继续。这个由基因大家庭指挥的信息网络传递系统，如果简单地想象为一个捕鱼网就易于理解多了：捕鱼的网，编织得绳结密集，一环扣一环，不能允许哪里有断线的地方，或者微细的窟窿洞眼，否则，鱼难于捕到。基因网络更是如此，它精密无比，一旦哪儿出了一点纰漏，信息传递就会受阻，或者，全然无法传下去，那一瞬间正是生命的危机。

人体走向老化的关键就是那个信息网络传递系统，要想使人延年益寿返老还童，基因大家庭的指挥就必须正确有序。再以那张捕鱼网做比喻，要想将它焕然一新，必须补上窟窿洞眼和接好断线的地方，或者，干脆部分换新。为此，旭阳拟定了两套药方：其一是将在结构功能上独特的多种蛋白因子，引入到基因大家庭中，有针对性地与那些当家基因结合，促使它们重新编排它们的程序，逆转已衰老不中用的细胞 ；其二，将人工体外培养出的全能干细胞移植到人体内，让它行使分化和新生细胞的功能，重新回到年轻的原样。旭阳沿用这两种药方，齐头并进，为黄老先生治疗。两年后， 黄老的身体康复得出乎意料的顺利，他感觉自己再不像两年前的他了，先前那位八旬老人饱尝的那么多的苦消失无迹，取而代之的现状是，五脏六腑很顺他的意，不但吃喝拉撒睡不找他的麻烦，就连头脑也清醒多了，反应迟钝丢三落四的情况大有好转，待人接物视若两人。黄老身上的这些变化，周围的人都看在眼里，特别是与他朝夕相处的妻子，更是惊喜若狂。旭阳一直跟踪着黄老周身内的各项指标，检查结果显示，各组织和器官的干细胞数量有长足的增加，其中称为多能干细胞的数目尤为喜人，这些干细胞不但能修复那些受损的功能细胞，更令人为之兴奋的是，它们不断地分化出身体各处需要的二百三十种功能 细胞。这些功能细胞，活跃而功能强势，使这位八十多岁的老人感到全身心安逸自在，新陈代谢旺盛。有一天，黄老的妻子半撒娇半开玩笑地对老伴说：“皆皇，你倒是越活越年轻了，照这样下去，我可配不上你了。”这位比黄老整整小了十二岁的糟糠之妻，身体健壮、保养有方，看上去绝不像七十岁的人，唯一的毛病是，常在夜间醒来之后难以入睡，要苦苦熬上一两小时才再度进入梦境。她很在意安眠药会有副作用，引发痴呆症，为此不敢服用这类药物。黄老决定向旭阳请求帮助自己的妻子。有一次旭阳为黄老复查，他的老伴陪在一旁，等到机会，她就一五一十地告诉旭医师，旭阳听后笑着说：“您不愿意吃安眠药，还想夜里睡得好，我倒是有一剂灵丹妙药，保管您乐意服用。黑巧克力，每天吃一块，十克左右，吃上十天半个月就可能有效果。”黄老妻子有些半信半疑，巧克力能充当安眠药，还是头一次听说。不过， 这位旭医师可不同别人，说话从来都可靠，得试试。过了个把月，旭阳接到她的电话，说巧克力果然灵验，她的毛病好多了。她好奇治疗的原理。旭阳在电话里简单地解释了一下，告诉她，“巧克力里含丰富的蛋白质，而蛋白质是由许多多种氨基酸组成的，其中有一种名字叫色氨酸，在它的代谢过程中，会产生能调节人体生物钟的物质，每天日落西山以后，它会使您有强烈的睡意上床入眠；而太阳高照时，您的睡意逐渐淡化而消失，身体各部分开始各就各位，行使自己的功能，活跃起来，您吃了巧克力，就意味着，在您身体里含色氨酸，这种氨基酸在体内消化过程中，沿途会产生上边说的那种物质，正是它进入血液循环后，帮助您有好的睡眠。”黄老太太对旭阳的解释能听懂大部分，最实在的是，她睡眠真的改善了，她心里热乎乎的，从骨子里对这位与她的子女年龄相仿的医师产生好感。为了巩固治疗效果，旭阳建议黄老和他的老伴参加太极拳体育训练，还在隆德城为他们物色了一家包括太极拳在内的具备各类业余体育运动的体育馆。旭阳告诉他们，一些最新研究和跟踪观察表明，长期坚持太极拳锻炼，能增强细胞自我更新和分化，对心脏功能，活化脑细胞等都有明显效果。归根结底，各组织器官的干细胞数目的增殖，比不从事太极拳运动的人群要快得多。旭医师的话，老两口不但听得进，还身体力行。从那以后，“打太极拳”就成了他俩每天雷打不动的日常安排。

黄皆皇和他的老伴，经旭阳医师的治疗调理，无论是身体素质，还是精神状况，都今非昔比，他们说自己返老还童了。尤其是黄老先生，连他自己都不敢相信，发生在他身上的奇迹：不但无病痛，取而代之的是全身心逆转，越活越年轻了。

人常说，“滴水之恩，当涌泉相报”。黄老和老伴开始讨论怎样报答旭医师，他对妻子说：“这可不是平常说的滴水之恩，这是恩同再造！况且旭医师的才华，也应该有更广泛的用武之地。”老伴当然有同感。两个人琢磨来琢磨去，决定拿出一辈子的大半积蓄，为旭阳在北京开建一家私人医院，就连医院的名字都起好了，叫做“阳光医院”。从医院大楼的兴建到设备的配置以及职工的雇佣等，都由黄老先生和他的妻子解囊投资，黄老已委托自己的经纪人着手办理一切事宜。当旭阳得知细情后，非常感动，对黄老的巨额捐赠不知怎么感谢，就打长途电话向在北京的父母讨教。于立荣和旭骝春听了这样激动人心的好消息，万分欣喜，除了向小儿子热烈祝贺之外，妈妈又说了一段很长的话，其中心意思可归纳为三点：首先，阳光医院的开设，正是他施展才能，实现他“救死复生、造福人类”初衷的良机，要不失时机地把握住。其二，他手头正在进行的“巧用干细胞移植手术，探索延年益寿”的研究项目，已在黄老身上得到完美的体现。这个研究项目的未来需要强劲的物质和科学基金的保障，阳光医院的开设，能为这项研究提供实施的大本营。她最后说到，当这个医院，像它的名字一样，阳光四射，放出异彩的时刻，就是黄老如愿以偿，最感幸福的时刻，这应该是他拿出巨额财富的价值观。旭阳听了父母的这些话，豁然开窍，更加明确了今后应该怎么走他的路。

阳光医院自开业至今，与时俱进，很快从一个规模不大的医院发展成为一个五脏俱全的综合性大医院。旭阳医师没有将时间花在管理应酬上，仍然坚持以看病、科研为主业，花上他的绝大部分时间。医院制定了一套完整而严厉的管理措施，不允许任何歪门邪道困扰，这也是为什么，无论医疗水平，还是医生作风，医院都赢得了人们的信赖和高度评价。关于这方面，不需要听广播念报纸，只要读读阳光医院门旁满墙贴的赞美诗，就可知晓：

阳光娇艳送暖大地，
旭阳医师胸怀人间；
无穷智慧奉献病患，
不愧华夏优秀儿男。

入院病病怏怏，痛苦绵绵，
出院笑容可掬，喜气洋洋。

阳光医院名实在，光芒四射暖人怀，
治病救人为根本，人间正道树表率。

阳光医院多神奇，院长旭阳创奇迹。
绝症病患吓不倒，敢令阎王跪求饶。
妙手回春平常事，病人万千喜复康。
造福人类为己任，救死复生捷报传。

旭阳持之以恒的干细胞医学研究课题，以异乎寻常和震惊世人的成功进展着。在黄皆皇身上所显示的成效是他全面成功的第一例，他的第二例则是将耄耋之年的父母送上月球，并在那里的崭新环境中生活和适应。他的第三例、第四例……仍在脱颖而出，连绵不断。

第二十五章　狼窝里的婴儿 月球上的新娘

自从巧妹离开她在山沟里的家，与朝夕相处的父亲分开以后，一晃已有一年有余。石岳虎独自一人，虽然每天仍坚持外出打猎和采药，内心深处却感到孤独难熬，一片空虚惘然。巧妹在家的时候，爷儿俩有说有笑，巧妹对父亲的照顾总是无微不至，石头老爸对女儿的疼爱深在心窝，同度光阴，谁也离不开谁。不料，那个古诗欣从石头身边抢走了她，带她去了城里。想到这些，石岳虎常常有几分对古诗欣的恨意。转念又一想，女儿已十八，女大当嫁也是常理，古诗欣识文断字，人品挺不错，是棵好苗子，巧妹看上他算有眼力。石头心里明白，巧妹有了古诗欣，再想留住她，已是不可能的事儿了。思前想后，又勾起他对许多年前的往事的回忆。一想到那些事，常使他揪心难忍：那年，石头刚满二十五岁，父母因染上疟疾双双身亡，留下无依无靠的他。为了维持生活，他早出晚归，外出狩猎和采药。有一天，他经过一个杂草丛生、乱石堆积的山洞旁，隐隐约约地听到洞里传来婴儿的哭泣声，他十分纳闷，这狼出虎没的野地里，怎么会有小孩呢，他忘掉了自己的安危，小心翼翼地藏进灌木丛中，匍匐着身体向洞里爬去。这山洞虽然不深，可有些弯弯曲曲，他竖起耳朵，试图辨认哭声的出处，与此同时，将猎枪子弹上了膛。这时的石岳虎，没有忘记施展昔日从父亲那儿学来的本事：遇到任何事都要注意冷静，有勇有谋，机智和细心应对。他蹑手蹑脚地移动向前，终于在一块不大的洼地浅坑里找到了那个哭泣着的婴儿。他四处张望，没发现有什么动静，就抱起婴儿直奔回家。到了家，解下裹在婴儿身上千疮百孔的布片，才发现是一个女婴，从释放出的难闻的气味推测，这孩子待在那洼地里已有一阵子了。这会儿，也许是因为哭的时间过长，或者是饥饿的原因，似睡非睡，声息微弱。他将她放到自己的床上，盖上被子，就想找水来喂她，这么小的孩子，没有奶嘴儿怎么喂？犹豫了片刻，有了主意，他豁然开窍，漱了漱口，然后将水含在自己嘴里温温热，再嘴对嘴地喂给婴儿。刚开始喂得急，有一半水都没能顺畅地让孩子吃进。后来，他放慢给水速度，让她一滴一滴地吮进后再喂下一口，逐渐地，孩子有了反应，他可以听到她低迷的喘气声，石岳虎高兴极了。“她活了！” 他大声叫了起来，他奔向羊圈，很熟练地从奶羊那里挤到了一瓶鲜奶，又照样一口一口地喂给婴儿，可真是食为天！婴儿复苏了，两只小胳膊一伸一张，天真可爱，裹在毛巾里的两只小脚也开始不老实，东踹西蹬，眼睛睁开了。这时他才看得清楚，她有一双圆滚滚的眼睛，笔挺的鼻子，是一个俊俏的女婴。当即，石岳虎为她取名巧妹，巧就巧在他恰恰路过那里发现了她。这是天意，老天有眼，给我石头送来一个伴儿，我得把她培养大，教会她我的所有本事……”石岳虎心花怒放，琢磨来琢磨去，越往下想越开心。自那以后，他忙里忙外忙孩子，成了一个十足的大忙人。外出时背上小巧妹，带上她需要的奶瓶和尿布，一样都不可少。岁月飞逝，年复一年，转眼间，小巧妹从襁褓婴儿长成大女孩子。石岳虎有了个天真可爱的姑娘陪在身边。“爸爸”是小巧妹学会的第一句话。她九岁那年随他去集市，听别的孩子叫妈又叫爸，她很好奇，曾问起妈妈在哪儿？石岳虎告诉她“那年妈妈和爷爷奶奶都染上疟疾，没能救过来，都归西了，只有你和我万幸活下来。”此后，懂事的小巧妹怕引起爸爸的伤心就不再多问了。事实上，已过而立之年的他，还从来没有谈婚娶妻的经历。虽然也有熟人朋友关心过他的婚事，有的还执意为他牵线搭桥，可都没能成事，毕竟住在深山老林，还要打猎为生，少不了担惊受怕，结婚不是易事。后来，他有了巧妹，每日忙忙碌碌，也就将自己的婚事置于脑后。可近来，一桩心事困扰着他，使他心神不安，那就是与巧妹的缘分：虽然巧妹称他为父，然而，他们之间毕竟没有血缘关系，这些年来，两个人相依为命，结下的情谊之深无以言表。转眼之间，巧妹已发育成为亭亭玉立的少女。石岳虎越发感到，在她的心灵深层，巧妹的形象正在发生着潜移默化的变化，特别是她身上的那种说不出口的女性的吸引力，从微不足道到无限的膨胀，使他品尝到美好生活的多滋多味。他盘算着，等到巧妹十八岁生日那天，也就是从山上将她抱回家那日，把她的身世原原本本地告诉她，也将自己几十年成长的细情做个介绍，最后提出求婚的要求，如她没有异议，就择一黄道吉日办了。谁能想到，不速之客从天而降，石磊一行来到他家，就此搁浅了他的打算，天真无邪的巧妹竟成了古诗欣的女友。他左思右想，埋怨自己不该接过石磊的活儿，当上他们的向导，不该让巧妹单独活动，承担重任，更不该留他们住下……然而，事情已发生，想来想去，他还是认了，他把这一切归于天意。经历丰富的石岳虎振作起来，他庆幸的是，巧妹的经历没有丝毫的暴露，仍是自己的宝贝女儿，他必须把这种关系维持下去。于是，他又开始一个新的打算，采药打猎，多攒些钱，要在夏天，那是巧妹已离他而去一年有余，去北京探望她。

石岳虎心想事终成，他积蓄到一笔钱，足够去北京的花销。到了动身的那天，他也没写信通知巧妹，就自作主张地上路了，心想，我连狼群虎豹都不怕，这点事儿算不了什么！他把古诗欣代写的那封有他俩单位地址的信揣在挎包里，现金和存款折子都带在身上，放进内衣的深兜里。他整整花了一个星期，才来到北京城，找到了巧妹单位。父女终于相见，巧妹扑到爸爸怀里的那一刻，他激动地落下了眼泪。旁边的古诗欣看在眼里，十分同情，石大叔身边唯一的亲人被自己带到这儿来了，忽然间，一种负罪感涌上脑门儿，“我不能不考虑帮助他，让他们父女团聚。”他知道现在正当研究所扩大编制，招聘各类人员进来的大好时机，他及时找到人事科负责人，介绍了巧妹父亲的情况，还将那次石岳虎如何协助石磊一行，出色完成任务的事迹描述得有血有肉。人事科负责人听后很为感动，答应考虑雇佣他到保安部门，等待上一级申报批示。期间，人事科还找了石磊等几个队友核对，证明古诗欣所反映的情况属实。就这样，这位猎手和采药行家，突然间改行成了研究所的仓库保管员。石岳虎受聘的消息犹如天大的喜事，可乐坏了父女俩。那位即将成为老石头女婿的古诗欣，这才如释重负，宽慰多了。

石岳虎将自己在长白山脚下的房子捐赠给单位，作为流动站。以后自己研究所的人去附近收集菌种或者采集实验材料，可在那里落脚。为此，人事科出面，为了奖励他的奉献精神，送了一套二室一厅的住房，爷俩儿搬进新房，喜不自胜。石岳虎工作勤恳好学，吃苦耐劳，得到了全所不少人的好评。在他任职的第二年，被提升为后勤科发放材料的负责人。发料工作，是一份责任重大、接触面广的活计，由于他办事兢兢业业，一丝不苟，对领料的人，不管是谁，都热情接待，有求必应，很快，熟人朋友多起来。其中，一桩连他梦幻中都难遇到的事儿发生了：那位研究所里已获得助理研究员职称的大姐，叫欧阳倩，看上了他。欧阳是一位人到中年的淑女，从未婚配。自她第一次在仓库领料时遇见他，就留下了深刻的印象，后来她常去那儿与他攀谈，从初次见面最易启齿的话题，比如谈论天气，家乡在哪儿等，到后来，个人身世，职业生涯等话题也就无所不及了。石岳虎故事多，从继承父业成为猎手和采药专业户，到几十年来经历的奇闻轶事，都会讲给她听，诸如他如何在深山谷底智斗豺狼虎豹，如何踏足千里发掘贵重药材，石岳虎说得津津有味，欧阳听得聚精会神。无论他讲到哪儿，是喜怒哀乐还是惊涛骇浪，她脸上都会呈现相应的表情，在她太投入的瞬间，会有拍手称赞的掌声，或者会发出恐惧的尖叫声。她太佩服他了！他告诉她，有一次在长白山的山脚下，那里丛林茂密，阴沉恐惧，杳无人烟，就在那个地方，他发现一株老山参。为了得到它，他挖了整整一天一夜，就连一根不长的须头，他都细心地保存完好，累得他筋疲力尽，足足在家休息了两天，后来卖给收购人参的行家，价值连城。据说，若是将这株老山参拿到北京的同仁堂去卖，回报将会成倍的高上去。可石岳虎对此并没有后悔，还对欧阳倩诙谐地说："如果我太抠门，不给那位收购人足够的赚头，谁还愿意翻山越岭，自付盘缠，为你送钱来。”欧阳倩连连点头。为了表明他从未婚配过的经历，他不得不将巧妹的来历说出来。欧阳倩，两眼含着泪花，完全坠入他故事的来龙去脉中，还不断地追问着一个个细节，像是试图要听到石头脑子里藏着的所有秘密。

真是人逢知音话投机。那段日子，欧阳倩总想有更多机会见到石岳虎，于是将订购药品和领东西的活儿包揽下来，不再吩咐他的助手做了；下班以后，两人也常常约会，过去很少踏足电影院的她，成了那里的常客，不过不是孤独一个人，而总有一位大男人陪伴着。这些蛛丝马迹的变化，欧阳的助手看在眼里，很为她高兴，私下说给朋友同事们听。这样一传，一传十、十传百，石师傅和欧阳助理研究员的恋情佳话，竟成了所内头号新闻。对于巧妹来说，这则新闻圆了她的梦：小时候，她多期待有个妈妈，三口之家该多美好呀！逢年过节，到小镇逛集市，一只手爸爸牵着，一只手妈妈牵着，那该多够快活！然而，爸爸告诉过她妈妈早已病故。自那以后，小巧妹不敢多问，怕勾起爸爸伤感。长大成人以后，在她的脑海里，常常有一个念头回荡——如果爸爸能找一个后妈就如我所愿了。自从自己离开家，应聘到研究所，样样都称心如意，唯独留下父亲一人在那荒山野岭的家中，成为她的一块心病。父亲能在诗欣帮助下，在这儿得到一份工作留下来，这像是一剂良药，大大缓解了自己的“病痛”。这会儿，又传来父亲遇知音的喜讯，而且，这位知音竟是那位优秀的欧阳倩大姐，怎能不叫巧妹从心眼里高兴呢！巧妹心定之后，暗自打算，全力以赴做好两件事：一件是补习文化和科学知识，另一件是积极投入体育培训，为登月做好特种训练。她已与古诗欣秘密约定，这两桩大事不达指标不结婚。心中揣着这个大目标，两个人真像起跑线上的运动员，浑身憋足了力气，就等一声令下，向前冲刺。

自从那次全所首批登月先行者的欢送会以来，巧妹一直恪守着自己向领导所做的保证，争取早日达标，成为登月的合格人选。至今，越是忙碌，时间流逝得越是格外快，研究所对巧妹的考核，年年不断。进所至今已十个年头的巧妹终于获得下一批登月的资格，与古诗欣一起上了光荣榜。尽管如此，两人丝毫没有放松在各方面的刻苦努力。

回忆这十年来自己的成长过程，巧妹有时会暗自发笑。当初为了参加培训班，老师要进行一次摸底考试，了解一下学员的实际水平，然后再根据考试成绩分班施教。在那次考试中，巧妹只得了五分，坐在旁边的那个男生冷嘲热讽："五分是最高分，如果是五记分制的话，只可惜呀，现在是百分制。"巧妹无言以对。她还记得她头一次去培训班上课时，正赶上老师开始介绍月球的表面地理，谈到月球上有二十二个月海。巧妹心直口快，还没习惯课堂上的规矩，就插话问了一句"月海的温度一般有多高，是不是合适游泳"？全教室哄堂大笑，巧妹四处张望，不知发生了什么事，老师了解巧妹的背景，立刻告诉她，月海不是通常意义上的海，它们是由火山爆发后熔岩流到洼地上，冷却后形成的玄武岩平原。它之所以得名为月海是因为，人们从地球上远远望去，月球表面有许多阴影和暗处，误认为那是海水，这才有月海之称。巧妹这才恍然大悟。在那堂课上，巧妹头一次听说关于月球的许多知识，非常兴奋。老师谈到，月球上较亮的地方比月海所处位置高，成为高地。月球有几十万个方圆几十公里的多环盆地，看上去犹如一群女人宴会上穿的褶裙晚礼服，美丽而壮观，它们是由小行星或者彗星撞击月球表面而形成的陨石坑。老师还告诉大家，月球有一个与地球非常不同的地方，月球上的季节变化与太阳照射的关系不大，反而与月球表面的地形和所处的位置紧密相关，这是因为月球转轴倾斜角太小，它仅是地球的这一角度的十五分之一，地处月球北极附近的环形山周围有几个区域，全日制被太阳照射，称为永昼峰。光合和航天研究所已将这一地段列入建立家园的首选，多种改造大气层的菌株，如嗜热好氧菌、嗜热放氮菌等，均撒播到这些区域，测试结束显示有明显效果。两极的许多环形山底部，由于永远无太阳光，既黑暗又低温，南极有些地方，甚至低温到负二百三十八摄氏度，而北极有至今所测到的太阳系最低温度，呈负二百四十七摄氏度。研究所打算将这些地方装置成保存低温实验材料的基地。

每一堂课下来，巧妹都感到有不少收获，从一窍不通的乡下少女，经过这近十年的刻苦学习，无论是专业知识还是身体素质，她已成为一名飞向月球的合格人选。更使她做梦都不敢想的是，她将在月球上与古诗欣举行婚礼，步入婚姻的殿堂。这是他俩先前许下的夙愿。研究所的所有的人，也都盼望着这一天的早日到来。想到这些，她常常抑制不住自己内心的喜悦和兴奋："我的人生能有这样翻天覆地的变化，古诗欣的功劳没人可比，没有他将自己领进门，怎会有今天！"她对古诗欣的感谢之情深在心底。在巧妹写的决心书上，还有更多振动心弦的肺腑之言；"是于所长，旭教授，石磊大哥，不嫌弃我这个乡巴佬，接受我到这座高等学府，培养和教育我；是这里的每位同志热情地帮助我；我爸爸和未来的妈妈更是无微不至地照顾我，我要百倍珍惜，是大家造就了我的今天，我要努力努力再努力。”

第十批向月球移民的日程确定在国庆日那天，仍然像往常一样，一百人的队伍，他们中的每一位都是从全国各地挑选出来的。这些人已在当地的培训中心经过了整年的集训，无论是身体条件还是科学技术知识都出类拔萃，平均年龄在二十五岁和三十五岁之间。例外的是，就在这支队伍中，有一对伉俪，虽然他俩都已两鬓苍苍，可近处仔细端详，耄耋之年的他们，仍目光炯炯，神采奕奕，有着老当益壮的健康体魄。知情人都心知肚明，他们两位正是这个研究所的创始人和开拓月球疆土的主宰将才，于立荣和旭骝春，若论年龄，他们已迈入古稀，安度红叶飘落的晚秋。按常理，他俩无论如何都没有希望追随嫦娥去奔月了，可是，现代医学科技迅猛异常的发展成全了他们。那干细胞的威力使这两位老人的五脏六腑焕然一新，诚然冲出了人到七老八十的无奈和困惑而踏上了新生的路。这会儿，他们即将抵达月球，与同行的年轻人牵手并肩，成为月球上的新户。俩老伴早已酝酿周全，抵达后要做的几件事：首先是为巧妹和诗欣主办婚礼；然后去永昼峰区域，了解早期已移居那里的同事们的衣食住行现状，也好掌握第一手材料，筹划未来；对其他月海进行一次详细的考察，为以后移民择地取得实地信息，等等。他们的小儿子旭阳一直关注着父母登月前后的状况，不时设法讯问。虽然他对为他俩做的干细胞移植手术很有把握，但这样的高龄受体，在旭医师的职业生涯中还属首例，他得跟踪记录手术的前前后后，监控身体中功能细胞和干细胞的功效。从月球上不断反馈来的消息，使他既欣慰又兴奋，因为他知道，他在探索和实践着为人们延年益寿的全新之路。

于立荣和旭骝春，与其他同船上的上百名乘客，经过整整半个月的飞行，才到了月球上的目的地。这两位老人，乘坐自动升降椅抵达陆地，周围簇拥着很多青年男女。其中，头披婚纱和身穿燕尾服的一对准新人夹杂在中间，十分显眼。等待飞船着陆的队伍浩浩荡荡，排列整齐，气氛热烈。队伍中的每一位成员都在事先得到消息，深受他们爱戴的老所长将随船到达。目睹两位老人踏足月球热土，欢迎的人们无比激动，他们连蹦带跳，蜂拥而至，围着刚刚着陆的两位长者，不少人抑制不住满面激动的泪花，那种发自内心的真情场面实为少见。

于立荣和旭骝春被接到静海的住所下榻，隔壁就是为巧妹和诗欣准备的新房。这里的住房都是用特殊合金材料做成的，具备多皱、折叠款式，轻便而牢固。它们的夹层中充盈各种调节温度的电控纳米颗粒，室内制冷和升温都可以自动控制。触景生情，于立荣回想起那些年，当她酝酿首选月球开发人类第二家园作为他们研究室的大命题那会儿，她脑子里，也不过只有个开发模式的雏形，现在一切都成真了。往事历历在目，当时她心里明白，月球上没有水，营造第二家园就无法成事，人们需要水维持生命，光合作用需要水做原料……终于，对月球的考察取证，提供了可信赖数据：月球上存在大量冰水！自那以后，她的那份开发雏形蓝图才迅猛地得到充实和完善。当她看着眼前这一幢幢排列整齐，可以自动调节冷暖和湿度的住宿平房时，又是一股回流在她脑子里冲击着：若不是热核聚变电站的落成，哪有这么充足而稳定的能源，维持这些现代化的生活设施！想起刚刚酝酿要在月球建造热核电站的时候，发生的那些事儿很为有趣：当时领导层刚开始讨论，还未做出任何决定，有关利用月球资源构建核电站的风声就已传到研究所内许多人的耳朵里。一九八六年在乌克兰发生的核反应炉爆炸事件，恐怖阴影至今笼罩着世界的各个角落。光合和航天研究所也不例外，一想到几十万平民百姓因此丧生，万亿美元不翼而飞，放射性泄漏污染大气层，引发癌症无法治愈，遗传基因突变潜移默化到千秋万代……很多人毛骨悚然。不少人有恐惧心理，有几位写信表示反对，有的索性直接找到她的办公室，与她当面讨论这个项目的危险性，一场围绕核电站的风波蔓延开来。当时，她决定召开全研究所职工大会，除了她自己亲临讲解这项计划的背景和来龙去脉，还请来这一领域的专家做了科普性报告，意在让每位职工都理解真相。

想到这儿，立荣心里乐滋滋的，她深深体会到，群众通情达理，善解人意！自从全所职工大会以后，就不再有谁对核电站的事说三道四了。他们明白：月球上将要造的核电站，与先前切尔诺贝利的那个是截然不同的类型，被称为激光诱导型的可控核聚变反应堆，是技术超前的核聚变,而不是引发原子弹爆炸的核裂变。核聚变和核裂变，一字之别，相差万千。在那次全所职工大会上，那位专家说到“没有放射性”“不存在危害”这些话时，全会场响起经久不息的热烈掌声。就连她说到，月球土壤里核聚变燃料（氦-3)丰富,可供地球几千年的能源消费，而在地球上这一含量却微不足道时，大会会场同样传来不同凡响的欢呼声。如今，她站在月球上，回想着那一幕幕令人振奋和动情的往事：是我们，月球的开拓者们！不甘心等待那亿万年自然演化的恩赐，以只争朝夕的精神，在这块方圆三千八百万平方公里的地球卫星上垒筑磁场围墙；在月海周围，就地取材，建起可控核聚变反应堆块；用神奇的细菌营造了类似地球大气层环境……所有这些，均是以科学为本，用智慧的汗水，开拓和浇灌出人们期待已久的第二家园……突然，有人喊她，一下子打断了她的思绪，那是她的丈夫旭骝春，“立荣，怎么样？感觉还好吧？”她微笑着，还没有从深思中苏醒，被几个陪在她旁边的同事，搀扶着去了巧妹和古诗欣的新房参观。

巧妹和诗欣的洞房，独具一格，里里外外都有同事们写的祝福诗。进门的那首，从远处望去，清晰而醒目：巧妹奔月系良缘，诗欣腾空迎新娘，世上人间多奇事，罕见此举震人寰。迈过门槛，在过道的左右两侧，又是一首名为《地月欢》的诗，以金水充墨：婚纱仙女巧妹扮，燕尾帅哥诗欣装，十年期盼路漫长，今朝瞬间梦对现，定居月球新家园，载入史册谱新篇，人间奇迹科技果，欢天喜地庆功宴。

就在于立荣和旭骝春抵达静海之日，人们狂欢了整整一天一夜，大家沸腾在玄武岩石铸造的那一望无际的静海平原上，载歌载舞，兴奋非常，刚刚到达的那伙人，还不时地你拧一下我的脸颊，我掐你一下胳膊，高声狂喊着：“这不是梦，是真的，我们成为外星人了！”

第二十六章　地球与月球之间的量子通讯

早在莫斯科大学读书的时候，于立荣对量子力学就开始一知半解的有所知晓，这不仅是因为它是基楚课的一门，应该说，与她所学的专业息息相关，其实，“植物光合作用过程”就是由光子驱动而起步，而光子正是量子力学的最小单位。后来又接触到激光，还参加了专业培训，对激光学科很为诱惑并兴趣浓浓。至此，后来在激光领域着实花弗了不少精力並取得些心满意足的成果。

其实，早在一百多年前，量子力学的概念就已经出现，那是两位科学巨星：尼尔斯·玻尔和阿尔伯特·爱因斯坦，历经不短时间的争辩和科学取证，使“量子” 概念耸立于世。后来，海森堡的矩阵方程，薛定谔的波动方程，以及马克斯·玻恩对波函数的统计解说，整合在一起， 奠定了量子力学理论基础。 与它对应的古典理论屡受颠覆。近年来，由于人们对量子力学的深入探讨和解读，对它的威力越来越惊叹不已。量子科技在几个重要领域发展很快，尤其是在量子通讯方面，世界上不只一个国家已有实际应用实例， 诸如在美国的芝加哥的十公里量子通讯，荷兰的量子网络，中国的京沪干线等。主要着眼于量子的两大特性，那就是量子纠缠和量子叠加，掀起了量子力学第二次革命。

那年国庆节，于立荣和旭骝春与第十批月球移民落地月球，在静海住所下榻落户。自那以后，裘文英研究员被任命为光合与航天研究所的所长。于立荣和旭骝春这对科学家伉俪，像似解甲归田，有了享受天伦之乐的大好时光。然，这正给了他俩大把大把的可支配时间，琢磨未来，追求梦想。关于微观世界，对它的研究和认知，甚至那个领域的一举一动，都是于立荣的兴趣和密切关注之所在。

自从移民月球号角吹响至今，这几年来，在地球和月球之间的传统通信已从无到有，逐渐起步和改观。诚然，毕竟是在两个星球之间的来来往往，比起在五洲四海的地球上仍十分逊色，无论是电话传真、还是电报以及计算机网络，都不能与之相比。显然，就这一层面上而言，如近期没有突破性进展，人们期盼的将月球建成像似人类第二家园的梦想成真将仍很遥远。老所长于立荣早就想到了这个棘手问题。 应该说，它是移民月球以后必需解决的燃眉之急。于立荣看好量子纠缠在通讯方面不可多得的优越性：量子一旦处于相关的纠缠状态，它的特性和举止都被整合在一起，当其中一个粒子发生变化时，另一个粒子也会相应地发生变化,且不受它们之间距离远近的约束。开发应用这一原理于通讯，便是量子通讯。基于此，如果能实现在地球与月球之间的量子通讯，比起传统通信，它的快速、安全性和可靠性，无疑将是无与伦比的优越。因为有它那独特的纠缠和叠加属性，在信号传送过程中，既不能被拦截，也无法被阻断和复制， 这正是古典通信所採用的数字加密系统望尘莫及的。于立荣和旭骝春对量子通讯将给太空探索带来的巨大推动和丰盛收益早已深思熟虑，把它纳入建设人类第二家园规划中，拟是当务之急。况且，这几年研究所的发展顺畅，已具有所需的资金来进行这项研究。于是，她将自己几年来的预想和思考拟写成初稿，呈送给裘文英所长和几位所领导以及各研究室，集思广益，征求意见。而后，正式撰写成文，在研究所的学术委员会的最后认证时得到全票通过。这个激动人心的课题终于列入研究所近期的主攻项目。

于立荣的报告，确实可称得上是一幅描绘在地球与月球之间的量子通讯的蓝图，一项施工的细目，一份不可多得的科学规划。在传统的通讯中，信息是通过电磁波传输的，诸如无线电波、光信号等等。但在量子通讯中，信息是通过量子态传输的，通过整合在一起的纠缠量子实现信息传输和加密。具体地说，在地球和月球之间的量子通讯中，可以使用一对或多对处于纠缠态的光子来传输信息。这意味着，当一个光子发生改变时，无论它们之间的距离有多远，与之纠缠的另一方也会发生不折不扣的相应改变，这就是量子力学的属性，也是量子通讯优于自今以来传统通讯的要素。基于此，虽然，地球和月球之间相距约三十八万四千余公里之遥，对量子通讯来说仍不是问题。通过操纵一个光子纠缠态，信息就会传递给与它处于纠缠态的另一个光子，于立荣在报告中还指明量子通讯如能在地球和月球之间成为现实，对太空的探索将产生划时代的巨大影响。就开发火星而言，在诸多星体中，无论从地理处境还是空间构造来评估，火星与地球有更多类似之处，近年来，由于人们亲身体验着地球面临日趋增多的灾难，早就期盼有一天，能让火星成为人类的幸福家园。然而，先不去评论它的大气层如何之薄、平均温度如何之低、要改头换面成为人们可居住之地，其前期的通讯和搬迁将挑战多多、困难重重。就单单以火星与地球的距离而言，最近处也约5500万公里，这与地球和月球的38万4千公里相比，后者真可谓小巫见大巫了。这给开发火星将是不言而喻的巨大阻力。可是，量子通讯如能开启，利用的是量子纠缠特性，不受距离制约，这将相当程度上消除长距离通讯的困惑。可以预料，在火星开发的进程中，量子通讯的威力必然会显露无疑。难怪传说有一位世界瞩目的顶级天才，他以改变世界而活着的志向、从事着改天换地的实事，“要麼不做，做就做到最好。”他还承诺，要在火星上退休。他对火星成为地球村的坚定信念，无疑也来自于包括对微观世界认知的科学和技术。

对于自己的实施计划，于立荣选用了β硼酸钡(BBO)晶体，将与中国科学院硅酸盐所联手，获得这类合格的晶体，做为发射激光的物质，让它在受激辐射下产生激光束而后分裂成两个纠缠光子，其中一个光子被称为“信号光子”，另一个被称为“参考光子”，然后，将这两个光子分开，通过两个不同的光纤进行传送，分别传输到地球和月球的两个站点。为实现更高的传输效率和更好的保真度，将使用增强型纠缠光子对技术，让多个晶体产生多对纠缠光子对，并将它们送入不同的通道中。为了保证光子对的纠缠状态稳定又不失真，将通过建立反馈控制系统，以此监测并及时纠偏。

运作程序确认后，学术委员会对于立荣提议的该课题人选做了详细讨论，对她提议的人选方案欣然接受：深受人们爱戴的旭明达研究员被任命为该课题首席科学家，这些年，他脚不停步，科研成果层出不穷。自从他带领的团队，漫游银河系的考察凯旋而归以来，半年有余，他正在整装待发、投入新的研发。他的付将是一位早年任教于北京航空学院，后又在电讯行业工作多年的高级工程师:吕经纬，他有实地应急解决问题的丰富经验，是一位不可多得的合适人选；课题组的其它四位，均为旭研究员团队的全班人马，只增选了一位女性，是刚从北京大学物理系毕业的应届高材生：薛胜男，加上曾经与旭研究员畅游银河系的朝阳女士，五男两女、共七位大员，便踏上了启动这项史无先例课题的征途。

两年时光一闪而过，可对旭明达团队来说，确是经历了翻山越岭，跨过重重沟坎的历程:为了保持光子对的纠缠状态，减少传输过程中噪声干扰，旭研究员和吕总工反复琢磨研究，决定不惜工本，采用高精度的光学组件，诸如稳定的激光元件、超好质量的偏振器和反射镜等，以确保光子在传输过程中的相对相位和偏振状态的稳定性；在传输过程中，光子对可能会受到来自周围环境的噪声干扰，导致其纠缠状态被破坏，为了减少这种干扰，研究室将采用通用的隔离技术，通过光学隔离器、电磁屏蔽器和磁隔离器等，来隔离光子对和周围环境，排除噪声干扰；为了确保光子对的纠缠状态保持稳定，不至于发生漂移或失真，必需得注意及时调整光学组件的位置和角度，等等。技术难关每每被突破一个，课题目标就稳稳前移一程。当他们完成一个階段的任务后，又急不可待的朝下一个階段的目标奋进……。

就在昨天，于立荣和旭骝春正在静海住所的小客厅里休闲下棋，忽然间，那台早已放置在那儿、做为量子通讯课题组研究动向监控的小型电脑上，旭明达和几个队友出现在视频上,满脸喜悦，齐声向两位老人喊话报喜:“地球与月球之间的量子通讯网络现已开通，下一步将在各个通讯领域全面开花……”

两位老人看到图像，听到声音，喜出望外,激动非凡。能在有生之年，参与此类前沿科学探索的构思和设计，今天又获报喜成功，怎能不兴奋不已呢！这时的他俩儿，从天而降的喜讯和突然暴发的幸福感交织在一起，喜不自胜，紧紧拥抱，情不自禁地缓缓移动起舞步，哼起华尔兹舞曲，品味着成功的甜滋。可那轻微的声音，脚下飘柔的动作，确只有贴面的两人才能感受得到，这要是像在那些年、那些风华正茂的日子里，欢庆实验成功的喜悦，常常伴随的是嘹亮的歌声和狂热的探戈。

仅仅刚过片刻，裘文英所长的声音、慷慨而激昂，传进两位老人的住处:庆祝地球与月球之间的量子通讯网络建成的庆典将在明天举行，届时开启两星联网视屏，衷心欢迎二佬参加共享……。

第二十七章　（尾章）展望未来
——三代同道，旭明达劲旅畅游太空

我的童年是在乡下度过的。从我四五岁的时候起，就与爷爷奶奶住在一起。那是在河北省境内，离锦州不远的一个偏僻山区。时至今天，我还清清楚楚记得，晚上照明用的油灯是奶奶自制的。她将棉花搓成很粗的线绳，然后将它浸泡在平时烧菜用的花生油里。油放在平日里盛卤菜的浅底圆形小碟子里。棉花绳浸入油内，吸足油，涨得胖胖的，拎出绳的一头，搭在瓷碟的边缘上，再将露出的大约一寸多的那段绳点燃，晚上照明全靠它。奶奶说，制作这样油灯的关键是，搓绳要紧，浸油要透。那些日子一到天黑，我总会陪在奶奶身边，她过一会儿，就将燃着的捻绳向上提一提，等那根快要烧光了，再换上新的一根。一个晚上，要换好几根。我坐在旁边闲得慌，总想抢奶奶的活儿，帮她用镊子往上拉那根燃着的棉绳，她非但不让我做还会说："馋人爱摆弄油灯，懒人爱哼哼，你做多了，会变馋的。"于是，我就不好意思抢着做了，老老实实地在旁边看着奶奶做。那时候，奶奶的话就是金口玉言。为此，我一听到旁边谁无病呻吟，心里就犯嘀咕，这个人肯定是懒汉！

我家有个近亲，是奶奶的妹妹家，我叫她小姨奶，称她的丈夫小爷爷。他们住在离我们较远的一座镇上，每年过春节，小姨奶的一家准会来这儿拜大年。他们来一次可不容易，先要搭乘一段路的汽车，然后还得步行，从早上起程，直到头上顶着太阳那会儿，才能抵达我家。每当那天晚上，奶奶的棉绳油灯不用了，蜡烛就取而代之。奶奶将四根大蜡烛插在一台有四管支架的金色烛台上，同时点燃。四间屋子里每间都有这样一台，在厨房的锅灶上边供着的灶王爷两旁，也有两支蜡烛灯。那时候，到处都比平时亮多了，大家团聚一堂，谈笑风生，可真热闹。我也抑制不住内心的喜悦，常常从一个屋子蹿到另一个屋子溜达个没完，奶奶说我“人来疯”，我不在乎，只朝她笑笑了事。

有一回，也是过大年，实在使我失望，初一那天，我们全家都眼巴巴地等着姨奶一家的到来，可都到了太阳快落山的时候，他们才到了我家，说是汽车没油，只好停开。他们全程徒步过来的。我听了以后，心里很纳闷儿，琢磨不透，“汽车也得燃油才开得动吗？”就问在我旁边坐着的小爷爷，“汽车跑动需要啥样的油，是不是奶奶点油灯的那种？……”小爷爷没讥笑我，却认真地告诉我：“那是汽油，是汽油发动汽车跑路的。”他还告诉我，他工作的那个作坊里，开动机器转动的是另一种油，叫柴油。前些日子，柴油供应不足，他们只得停工待油，没了油，机器不能转动，他们一点辙都没有，只好停产等待好几天。从那时候起，我幼童时的记忆里，油在日常生活中是那么重要，没有它，汽车跑不动，机器转不动，就连奶奶自制的照明小油灯，也不能没有它。后来，爸爸妈妈将我从乡下接到城里，开始上学读书。从此，懂得的事就越来越多了，也学着自己思考。

爸妈工作的城市，生活环境与爷爷奶奶那边比，截然不同：家里常有客人，多数是爸妈单位的同事，或者他们上学时的同窗；周末，爸妈带着我外出或去电影院，电影票是单位发下来白送的；逢到放长假的时候，要么去看望爷爷奶奶和外婆外公，要么三口人骑自行车郊游。起初，我坐在爸爸自行车后边的行李架上，两手揽腰抱住他，不那么舒适却完全稳妥。爸爸和妈妈喜欢唱歌，一路上哼着小曲，有时会大声合唱。我虽不会他们的歌，每当这时，也会歇斯底里地跟着狂喊乱叫。后来我长高了，自己有了一部二十六寸女式自行车，无论是上学还是郊游，都离不开它，我感到是那样自由自在。

这个小家，虽然只有三口人，却过得温馨快乐，与爷爷奶奶的通讯往来不断，逢年过节，不是打长途电话，就是过去看望。乘火车汽车，是我盼望的事儿。还有一个活动，也令我兴致勃勃，那是他俩组织的同学集会，几乎半年，妈妈爸爸就会将他们在这座城市工作的同窗老友请来一聚，这似乎像是惯例，十来家轮流坐庄。有时，集体下厨做饭，挤在窄小的厨房里，你一言我一语，吵吵嚷嚷，好不热闹。有时，各带一菜拼凑大餐。我更欣赏后一种，因为大家不必下厨，只要围坐在餐桌上，就能尝到可口的各家拿手好菜。使我兴趣更浓的是，在餐桌上，我会听到各式各样的新鲜事儿和趣闻。有时，我也会插上几句凑热闹，叔叔阿姨看上去都没嫌我烦之意，这使我很心安理得。这样的家庭聚会，虽然已过去多年了，可有些事儿，我仍记忆犹新。那一年我正读小学，爸妈组织了一次在我记忆里是空前规模的同学聚会，足足来了二十多位，加上我们三个，都挤坐在我们家的一间厅堂里，爸妈将平时用膳的方台子与两个书桌拼凑在一起，上边铺上一块长长的彩色鲜艳的宣纸台巾，看上去像一个长形餐桌，很得体。只不过还缺几个位置，于是，我的那张写字台，也拿去充了数，成为小客人的席位。桌上摆满了大家带来的色香味齐全的美味佳肴，就连小餐桌上也一个菜不少。大家围坐一堂，谈笑风生，热闹非凡。席间，妈妈的老同学孙阿姨，格外活跃，她是一位酷爱说笑的长辈，前两次聚会，她总是提前到场，帮助东道主张罗打理。那天，大家都坐定了，才听门口孙阿姨的声音："对不起，迟到了，有点着凉伤风。想不来着，怕传给你们，在家坐不住，这不，还是来了，带来你们喜欢的菜，香菇炖鸡。"妈妈刚一听到声音就立马迎上前，为她安排了座位，还端上一杯热茶，嘴里说着欢迎的话。她刚一坐定，就打开话匣子："唉，昨天，我和文文去单位浴室洗澡，洗到中途，突然热水没有了，只有冰凉透骨的冷水，大家以为是电门跳闸，一会儿就过去了，都赤条条的在那儿等，没想到，都过了好一阵子，热水不但没来，突然间电灯也熄灭了。我们这才胡乱穿上衣裳回家了。我那女儿，到底年轻，没事儿。可我就不行了，盖上大被躺了好半天，夜里还是不舒服，从早上就鼻涕眼泪的。到这儿来前，刚喝了板蓝根冲剂，感觉好了点。"坐在旁边的王阿姨插嘴说，她单位也常发生这类事，一年里总会有几趟。遇到这事不能傻等，得立刻穿好衣服。"这还算小事，如果厂里停电，耽误生产，那可是大事一桩了。"平时不太开腔的李叔叔，在毛巾四厂技术科工作，他打断王阿姨的话，迫不及待地抢过话题继续说下去，"跳闸停电是我最头痛的事儿。在我们厂里发生过好几次。有一回，正赶上毛巾洗染那一步程序停了电，来得突然又没能及时防范，手忙脚乱，措施不力，结果，生产出来的毛巾都成了花脸小丑，只好以次品出售，厂里损失了好几十万。虽然这关系到供电稳压的技术故障，与我们科室无关，可厂里收入受到影响，奖金就得减下来，这就该牵涉到每一个职工了。”接着，赵叔叔讲了前几日他经历的一件事。赵叔叔是城里大医院的外科医师，名叫赵人魁。人们都称他“赵神刀”，由于他医术高明，在这所医院行医多年，成功病例无数，没有失误，渐渐地，“赵神刀”成为他的爱称。他告诉大家，就在几天前，他给一位国家级短跑运动员做紧急阑尾切除手术，这活计对于赵医师来说是轻而易举的小手术。可就在刚划开肚皮的那会儿，无影灯灭了，说是断电，手术室一片紧张，两位在场的助理都盯着赵医师，是立刻缝合还是继续手术？他当机立断，决定继续进行，护士长取来预先备用的白炽光电筒多个，他凭借多年积累的丰富经验，顺利完成了这次切除阑尾的全程。那位病人康复出院前，特向赵医师致谢。赵叔叔讲的以及其他叔叔阿姨说的那些事儿，都牵涉电，断电、电跳闸、电稳压……究竟是怎么回事？那时的我，对这些知悉甚少。入小学之前，我只知道，油能点燃照明，能开动汽车，很为重要。现在又冒出个“电”，似乎是，没它水不热，无影灯不亮，看来，“电”的重要意义不在“油”之下。此后，我对电的知识开始追逐不放，也逐渐明白了。原来，电是能量的一种，称之为“电能”，它可以转换为其他形式的能量，不仅限于照明用的光能和 使水变热的热能，它在冶金、化学、广播通讯等各个领域都是不可缺少的动力。国民经济飞速发展需要它，科学技术奔向前沿需要它，国防现代化和人民生活都离不开它，它是当今社会发展的能动力。然而，说到底，电还是离不开油。因为电能是由机械能转换而来。至于机械能，它的获取大部分还得以油为燃料。就拿驱动发电机产生电能的柴油机来说，柴油一旦燃烧，就将它所含的内能转换为热能，来推动机器运转，再利用电磁感应原理，机械能才又转换为发电机的电能。使发电机发电的其它类型的热力机械，诸如汽油机，是以燃烧汽油为最初动力，煤气机，是以煤油为燃料，最终实现像柴油机一样的程序，使油的内能变为发电机的电能。无论是哪一种油，追根溯源，都是取自于称之为“石油”的自然资源。我当时很感奇妙。真正让我了解石油到底是什么，还是升入初中以后，遇上了一位教我化学课的好老师，她叫徐悦婷。徐老师在本校读完高中，由于学习成绩优秀，被直接留校，为我们初一班上化学课，这正是她教学生涯起步的第一年。她教课认真，一丝不苟，学生问的问题，她总会耐心回答，即使课堂答得不圆满，再上课时她会加以补充，直到答案满意为止。她常说“教学相长”“在教你们的同时，我自己也是一个学习和充实自己的过程”。我很喜欢徐老师，从心眼里尊敬她。就是她，带我步入化学科目的殿堂。特别不能忘怀的是，由她组织的“小小化学家”的课外活动，使我受益匪浅。这得说到我上初二的那个夏天，徐老师已经与丈夫张志明结婚，张志明从北京石油学院刚刚毕业，他回家探亲休假，徐老师抓住了这个机会，请她丈夫参加“小小化学家”的活动，聘他为校外辅导员。就在这次，我才真正懂得了“油”这个词的含意。

我们称徐老师的丈夫为张老师。在他第一次给我们讲课时，就全面地向我们介绍了石油到底是什么。在我的印象中，张老师很随和，许多举止言行与徐老师有很多相似之处，他回答问题时的那种认真和耐心不在徐老师之下。唯一使我们感到有点麻烦的是，他在讲解时，常会用一些我们头一回听到的“大词眼”，使我们困惑，每当这时候，如果徐老师发觉了，会在一旁插话加以解释。

他的第一堂课，张老师以提问开场：“同学们，你们说，什么东西是现在世界上最贵的？谁能回答？”立刻有两个同学抢先回答，“是金银财宝！”“汽车洋房！”另一个同学补充了句：“金比银要贵，应该说金价最高。”张老师马上接下去说：“是啊，金子。下边我要讲的石油，它有个别名叫‘黑色金子’。它虽然不是黄金，而是一种能流动的粘稠棕黑色液体。就它在人类生存活动中的重要性而论，真可以与黄金媲美。我是北京石油学院毕业的，在那儿和石油这类黑金子打了已整整五年的交道。不仅是我，那所学院容纳了成千上万像我一样的青年学生，都对它兴趣浓浓，立志与它打交道。原因很简单，那就是，它实在太重要了！从这种粘稠的黑色液体里，我们可以得到许许多多好东西，比如说，石油燃料，没有它，飞机上不了天，汽车跑不动路，就连军事用的舰艇、坦克也得靠它的产品做燃料才能启动。日常生活中离不开的电灯、电话、电视广播，哪一样都缺不了电，而电，归根结底，是石油燃料驱动机械，然后才产生的。还有，正像人们说的，当今世界像是合成纤维主宰的世界，塑料产品，不管是软的还是硬的，无处不有它的用武之地。那塑料从何而来？我告诉你们，那是地地道道来自石油化工产品。”“石油这么重要，我们怎样才能得到呢？”几个同学迫不及待地问。“是啊，你们提的正是关键所在。”张老师继续说下去，“我所就读的大学里，就有几万人研究它，最终目的就是要勘探它，开采它和得到它，得到的越多越好。为了达到这个目的，就得对它了解得越透彻越有效。”接着，张老师给我们进一步讲解了石油的一般性质，告诉我们：原来石油是一种自然资源，蕴藏于我们踩在脚下这个地球表层的地壳里，它是远古海洋生物与它周围的淤泥浊水混杂在一起，经过漫长岁月的千变万化和胶粘熔融而生成。它的基本组分是碳元素和氢元素，由于元素在搭配时方式不同，所生成的化合物的构造差别很大，就像建房一样，用的基建材料虽然相同，最终成形可以是高楼大厦，也可以是平房小屋，而碳氢化合物有不同的特性，比如说，根据有不同的凝固点和沸点等，就可以将混合在一起的多种物质分开，派不一样的用处。刚从地底下得到的被称为黑金的粘稠液体，经过这样的提取、分离和加工，可获得上百种东西。比如汽油、煤油、柴油以及沥青、润滑油、石蜡等。在当今社会，无论工农医和日常生活中，都离不开这些石油产品。张老师还向同学们透露了他今后的去向，他说，这个假期结束以后，他将奔赴工作岗位，那是“北京燕山石油化工公司”，一个巨型石油化工联合企业，就仅塑料的产品就占全国同类的四分之一。说这些话时，他显得很激动而又充满信心。

张老师讲授的头一课，就使我感到振奋，他后来又给上了两堂课，内容丰富，动人心弦，使当时的我由衷地受到极强的触动和感染。我暗下决心，等长大升学，一定报考北京石油学院，将来成为像张老师那样的石油行业的专门人才。

在那些日子里，我像是着了迷，对于石油和与之相关的一切都兴趣横生。我无心自己的“正业”，心思都放到寻找线索，查阅资料，弄懂一桩桩、一件件的历史事件上。我终于茅塞顿开，心领神会：原来，石油是能源的前沿，工业、农业、国防的血液，它的重要性对于任何国家都应该是不言而喻的。

对于刚刚巍然屹立于世界东方的中华人民共和国来说，正当百废待兴的关头，能源的需求至关重要。诚然，石油应该为重头之最。可惜当时全国石油产量只有十二万吨。这一点石油对于方圆九百六十万平方公里、人口四亿五千万的大国来说，真可说太少了，远远不能满足需求。当时国家的状况，犹如一个人得了贫血症，行使泵浦功能的心脏，由于供血不足，使周身各个器官无法正常运转，干什么活儿都感到心有余而力不足。国家也是如此，振兴中华，发展生产，没有充足的石油做动力，“巧媳妇也难做无米之炊”。那些年，为了集中能源，将它用在工农业、国防领域，政府限制民用，号召全民以节电为荣，“如果每人省下一度电，集中起来就可以办大事……”那时，我还很小，常常听到大人这样讲。我还看到公共汽车顶篷上拖着一个足足可以躺在里边睡觉的气袋，觉着很好玩。大人说，那是驱动汽车用的汽油代用品，也是在那时候，我曾犯过一次大错，当着全班同学的面儿被点名批评，那是我唯一一次犯错误的记录：初中一年级的开学伊始，有位同一寝室的同学告诉我，她那天生日，若是在家，妈妈一定给吃面条加大排骨。说这话时，她的脸上带有说不出的苦涩。我很同情她，便自作聪明地跑回家，拿来了我家那台多年不用的小型电炉，当晚用它为那位同学煮“长寿面”。万万没想到，刚把电接通，那腐锈的电热丝就发散出让人窒息的气味，还通过窗口，飘散到户外。邻近的寝室里跑出来同学询问发生了什么。她们以为哪儿起火，惊慌失措……结果，“长寿面”没吃上，却遭来第二天的严厉批评。教导主任老师来到班会上，指名道姓批评我两条：首先是私下用电炉，违反节电规定，再就是利用电器，造成失火危险。我是一个很要面子的人，挨过批评以后的那个星期里，在同学面前，我感到很没尊严，抬不起头。自那事件以后，我的举止行为谨慎了许多。“全民节能，支援生产”在当时，的确起到了一定作用，至少，将那年产仅十二万吨的原油集中用在急需的工农业生产上。可是，石油进口势在必行。抛出去金银财宝，换回来工业血液，这的确是不得已而为之，没有这一步，怎能迎来此后的发展！

艰苦奋斗，奋发图强，终于迎来大好时光，大庆油田在东北崛起。就在国庆十周年的大喜日子里，大庆油田从天而降，丰盛的黑金顺着油井从地壳喷涌上地表。据说，地质储量可达五六十亿吨，成为全国最大油田，就世界范围而论，它也是砂碳类油田之最。我在初中读书时就认识的张志明老师，他已是石油业专家，是大庆油田从发现、繁盛到保持长期稳产五千万吨这一人间奇迹的见证人。在张老师所著的《大庆油田的史诗》一书中，生动地描述了王铁人和他的伙伴们在零下三十摄氏度的严寒和罕见的恶劣环境中，为油田搭架钻井的可歌可泣的事迹：身上穿的是单薄的工作服，咽到肚子里充饥的是冰冷的窝窝头，不顾及一切地跳进黑油油的泥浆中抢修井架……书中的情景，常常重现在我的梦中，一梦醒来，不能入睡：这位人们称为铁人的王进喜,就是他，带领一支无坚不摧的队伍，谱写了大庆油田光彩夺目的史诗，使中国从贫油状况一跃而成为石油生产大国。这是多么大的功绩！只可惜，他英年早逝，刚过不惑之年就离我们而去……想着想着，一股深深惋惜的热流在我的胸口回荡，心酸得无法自拔，呜咽不止。

大庆油田的开发成功，带动了全国石油工业的蒸蒸日上，自此以后，几乎每个省都有了自己的油田和天然气生产线。国产原油总量从昔日的十几万吨飙升了三个数量级，连续稳产两亿吨，成为全世界生产石油名列前茅的大国。尽管如此，仍不能满足飞速发展的工农、国防等各领域的需求。中国还是步入石油进口大国，细想想，这是可以理解的：13亿多人口的国家，要实现每家每户奔向小康，踏上富裕的路，那么，发展生产，提高人均收入，当属义不容辞。买回各行业急需的动力，这笔国资花得值。俗话说，“没有巨额投资，怎能得丰盛的回报！”一 个石油生产大国，又是石油进口大国，乍一听，有点不合乎逻辑。其实，这正说明，对石油的需求量之大。世界上各个国家，但凡期盼自己国家强盛发达和现代化的，无不视石油为原动力，对它的需要与日俱增。不遂人意的是，在我们生活的地球上，石油的储蓄量有限，它生成速度极慢，是不可再生能源。随着消费量的不断增加，总有一天，石油将会耗尽，形成能源危机。

目前人类赖以生存和发展的地球上，资源日渐贫乏的趋势与日俱增，而对自然资源的依赖却日益迫切，对现有能源分配的明争暗斗，成为国与国之间冲突，甚至引发战争的重要原因之一。这是多么令人遗憾的情景！人生百年，可不能将宝贵的时间消耗在无谓的你争我夺的恶斗中。人类的智慧在于：面对现实、摆脱困境、开创未来。依我看，走出地球、发掘资源，谋划美好前景，才是先见之明和万全之策。历经上下五千年的前赴后继，我们的祖祖辈辈，终于迎来了繁茂昌盛、高度发达的大好时光。当今的世界，无论是人的知识和才能、物力和财富，都为拓展人类第二家园做好了充分准备。

于立荣和旭骝春，协同他们的团队所开拓的事业，成绩显赫，是他们开启了向宇宙迈进的先河，将月球营造为人类第二家园。眼下在北京召开的世界论坛，各国首脑，团聚一堂，正在磋商如何分享在月球上无比丰富的核聚变原材料。原则上规定，“各自出力开发，无偿获取成果”。这句话以大幅对联的形式，悬挂在会址进出的门楼两侧，十分醒目。大会堂周围，聚集着成千上万的人，他们当中，有北京城各个角落来的居民，也有千里迢迢从各地赶到的来访者，这些男女老少，很有秩序地排列成队，齐声欢呼着“北京欢迎你！月球欢迎你！让我们肩靠着肩手牵着手，在宇宙间建宅造院，颐养人生”。

我们的世界已到了施展“走出地球、开拓疆土、放眼宇宙、谋划太平盛世”的时候了。今天，人类的第二家园在月球上已毅然崛起，再过十年八载，或许下一个世纪，可以想象，那月球上空造型各异的缕缕炊烟，也将会陆续飘逸在火星、克普勒行星的上空。

提起地球，谁也不会否认，它是一个地大物博、浩瀚无际的天体。它涵盖七个大洲，四个大洋，有八十多亿人栖息，靠着那里的自然资源生活。然而，若把地球放在宇宙中，比较掂量它的处境，那只能算沧海之一粟：因为地球仅是我们所居住的这个太阳系里，八个行星之一。其中，六个行星都有自己的卫星。地球有月球作为唯一的卫星，而木星的卫星多到六十三个，它们总共有卫星一百六十六个。更有甚者，地球所在的这个太阳系，是隶属于银河星系，而这个银河星系，竟然包括几千亿个类似太阳的恒星。上边提到的那个叫做克普勒的行星，它虽有许多特性像地球，可却不属于我们赖以生存的太阳系，而属那几千亿恒星之一的行星。如果这几千亿个恒星，都像我们的太阳系一样，它们当中的每一个，都有自己的行星，而行星又会洐生出许多个卫星，再加上数量不菲的星团和星云，那么，银河系的星体数不胜数。我们不能坐井观天、固守成规，从地球迈出一步，面向宇宙，那将是海阔天空，任人飞翔。

有人说“时间是神”，我虽不知道，怎么给“时间”下个定义，可实际生活中，真情确实如此。时间有超凡的能力，每个人，从来到世界上那一瞬间开始，就义无反顾地随着时间的流逝向前。时间绝不重复，总是朝着一个方向一去不返，就像你为自己人生各阶段谱写的历程，不管是满意还是不满意，都无法扭转乾坤，改变发生着的那时那刻，而回过来重演再造。因为“时间” 已不留情地翻过了那一页。只有顺应“时间”的运转，发挥“时间”的威力，把握住每时每刻，只争朝夕，才能让那经历恰合心意。

跟随着时间，光合和航天研究所已走过了半个世纪。在这期间，除了让月球上空，炊烟缭绕，五谷飘香，惊动了人间以外，还组建了另一支队伍，那是“走出地球，遨游银河星系”的航天劲旅。这个兼管研究和出征的集团总负责人是于立荣和旭骝春的长孙、旭阳的儿子，名叫旭明达，他在北京出生，在他百日庆典上，爷爷从月球的住所捎信到北京，为他赐名为“明达”。骝春老人还在信中说了他为此名考虑的含意：“明”是日和月组合，日意味“日头”，太阳的另称，“月”是月亮，月球的简呼，是爷爷奶奶一辈子打交道的实体对象；“明达”合在一起，意义深远：追踪祖辈的事业，不达目的永不停息。旭明达还在幼小的时候，就已显示了他聪明过人、才华横溢的天智，刚满十五岁就被北京航空学院破格录取，成为一名“航天燃料学” 专业的本科生。那些年，光合和航天研究所又拟定了新一轮的长远规划，将研究推向更高的层次。对于不知情的人来说，看了该规划，一定会大声惊叫。那个研究目标，是将宇宙速度提升至每秒四十五公里，只有航天机达到如此高速，才能脱离开我们现在所居住的太阳系，在银河星系间畅游无阻。可称之为第四宇宙速度。虽然，这个项目早已列入研究所两大主攻之一，集中投入相当可观的财力并配备了强悍的科技人才。几年过去，听说仍没实质性突破。旭明达的祖父母，建议孙子加入航天燃料学科学习深造，这正是他俩的深谋远虑。开拓航天第四宇宙速度，还有另一个近期的实用目标，因为研究所的庞大规划中，这支航天劲旅的第一站，将是“火星”。我早先就听说了，几十年前，于立荣和同事们将月球作为头一个靶子，其中一个重要原因是月球离地球最近，当时还与火星做过比较和分析，说到过，虽然火星有许多与地球环境相似之处，比如，有大气层，只是密度偏稀罢了；有四季变化；可能还有简单的生命等等，看上去易于开发。然而，火星离我们实在太远了。最近的距离为五千五百多万公里。现在，光合和航天研究所的新一轮规划，不再停留在绕地球转（只需要宇宙第一速度），摆脱地球的引力（宇宙第二速度）和单单脱离我们的太阳系（宇宙第三速度），而是要在银河星系里，物色到属新太阳系行星作为落脚点。如果“第四宇宙速度” 脱颖而出，航天机装备上这样高速的翅膀，那在银河星系里就可天高任鸟飞了。与此同时，“第四宇宙速度”研制成功，航天器飞到火星，再不需七个月，而仅仅需要一个月零几天就足够了。

旭明达从北京航空学院毕业后，就被光合和航天研究所录用，参与航天燃料的研究项目。由于他功底扎实，学有所用，很快入门，成为项目的主将之一。到他参加工作的第十个年头，研究所任命他为这个课题的负责人并兼首席研究员。他勤奋好学，擅于与人协作，开拓了与美国、俄国、法国和英国等国家的合作研究，终于使课题研究有了清晰的眉目，那个被旭明达命名为“宇宙第四速度”的探索思路在他脑子里豁然成型。明达的严谨思考、勇于实践、集思广益及创新精神，成全了他的实验设计。具体地说，他没有采用通常的办法，用化学燃料推进火箭运行，而选择元素周期表中最前沿的原子，加工成离子体电浆，巧妙地借助外磁场的推动，让等离子束驱动火箭达到高速。至此，他获得了预期的成功。

其实，另一个主攻项目，早已起步，几乎与第一个齐头并进。那是关于人在航天机上的忍耐力问题。开拓地球之外的家园，最终目的是要移居到那里。要搬家，总是携老带幼，合家迁移新居的。光合和航天研究所组建的那支航天劲旅，将要在银河星系间勘察和探险，他们计划第一站就是火星，得花上个把月才能抵达那里，是相当长的旅行。第二站很可能是克普勒号的行星。克普勒行星很像地球，公转周期是385天，是地球半径的一点五倍，是否有水和大气层，正在深入探索中。不管是火星还是克普勒行星为着落点，对于航天员来说，都是开天辟地的考验，他们要经受有史以来，别人从未有过的历练，并在异样的环境里操作高深的仪器，采集数据和料理生活，若同行程还有乘客加盟，可以想象，长途的太空旅行，困难极大。

要想实现走出地球，探知太空，发现新大陆，那么，这个研究项目势在必行。真等到那一天，不管是老年人还是幼童，残疾人还是病患，在太空旅行时，犹如现在乘飞机一样，舒适而快乐。

这个项目的总负责人是滕飞，他虽已知天命，却仍潇洒英俊，颇有“五十五出山虎”的架势。他也跟其父一样，立志于分子生物学，在这个行当一干就是三十年。在这项“航天忍耐力” 的研究中，他的才干得以超常发挥。从他秉承指令接受这一课题以来，最初只带领三四个人的小组，到现在，已是 近百人的研究团队，他亲自操办、辛勤指导，才有今天强势的发展壮大。滕飞研究室花了许多年，集中研究的课题是在仿生学范畴，俗称“冬眠”。许多动物，都有冬眠习惯。不管动物是身材高大如熊，还是渺小得像昆虫，为了适应环境，抵御外来不利的侵袭；或者为了节省自身的消耗，省吃俭用，延续存活，都会施展它们冬眠的本事。在冬眠期间，可以不吃不喝，几乎停止呼吸，将新陈代谢降得最低。维持这种状态短至十天半月，长至一年半载。滕飞和他的同事们，起初有个设想：假如能知晓动物冬眠的机理，然后追根溯源，找出机理中的关键步骤和与之相关的有效成分，并分离纯化这个有效成分，再将它回注到动物身上，实验其效果。为此目的，他们挑选了多种动物的不同冬眠行为，近距离观察，测定几十种指标，分析比较，最后确定不同动物冬眠的原因。比如说，熊是肉食哺乳动物，它的冬眠很不一般，平时吃得胖胖的，一到冬天，就找个山洞或者可以藏身的地方睡觉过冬，其间还能生育幼子。蝙蝠就不一样了，它的方式很稀奇：爪子钩住树干倒挂着头垂下，一睡就是三四十天。刺猬冬眠可以二百多天，此后还可以再醒复生…… 滕飞和他的同事们经过不断研究，终于发现了原理：动物的冬眠习性由基因控制，通过分泌一种特殊蛋白使冬眠起始和延续，这种特种蛋白存在于血液中，很像我们熟知的荷尔蒙，与冬眠共存。让冬眠刹车的另一种物质，也存在于血液中。指挥这两种蛋白行使各自功能的基因组也已被破译，研究室正在利用人工合成基因的途径，将“人造基因”导入人体，或者将带有这组基因的冬眠动物的细胞分离出来，按照基因表达的机理植入体内，测试最终冬眠的效果。上百次的科学实验，十几年的不辞辛劳，这个团队完美地达到了预想的成功：导入的基因获得了诱发冬眠的特殊蛋白的足量产物，那个能使冬眠停下来的逆向蛋白，也并存在血液中。

光合和航天研究所的两项主攻课题圆满完成。有了宇宙第四速度，有了人对太空旅行忍耐性的灵丹妙药，那支准备穿梭于银河星系的劲旅，应该到了起程的时候了。

这次银河星系太空探险的全权指挥是旭明达研究员，担任他副将的是滕飞总工程师。还有其他四位加盟这支劲旅，他们都是经过严格考核、精心挑选出来的优胜者。原本没有女性参加，可报考的人群中，女性的数量出乎意料地多且好手林立，研究所内的妇女组织积极敦促，最后增补了一名“妇女代表”。正是我的孙女儿，朝阳。我这一生，几乎都在跟踪着于立荣的脚印，为光合和航天研究所的每一步成功做着报道、文字宣传和大众反响的调查。后来被该研究所聘为客座顾问。我非常热爱这份工作，对它有着无法割舍的感情。这也是为什么，当我刚刚年过半百那会儿，就说服了在新闻界工作的儿子跟我一起，承担这份职务。后来，他成了我实实在在的接班人。因为有了他，虽然我老态龙钟，可我的那些职责都能做到完美无缺。由于家庭的影响和潜移默化，我的长孙女也步入新闻工作者行列。不过，在她就读大学期间，还业余选修了与航天事业有关的课程，对这行当多少有点基础。她大学毕业后，很幸运地在光合和航天所谋求到一个职位，是所办公室的小秘书。这不，已经快第三年了，周围上下对她反应不错。听说航天劲旅招聘一位女性入团，就报了名，投身到这桩千载难逢的激烈竞争中。增补一位女航天员，旭明达双手赞成。他认为，团队里专业技术力量强悍，足够应对一切可能遇到的麻烦和险阻。唯一缺欠的是内务管理，他称这项职缺为“管家”，不仅拟写每天的日志，还要负责队员的日常生活。朝阳从竞争中脱颖而出，全家人喜出望外。回想起那些年，在我就读初中的时候，由于徐悦婷老师丈夫的影响，我曾经一度立志报考石油学院。后来，阴差阳错，竟成为一名工作在科技战线的记者。假若早先那个志向成真，那当然会改变我生活的全部。不过，即使是那样，我敢肯定，也绝不会改变我的夙愿。

再过几天，旭阳医师做干细胞移植手术就该轮到我了。我殷切期待着那一天，就像于立荣和旭骝春一样，手术后换了一个人，新生的干细胞将充溢我的全身，焕发着活力。到那时候，我又有望参加银河星系劲旅，报道在太空旅行的实况了。

银河星系劲旅已起程两个多月了。按预定计划飞驰着：先是在火星地面顺利扎营短暂时间后，又赶紧向太阳系外进发。有了宇宙第四速度，脱离我们所居住的太阳系，畅游太空，已不成问题。那个由克普勒望远镜发现的克普勒行星，是明达和同事们追逐的目标。可惜的是，到今为止，信息和数据，不是来自于太空望远镜的观测而获得，就是通过模型推算而来。旭明达的团队有周密的计划和大胆的设想，准备在这次太空旅行中，亲临其境，做实地考察。

“快看！奇妙的亮星，从一个小米粒的大小，快速膨胀。”旭明达指着监控太空周围动静的大屏幕，抬高嗓门说。在他旁边的几个同仁一起涌过来，都注视着显示屏那副图像的一举一动。

朝阳惊叫着：“一浪高过一浪，做着近似圆周运动，真像太阳冉冉升起的架势！”

“那可能就是我们寻找的另类恒星？”滕飞搭腔说。

“勇往直前！跟踪这个目标行进！”旭明达充满信心地指挥着……

后记：机缘巧合

一位读者的反响

座落在北京西北郊的清华大学，是一所天下瞩目的高等学府。据世界权威教育机构，为全球查阅量最大的一千三百所院校排名的数据，该所大学跻身于全球第十七；在中国，它排名第一理所当然。能从一所不起眼的留美予备学校发展至今，成为培养顶尖人才与世界前沿科学技术蚀为一体的综合性高等学府，实为奇迹，一百多年的历程，风雨飘摇、战火纷飞、南迁北调、幸存精悍。时至今天，由衷地为那些奉献的人们感恩叫好！

清华大学座落在清华園，它是占地不非的清朝皇家园林。那里风景秀丽，楊柳垂畔，古雅别致，景色迷人。难怪园内有匾题词：“水木清华”四个大字，常言道：“水能生木、木旺生金”，这不正恰当其分地予示着清华园的自然景观和美丽展望。百年来，清华大学培养造就了成千上万的学子骄人，名揚天下的教育家、科学家以及各个领域的专门人才，層出不穷。年青人响往步入该学院接收教育，是梦魅以求的理想。有的青少年，从上中学开始就立下志愿，以考取清华大学为奋斗目标，勤学进取，鞭策自己，如饥似渴地浏览有关该学院的资料，甚至对所在地清华园的美景也兴趣多多：清华園金字匾在哪儿？楊柳湖岸边的朱自清雕像又是在哪儿？甚至连美如仙境的荷花池也在关注之例，在地图上定个位，以备不时观光之需。

正就读于地球物理系的纪鸿源同学就是其中的一位，在她考取大学之前的那些年里，多少个日日月月，她对清华大学的痴迷不言而喻。还在上小学的时候，借爸爸去清华大学办事，纪鸿源曾随爸爸去过那里，在清华園内转悠过，園内的角角落落她都走近看个究竟，特别是那尊座落在礼堂外草坪上的怪仪表，令她兴趣浓浓，仪表盘上还刻有“行胜于言”四个大字。她似懂非懂，便耐着性子等待爸爸的到来，好问个明白。当她的爸爸办完事后找到她，她急不可待地将爸爸拽到那台仪表旁边，问起它的来龙去 脉。爸爸告诉她说，它是利用太阳投影方向划分时间的测试仪表，简单易行又相当準确，是人类在天文计时领域的一大发明，已沿用数千年，它有专用名叫“日晷”；那上边的四个字很了不起，据说正体现清华大学校风。这尊利用自然现象做成的仪表，给鸿源留下很深的印象：能利用大自然现象做成仪表，实在太棒了！

纪鸿源出生在一个教育世家，曾祖和祖父都做过教员，由于那个动荡年代，为养家糊口，她的前辈曾几次搬迁，在多个中学任教，到她的父亲这代，终于在河北省秦皇岛市定居下来，她的父亲和母亲都在市一中做地理课教员。后来，秦皇岛市一中调整晋升为大学编制后，纪鸿源的父亲成为该校教授并分管环保学科相关的教学。从她记事起，常听爸爸妈妈聊天提到自己听不懂的词儿，像天体、宇宙、银河系之类，她有时也想弄懂追问它们的含意，可惜的是，仍一知半解，囫囵吞枣，懂得不通透。不过，那些古怪的字句却留在她的记忆中，这对她报考大学选专业曾经有过不小的影响。现在，已步入地球物理系三年级，她对自己所学的专业投入非淺，真所谓，“志趣所在，学必有成”，除课内所学的各科专业精益求精，力求成绩优秀以外，她在课外阅读也十分上心。每逢节假日，少不了去北京图书馆、大小書店浏览，看中的書刊杂志，买上带回家细细品味。一来二去，她尝到了读書的甜滋。

上週末，当她踏进王府井大街那家書店时，就在进门的新書介绍栏目里，一眼就捕捉到令她心动不已的一本书，封面是海军深兰底色、碧淡兰配图、书名更显眼，洁白如玉的六个字：“月球上的炊烟”。書的名字太有诱惑力了！鸿源想着，阔步走近，翻开浏览。哇！她在嗓子眼里惊讶地叫起来，作者竟然毕业于爸爸任教的秦市一中！还是一位女性。她早年留学苏联的莫斯科大学；在中科院工作多年，后又任职于瑞典国的隆德大学；现定居瑞典……。在这一瞬间，她突然感到心里热乎乎的，也许是同乡亲情吧！就在作者生活照的下方，有一首七律長诗，不仅深入浅出地构画出作者生平、她的品性人格、她的幸福家庭，更展示她的壮志陵云，一语就道出她出書之初心。在长诗中，有不少句令她格外喜欢：“炎黄子孙东方樹，华夏儿女芙蓉篇”，这不正是人们豪言壮语、气势澎拜志向的写照！“揮笔立著心舒展，光阴锁进字句间”，这是警句，是指南，我需要它的激励，正因为“光阴流逝不复返，才得用文字记下当时情”。啊！实在是妙不可多得的醒语明言！她一边儿翻阅一边儿琢磨着，不觉时间到書店要打烊了，再往下翻看，有那么多照片，无疑会很精彩；序和前言，接着才是各设小标题的二十七个章节。纪鸿源决定买上两本，一本赠送给爸妈，再回家细读，便匆匆离去。自从得到由昱天虹所著的那本“月球上的炊烟”一書，鸿源十分欣慰，那年寒假，她兴趣驱使，几乎废寝忘食、手不释卷。有的章节，常常一遍不够再读一遍，试图在脑子里留下记忆，“于氏模型”就是一例：那是在书中第二章中描述的一次记者招待会上，将人工植物光合作用模型首次揭示于世。纪鸿源对此十分赞赏，打心眼里佩服。虽然，她在中学就读期间，就接触过关于“植物光合作用”这一概念，并在记忆中留有深刻的印象：那是在自然介里唯一大规模利用太阳光能的过程，是人类吃穿用的源泉。然而，使她大吃一惊的是，科学家们竟然能将它在体外人工模拟，实在是了不起的壮举！与会者对模型的构建成功都给于了高度评价：“春雷巨响、震撼大地”“具有里程碑意义的科学硕果……”，可在纪鸿源的眼里，无论、评价怎麽高都不过分，因为它关系到人类生存资源的头等大事。纪鸿源很佩服作者清澈如水的写作思路，在书中围绕着首选月球为人类第二家园这一中心命题做了相当有说服力的阐述。就在书的前言中，画龙点睛似的三言两语，道出首选月球的优势：“它是离我们生活最近的星体，仅三十八万四千余公里……”；对于在月球上大气层微不足道、特别是没有人类赖以生存的氧气这一个棘手问题，作者从历史的长河中精准地获取到答案：原始地球曾经是杳无生气的星云堆积，既无生命更无人类；而后，又经过约莫十一亿年，一种具有能进行光合作用的蓝细菌的诞生，改变了地球的原本面貌，蓝细菌给地球的大气层带来了氧气和臭氧层，这才有了人类发展的热土和舒适的家园……。纪鸿源一边儿读着一边思索着，“蓝细菌，不就是熟称的蓝绿藻吗，在当今世界上广泛存在呀，数量惊人，生长条件还不娇气，在水里、土壤中、岩石表层、盐湖和沙漠，都是牠们生存的基地，甚至还能寄生在其它生物体内，真可谓是神奇的生命体！在这本书中，作者将蓝绿藻称之为营造月球大气层的灵丹妙药，实在是无比正确！只要让地球获得氧气过程的历史在月球上重演，再加上人类的参与并主动为之，不就大功告成了……”。这位名校三年级的大学生联想翩翩，对书中描述的月球大气层的构建兴趣浓浓。她还曾 经注意到，这本由昱天虹著的小说，在2020年由品牌探索组评的十款惊险耐读的科幻小说评选中荣获第一名，口碑得满分为10；而雷・布拉德伯里，这位世界著名的美藉科幻小说家，紧跟在后，得分为9,7分；勒瑟姆著：枪，偶尔有音乐，口碑得分为9,6分；威尔斯短篇小说集：盲人乡，口碑得分为9,3分；以及被列入中国当代科幻四大天王之一的韩松：书名为宇宙墓碑，口碑得分为9,1分等等。当听说有几家网络平台转载了昱天虹这本小说，她也不失时机地上网查阅，结果发现因点赞量高，好几个章节如 “人的生活离不开友谊”，“啟蒙老师”，“狼窝里的婴儿月球上的新娘”等，被博客精选推荐给读者。难怪，有人评价这本书，认为，它不仅仅是一本优秀的科幻小说，更可称得上是一幅移民月球的宏伟蓝图。可不是吗，如何将蓝细菌运往月球的个个角落，并营造蓝细菌在那里成活的环境；如何让月球的大气环境与外界达到动态平衡……等等细节，都作了苦口婆心式的交待。为了最终营造月球大气層的组分与当今人们在地球上已适应的相媲配，周游世界，寻找不同类别的细菌群体，成了他们科研团队的重头戏：于是，研究所组建了一支精悍的团队，承担这项调研任务。旅程第一站瞄準了美国的黄石公园，那里有全球半数的间歇泉所在地，多种细菌安居乐业的藏身之处；然后是台湾岛，那里有耐高温且能厌氧生长的嗜热细菌的种子库；其次是国内的长白山，白山黑水野峡谷，稀奇古怪的细菌菌落在那里栖居，预计在那里能找到给月球补充氮源的菌株；欧洲火山第一号，意大利的海底火山马尔西利，是他们行程的最后一站，那里近期面临火山活动期，届时在火山喷出液中获取耐超高温多类微生物……。

当这支勇于探索的科研小分队，从西到东，从北到南，按出发前的预定计划，圆满完成任务回到北京时，全研究所的同仁在门外列队欢迎，载歌载舞，热烈非凡。的确，该找的各类菌种都如愿已偿、满载而归。虽然，历经艰难险阻、惊涛骇浪，差一点儿丢掉摄影师王友善的性命。当纪鸿源读到那段描述马尔西利火山爆发时的瞬间，眼前着实浮现从火山平台上火花飞溅、浓烟滚滚、貌似原子弹爆炸似的蘑菇云的画面，她感到热血沸腾，几乎屏住呼吸，打心底里佩服他们，如果将来有机会，她多想参与加盟，尝试和体验。

纪鸿源对书中描述友谊与真情的那些段落也很用心阅读思考，特别是关于那个于立荣所在的七人小集体的故事，令小纪刻骨铭心。这七位经由全国统考被录取留学苏联莫斯科大学的应届高中毕业生，虽然经过半年多的俄语培训，可是，当他们加入正式班级，与本地学生享受同样课程安排时，着实显得很勉强、力不从心，特别是在听老师给几百学生讲大课时，犹如乘飞机的感受。使纪鸿源同学佩服的是，他们想出绝妙的招儿来度过难关，小记给他们这些办法归纳为两句话:一个人的时间给七个人用，七个人的时间给一个人用。意思是说，在初来乍到的那些日子里，下大课后，他们首先做的第一件事，就是集合在一起，每个人将自己所听懂的那部分，讲给其它六个同学听，边听边记录。这样做的效果明显，相得益彰，一堂课的要领大体掌握，坚持一段时间后，上大课、乘飞机的感受不翼而飞；另一个妙招是对付每学期繁重的期末大考：时间紧，考科多，口试难应对，如不全面充分準备，很难被通过，更不要说得满分。这七位的办法是，每人分摊科目的一部分，为七个人开小班、吃小灶、充分讨论，直到胸有成竹。纪鸿源很得意，很感自得其乐，因为经过她的反复琢麼，七人小集体的成功妙招都被她揭示得一清二楚。更有趣的是，她还加上了自己的理解。这位高校学子，终于悟出来了，于立荣他们七人小集体，圆满完成五年的留学生活，并能获得优异成绩的关键就在于此。她思索着，幢憬着，当今有成千上万的男女青年，跨出国门，在世界各国留学深造，如果能有在这本书中所描述的七人小集体的携手奋进的精神和充满智慧的学习方法，那该多好！

这周末，纪鸿源特从北京赶回到秦皇岛父母的家，专程为她在那儿的闺密星期天生日而来。刚一进家门，妈妈就告诉她一个惊心动魄的好消息：“昱天虹要在明年春节期间来访秦皇岛大学，应邀参加校友记念活动。”妈妈看她愣了一下，接着说，就是“月球上的炊烟”一书的那位作家，你不是很想会会她吗?”鸿源定了定神回应道：“是啊，你从哪儿得到的消息?”由于震惊，她说话的声音微微颤抖。“昨天我们就拿到昱天虹先生给学校的回复了，知你今天回家，这不，考贝一份在这儿。”这是一封长信，小纪急不可待地细读着、品味着，那字里行间充盈着无限的深情，直到以一首四句小诗结束：“万里之遥何足奇，母校亲情永驻心，事业起步秦一中，花好月圆待明春”。读到这里，激动的泪花模糊了她的双眼。

感言

《月球上的炊烟》一书出版在即，我必须说在前头，没有我的亲朋好友的支持和帮助，它将难于面世。在这里，特别要感谢薛中明先生，从校对到打字一手包揽，他的热忱让作者铭记在心；薛亮侄儿不辞辛苦，从头到尾负责打字，作者不胜感谢；书中多幅摄影照片以及上下文中的插图，均出自于薛伟锋博士之手，他在摄影行当的高深技艺，无疑渗透到摄影内涵中，作者对他的贡献不仅心存感激，且欣赏有加。

《月球上的炊烟》一书的初稿，曾经发表在“文学城”和“红袖添香”网站，书中许多章节曾被选载“博客精选”并获成千上万读者关注和喜爱，使作者倍受鼓舞。在此表示衷心感谢。

全家合影（1980）

薛伟锋出生 100 天留念

上幼儿园的薛伟春，
在上海桂林公园玩耍

1981年夏在无锡休假期间，游太湖，留下此照。
人都说“太湖美，美就美在太湖水”，果真不假。

娘仨个簇拥在一起多甜蜜！桂林公园合影 1983

大哥和小弟在上海锦江乐园骑滚轮车

复活节期间（1993）全家到斯德哥尔摩旅游留影

薛伟春喜欢旅游，曾多次乘大轮船去风景幽美的小岛 “Van”游玩。（2005）

2007年复活节来到挪威奥斯陆冬季奥运会的滑雪场观景。

伟春在隆德大学经济系学习期间，常在家里上网查询相关资料。

五一节的上海，阳光明媚，天气暖和，我们正好得到机会去上海大剧院观看正在上演的俄罗斯芭蕾舞剧团的名剧“天鹅湖”。这些年，上海变化之大，超出想象、让人惊叹！一座美丽壮观的摩登上海大剧院平地而起，耸立在人民广场上.，好心情加上感慨万千，观剧后在大剧院旁合影留念。2004

在瑞典国，青年学生高中毕业庆典十分隆重，亲朋好友手捧鲜花和各式各样的礼物，前来家中祝贺，那是一次难忘的家庭宴会。一九九五年六月二日，是薛伟锋毕业的这一天，家里热闹非凡。隆德大学生化系主任，阿尔伯特森教授（Per-Åke Albertsson）与伟锋握手表示祝贺。（中天摄）

守在校门外的父母与毕业典礼后手捧鲜花的薛伟锋拥抱会合，由好友徐震逸开车将他接回家。那张伟锋幼儿的放大照片放在车顶上仍清晰可见。

中天（右一）和伟春（右三）参加 叶玲·阿尔伯特森(Elin Albertsson)（右二）的庆典聚会留影。

手持证书，薛伟锋获得博士学位（2005.6)。他在瑞典隆德大学得到博士学位后，去了英国，在里兹大学得到博士后的研究职位。此后，他申请到肯特大学的讲师位职，现任该大学的副教授。

这是伟锋的妻子、维克多利亚·卓拉(Viktoria Zora)她在伦敦大学金史密斯学院获得音乐专业博士学位(2017)。这是她获得此殊荣时摄影留念。此前，维克多利亚于2012年也在该大学的皇家音乐学院获得艺术硕士学位。现今从事音乐教育工作。

薛伟锋还是一位十足的摄影爱好者，走到哪儿他就拍到哪儿。他的摄影网页 https-//w.w.w.f ickr.com/photos/wfxue，已登六千多张摄影集锦。这张照片是 2011 年薛伟锋在伦敦接受皇家生物协会摄影一等奖后与协会负责人的合影留念。

2017年夏天，伟锋在肯特（Kent)大学任讲师期间，专程从英国飞往美国的佐治亚州北部，跟踪当年全日食景观，并成功拍摄下这张珍贵的日食全貌:这里有点多云，但是云层非常好看，并且在全食阶段后一分钟才开始遮盖太阳；甚至看到像一枚钻石戒指照亮了一些非常薄的云结构，它看起来似乎像太空云（即星云）。这是一个多美又令人惊奇的宇宙事件！

在瑞典国，仲夏节是传统的节日，全国人民在各地同时欢庆。大家围着仲夏柱（ Midsommarstång），伴随着音乐，跳集体舞，欢欣鼓舞地迎接阳光明媚的盛夏。

在海南三亚度假期间，随呀诺达旅游团的活动，爬山观景，还游览了颇有特色的公园，有幸与园内鹦鹉合影留念。（中天摄于2011）

天坛大佛 （The BigBuddha）坐落在香港大屿山宝莲寺前的木鱼峰上，是一尊释迦牟尼佛像。那日，春暖花开，风和日丽。士贵和中天，登上山腰，远远望去，十分宏伟壮观。留下此照，回味无穷。（伟锋摄于 2011，3）

北戴河海滨，郁士贵的家乡。一眼远望，渤海之滨。（士吉摄于 2011，8）

2012年，士贵和中天赴伦敦观光奥运会期间，顺访了离那儿不远的肯特大学。它位于风景优美的坎特伯雷郡（Canterbury） 近郊。薛伟锋就在这座大学的生物科学院任职。这张照摄于伟锋的办公室。（中天摄）

郁士贵是台球迷，一有空就起杆参赛。年过花甲的她常说 ：“打台球是一项好运动，既活动全身筋骨，又激励脑细胞功能。”

上：郁士贵父母合影遗像。父亲:郁东壁（又名郁鸿书）1903-1975，一辈子从事中医事业。母亲：赵新源，1906-1986，家庭主妇。他们育有五个子女，士贵排行第四。父母对自己的孩子言传身教，宠爱有加。
下：薛中天父母合影遗像。父亲：薛圭方，1909 -1997，教育家；
母亲:吴惠琴，1921-1997，小学教员，后兼街道负责人。

一九五九年，是郁家姐妹庆幸的一年。士富姐荣获全国劳动模范的称号，士贵考取北京外国语学院留苏预备部，准备一年后赴前苏联留学。那时，姐妹相聚在首都北京，内心的喜悦无以言表，俩人先跑到服装店，买下一款姐妹衫，再去照相馆，留下这张难忘的合影。

两个哥哥合影留念照：二哥郁殿瑞（右），工薪阶层並育有五个子女，与嫂（高爱先）勤俭持家，资助妹妹就读秦市一中整整三年；小哥郁锋（左），長期从事纺织行业的教育工作，才华横溢，用烫画艺术創作了他的扬名之作。

姐妹们欢聚在上海的辰山公园：从左起是薛中天的大姐（薛蝶）
他小弟（薛中明）的爱人（龙妹）、他的小妹（薛兰）和士贵。

三姊妹在家乡团聚 ： 大姐郁士富（中 ） 小妹 郁士吉（右）1992

昱天虹的这本中文版“月球上的炊烟”一书面世后，与中国朋友欢聚一堂，届时庆祝作者八十华诞，在永利饭店合影留念。2018-08-25

周利(右一）和徐宁（左一）、两位瑞典隆德大医院主任医师，是作者忘年之交的好友。这是在他们家与朋友聚会时拍摄（2023-07-30)

生日那天和中天在隆德大酒店的温情合影。

五十五年结婚纪念日　特写留存：金玉良缘同勉志；婚姻美眷互倾心。
绿宝石婚五十五；爱与温情绿常青。就在那天，綠宝石戒带右指，激情满怀笑开心；漫长岁月携手进，明日朝阳迎新春。

2024年八月一号，是孙女睿玲的一岁生日，起床后第一件事，就是给在英国的小儿子一家发帖，祝贺玲玲生日快乐！

那天阳光明媚、万里晴空，我俩兴致盎然，心血来潮，就去了国家公園爬山！经过二个来小时的努力攀登，终于登上了“铜帽”峰！鸟瞰脚下林海峭壁之美景，酷似美国的大峡谷！ 耄耋之岁此举，实非易事可侃；拍下此情此景，事后回味甜甘 ！特写清平乐词一首抒发激情：

娇阳普照，花香闻啼鸟。国家公園焕新貌， 迎来游客热潮。

铜帽山峰险要， 老当益壮气豪。鸟瞰翠林幽谷，胜勇登顶笑傲。

周恩来总理在1964 年访问苏联期间，在莫斯科的列宁山上，接见留学生和使馆工作人员并合影留念。紧挨着周总理左侧的是郁士贵。

www.ingramcontent.com/pod-product-compliance
Lightning Source LLC
LaVergne TN
LVHW072310081026
849580LV00029B/1506
* 9 7 8 7 5 1 0 8 6 5 6 2 6 *